조경관리 및 실무연습

조경관리 및 실무연습

초판 인쇄 2018년 8월 28일
초판 발행 2018년 8월 31일

지 은 이 정용조
펴 낸 이 김재광
펴 낸 곳 솔과학
등 록 제10-140호 1997년 2월 22일
주 소 서울특별시 마포구 독막로 295번지 302호(염리동 삼부골든타워)
전 화 02-714-8655
팩 스 02-711-4656
E-mail solkwahak@hanmail.net

I S B N 979-11-87124-41-2 (93520)

값 27,000원

조경관리 및
실무연습

솔과학

풍요롭고 행복한 생활이 되길 바라며

조경이란 학문을 접한 후 조경실무를 거쳐 학교에서 학생들을 지도하고 있는 저자는 올해로 29년째를 맞이하고 있습니다. 나름대로 많은 경험과 실무을 접했다고는 하지만 아직도 많은 공부가 필요함을 느낍니다.

조경이 우라나라에서 전문영역으로 자리 잡은 후 조경의 필요성은 점점 더 중요해지고 있다고 생각합니다. 도시가 처한 환경을 생각해 봅시다. 도시의 기후가 열섬현상으로 점점 더워지고 있습니다. 도시의 열섬화 현상을 막기위해 조경의 역할이 증대되고 조경관리의 중요성도 어느 때보다 요구되어지고 있다고 생각합니다. 과연 도시는 지속가능할 수 있을까요?

"아름다운 도시, 살기좋은 도시"를 만들기 위해 많은 전문가들이 연구하고 노력하고 있습니다. 그 중 조경도 하나에 들어간다고 봅니다. 도시의 인구집중으로 삶의 환경이 열악해지는 것을 개선하고자 조경전문가들은 노력해 왔습니다. 이제는 조성된 환경을 지속적으로 유지관리하는 곳에 집중할 필요가 있을 것으로 보여집니다.

조경관리학은 완공된 조경공간과 시설물을 아름다운 경관과 더불어 쾌적하고 안전한 환경으로 유지하기 위해 예술적, 공학적, 생태적인 지식 및 기술을 활용하여 그 일을 효과적으로 수행하는 일이라 정의하고 있습니다. 이렇듯 조경관리는 전문직이라 할 수 있습니다.

조경식재유지관리는 살아있는 식물을 다루는 학문으로 조경전공과목 중 타 과목보다 훨씬 공부가 어렵다고 여겨집니다. 식물의 생리·생태적 특징과 환경적 요소를 고려하여 관리하지 않으면 많은 식물들이 고사할 수 있는 것입니다. 그만큼 조경관리 중 식물관리는 신중하게 다루어야 할 것으로 사료됩니다.

이번에 출판하는 「조경관리 및 실무연습」은 조경학을 공부하는 조경학과 학생들과 조경을 사랑하고 관심을 자지고 있는 독자, 조경기사 및 조경산업기사 자격증을 준비하는 수험생 그리고 조경설계와 시공, 관리 등 조경실무에 종사하는 조경기술자들이 널리 이용할 수 있도록 하였습니다. 실무연습문제의 이해를 돕기 위해 앞부분에 이론을 정리하여 두었으며, 이론의 참고서적들은 지금까지 조경관리와 관련된 도서와 논문(참고문헌 참조) 등을 참고하였으며, 실무연습문제는 최근 10년간(2008년~2017년) 조경기사 및 산업기사에 출제된 문제들과 예상문제들을 중심으로 구성하여 조경관리의 핵심을 빨리 파악할 수 있도록 하는데 중점을 두었습니다. 지면을 빌려 참고도서 및 논문의 저자와 출판사 여러분들에게 감사의 인사를 전하며, 조경관리와 관련된 많은 서적들이 앞으로 출판되어 학습을 요하는 분들에게 길잡이가 되길 희망합니다.

집필하는 과정에서 조경관리 분야에 다소 미흡한 내용들이 있을 거라 생각되지만 이는 추후 보완을 통해 다듬어 갈 예정이며 이번 출판을 계기로 '살기좋은 도시', '아름다운 환경', '삶의 질 향상'을 이루어 보다 풍요롭고 행복한 생활이 되길 바라며, 「조경관리 및 실무연습」이 우리가 살아가는 환경의 길잡이가 되는 작은 계기가 된다면 너무나 행복하겠습니다.

그동안 「조경관리 및 실무연습」이란 책을 출판하기까지 많은 도움을 주신 솔과학 김재광 사장님과 직원여러분께 감사를 드리며, 처음부터 마지막까지 원고의 감수를 맡아 주신 김광두 교수님께도 감사드립니다.

2018년 8월 저자 정용조

목 차

05 조경유지관리 시방서

06 조경시설물 유지관리

01

조경수 고사원인과 대책

1 생리적 피해

- 조경분야 전문가들이나 기관 시설관리자들이 가장 기초적이고 핵심적인 수목생리를 모른 채 식재공사와 유지관리를 함으로써 잘못된 조치를 하거나 적절한 대처를 하지 못한 채 나무를 죽게 하고 있다. 나무가 죽게 된 원인을 명확히 진단하고, 이해하고, 개선하여야 생명체이자 소중한 자산의 가치를 지닌 조경수를 지켜낼 수 있을 것이다.
- 조경수의 고사원인에는 생리적 피해와 병·해충 피해로 구분되며, 생리적 피해는 병이나 충해에 비해 판단과 조치가 매우 어려워 전문가의 도움이 필요한 것으로 나타났다.

1) 심식과 복토

① 원인

- 나무를 이식 할 때 예전에 나무가 묻혀 있던 깊이보다 더 깊게 심는 행위를 말한다.
- 어느 정도 깊이 심어야 심식에 해당하는 가는 토성에 따라 다르지만 일반적으로 15cm를 기준으로 한다.
- 수목의 뿌리는 호흡을 하기 때문에 산소를 필요로 하며, 산소 공급이 원활한 토양의 표면 근처에 집중적으로 모여 있다. 특히 양분과 수분을 흡수하는 역할을 맡고 있는 세근(細根, 가는 뿌리)의 90% 가량이 표토 20cm 깊이에 모여 있어 심식이 되면 토양 내 산소 부족으로 인하여 뿌리의 호흡이 방해를 받아 고사하게 된다.
- 조경공사에서 절대 해서는 안 되는 것이 심식과 복토이다.
- 식재공사 시 반장이나 기능공들이 식재 후 지주목 설치로 나무가 넘어지는 것을 방지해야 하나 조경 기능공들은 넘어지는 것을 방지하기 위해 심식 또는 복토를 하게 된다. 관리자들은 식재공사 시 심식 또는 복토를 하지 않는지 주의 깊게 관찰할 필요가 있다.
- 나무를 심은 후 주변 녹지를 추가로 조성하기 위해 토양을 북돋우는 작업을 하거나 도로

개설이나 구조물 설치 등을 위해 공사를 하다가 의도치 않게 나무에 흙을 쌓는 경우가 있는데 이것을 복토라 하고 심식과 같은 피해증상을 나타낸다.

② 주요증상

- 잎의 왜소화, 황화 현상, 시들음, 조기 낙엽, 부정근, 맹아지 발생, 고사지 발생

③ 대책

- 뿌리 깊이를 확인 후 예전에 묻혀 있던 높이까지 표토를 제거한 후 배수처리 한다 (dry well 설치).
- 뿌리의 분포범위에 유공관을 수직으로 여러 개 매설해 통기성을 확보해 준다.

2) 건조

① 원인

- 20일 이상 지속적으로 비가 내리지 않으면 가뭄현상이라 판단된다.
- 기후변화로 인하여 가뭄과 홍수를 예측할 수 없다. 우리나라도 가뭄에 대비하여 조경식재 설계시 점적관수시설 등을 적극 도입하여야 한다.
- 증산작용에 의하여 수분을 잃으면 수분 부족 현상이 나타난다. 밤에 수분 상태가 좋으면 회복되는 것이 정상이다.
- 시들음 현상이 낮과 밤에 지속적으로 나타나면 건조 피해가 있다고 판단된다. 특히 이식목에 많이 나타난다.

② 주요증상

- 잎의 시들음, 고사지 발생, 가지말림 현상

③ 대책

- 관수를 실시한다. 관수 시 하층토까지 완전히 젖도록 충분히 관수한다.
- 점적관수를 설치한다.
- 나무줄기에 급수팩을 거치하고 소량의 물을 조금씩 공급하는 점적식 관수도 좋은 방법이다. 하지만 점적식 관수는 물이 공급되는 부분에만 뿌리가 한정되는 경향이 있어 관수가 중단되고 건조한 환경이 도래하면 건조피해를 받기 쉽다는 견해도 있기 때문에 긴급한 상황을

넘긴 후에는 점적식 관수를 중단하고 대면적 관수를 하는 것이 좋다.

- 멀칭을 한 후 충분히 관수한다.

〈그림 1〉 건조

3) 답압

① 원인

- 인간이나 장비에 의해서 표토가 다져져서 견밀화되는 토양 경화 현상을 의미한다.
- 일반적으로 조경공사가 이루어지기 전에 토목공사가 실시되면서 중장비에 의해서 표토가 다져진다.
- 토양 답압이 진행되면 수분과 산소를 함유하는 토양 공극이 없어져서 수분과 산소가 부족하게 되고, 뿌리가 딱딱한 토양을 뚫고 나갈 수 없게 되어 양분도 부족하여 뿌리 발달이 극히 저조해진다.
- 통기성이 불량해지고 벽체효과(딱딱하게 굳어있어 뿌리가 파고들기 불가능한 벽과 같이 되는 현상)가 나타난다.

② 주요증상

- 잎의 왜소화, 시들음, 조기 낙엽, 부정근, 맹아지 발생, 고사지 발생 등

③ 대책

- 장비 등으로 다져진 토양을 경운하여 식재하도록 한다.
- 통기성 해소를 위한 유공관 설치 및 배수로 설치

• 답압된 토양을 제거 및 교체해 주고, 볏짚, 바크, 우드칩 등으로 멀칭 한다.

〈그림 2〉 답압

4) 과습(배수불량)

① 원인

• 토양 중에 수분과 산소가 알맞은 비율이 되어야 뿌리가 정상으로 자랄 수 있다. 토양 중에 수분이 너무 많으면 과습하고, 배수가 불량한 토양이 되며, 산소 부족으로 인하여 뿌리가 제 기능을 하지 못하게 된다. 일반적으로 활엽수가 침엽수보다 습한 토양에서 잘 견딘다.

② 주요증상

• 수관이 불규칙적으로 황엽 발생, 아랫잎부터 변색, 조기 낙엽, 잎의 시들음 등

③ 대책

• 토양이 침수되었을 때 5일 이내에 배수시켜 준다.
• 나무 주변에 새로운 건축물이 설치되거나 토양의 형상이 바뀌면 배수상태를 점검한다.
• 명거배수나 암거배수를 통해서 과습 상태를 제거한다.
• 배수가 잘되는 사질양토로 치환해야 한다.
• 유공관을 깊이 30~50cm 내외로 설치하여 부지 바깥쪽의 배수로나 집수정으로 배수를 유도해야 한다.
• 유공관 대신 골재를 채우는 방법도 있다(dry well).
• 물을 좋아하는 수종을 배식한다.

5) 염해

① 원인

- 태풍이나 계절풍이 함유한 해수 입자가 입히는 재해이다.
- 바람이 약하거나 내륙에서 바다 쪽으로 바람이 불 때에는 발생하지 않는다.
- 식물에 부착형성과 침투형성으로 염해를 미친다. 부착형성은 곰솔이나 동백나무 등의 잎의 표면에 부착하는 경우이고, 침투형성은 팽나무, 떡갈나무 등에 해를 입힌다.
- 기후변화로 인하여 겨울은 더 춥고, 폭설의 횟수와 양이 늘어나고 있어 제설제의 사용량이 늘어나는 추세이다. 실제로 제설제는 철이나 콘크리트도 부식시키거나 약화할 수 있으며 식물에게는 더욱 치명적이다.

② 주요증상

- 잎과 가지의 끝부분부터 황엽 발생, 5월경 잎마름 현상 발생, 조기 낙엽, 고사지 발생 등

③ 대책

- 토양을 분석하여 염분농도를 확인한다.
- 염해방지 시설을 설치한다(토양, 비산 등)
- 제설작업 여부를 확인한다.
- 제설작업 후에는 즉시 깨끗한 물로 잎과 가지를 세척해주어야 한다.
- 해빙기 후에는 토양에 많은 양의 관수를 함으로써 염분의 세탈과 희석을 유도해야 한다.
- 새순이 나오는 시기에 엽면시비로 영양을 공급한다.

6) 약해

① 원인

- 나무를 보호하기 위해 사용한 약제(농약)가 오히려 정상적인 생육을 저해하는 피해를 말한다. 나무에서 약해가 발생하는 원인은 크게 두 가지인데, 잘못된 약제를 사용하는 경우와 약량을 과다하게 사용하는 경우이다.
- 약해는 활엽수보다는 침엽수에서 확연하게 나타난다.
- 좁은 뜻으로는 식물에 발생하는 해를 말하며, 식물에 대한 해는 농작물을 비롯해서 원예

작물, 산림에 이르기까지 식물의 생리상태에 악화현상을 일으키는 것을 말한다.

- 약해는 발현속도에 따라 급성 약해와 만성 약해로 나누어진다. 급성 약해는 농약살포 수일(2~4일) 후에 엽소현상(葉燒現象)·약반(藥斑)·낙엽·낙과 등이 일어나는 것을 말하며, 만성 약해는 육안적으로는 그 증세를 구별할 수 없으나 생육불량·영양장애를 일으켜 결국 성숙의 지연, 수량감소 등의 증세가 일어나는 것이다.
- 약물에 의해서 작물에 나타나는 생리장애로 주로 식물 조직의 파괴, 식물의 증산작용, 동화작용 및 호흡작용 등의 생리작용을 방해하고 억재하며 식물의 정상적인 생육을 저해한다.
- 약해가 발생하는 주 원인은 제초제의 작용기작을 고려하지 않은 채 무분별하게 사용하는 경우와 분무기를 이용하여 제초제를 광범위하게 살포할 때 비산되는 경우, 그리고 제초제를 사용한 토양에 나무를 심거나 나무 주변에 제초제를 사용하는 경우 등이 있다.

② 주요증상

- 조기 낙엽, 엽소, 반점, 시들음, 낙과, 발아 및 반근 불량 등

③ 대책

- 제초제가 비산되지 않도록 작업 시 주의한다.
- 관리이력을 확인한다.
- 토양오염 물질을 확인한다.
- 적당량의 약제 살포
- 정확한 병명을 진단한다.

7) 훼손

① 원인

- 무분별한 탐방객과 운동(등 두드리기) 등으로 하여금 나무의 전부 또는 일부가 파손, 변질, 변형되어 경제적 보수로 원상복귀가 불가능하거나 경제적으로 보수할 가치가 없는 상태를 말하며 무분별한 탐방객들로 하여금 어린나무와 자생식물의 훼손이 심각해 보존대책이 필요하다.

② 주요증상

- 줄기 및 가지의 부패, 고사지 발생 등

③ 대책

- 부패여부를 확인한다.

8) 영양결핍

① 원인

- 토양 내 양분이 절대적으로 부족하거나 혹은 양분이 충분히 있더라도 수목이 흡수할 수 없는 형태로 존재하는 경우에 나타난다.
- 질소, 인산, 칼륨, 마그네슘은 체내 이동이 쉬운 이동성 원소(移動性 元素)로 부족할 경우 잎에서 어린잎으로 원소를 쉽게 이동시키기 때문에 그 부족 현상은 성숙 잎에서 먼저 나타난다.
- 칼슘, 철, 붕소는 체내 이동이 쉽게 되지 않는 부동성 원소(不動性 元素)로 어린잎과 가지, 열매에서 결핍현상이 먼저 나타난다.
- 황, 아연, 망간, 구리, 몰리브덴은 이동성이 중간 정도에 속하기 때문에 어린잎과 성숙 잎에서 동시에 결핍증세가 나타난다.

② 주요증상

- 잎에 생기는 황화 현상, 괴사, 백화 현상, 작은 반점, 불규칙한 얼룩반점, 비틀림, 타죽음, 낙엽현상이 나타난다.
- 가지에서는 마디의 생장이 안 되어 잎이 촘촘히 붙어 있는 상태, 왜성형, 고사, 변색 현상 등이 나타난다.
- 열매에서는 기형, 변색, 왜소화 현상이 나타난다.
- 잎에서는 황화 현상이 나타나는데 잎이 전체적으로 황색으로 되거나(질소, 인, 칼륨, 황 결핍), 가장자리가 변색하거나(마그네슘 결핍), 엽맥은 녹색을 유지하면서 엽맥 사이의 조직만 황색으로 되는(칼륨, 철, 망간 결핍) 등 다양한 증세가 나타난다.

③ 대책

- 부족한 원소를 찾아내어 시비한다.

9) 기상재해

① 원인

- 태풍, 호우, 대설, 폭풍 등 기상현상이 원인이 되어서 발생하는 재해를 말한다.
- 대부분의 자연재해는 이상 기상현상이 원인이 되어 발생하는 기상재해에 해당한다.
- 우리나라는 매년 여름철에 호우로 인하여 인명과 재산 피해를 입고 있으며, 이와 같은 수해는 저기압, 장마전선, 태풍 등에 의해 발생한다.
- 장마철 태풍으로 인하여 가로수 및 공원 등의 수목이 바람에 의해 쓰러지는 피해를 많이 입는다.

② 주요증상

- 입소, 피소, 동해 등

③ 대책

- 부패여부를 확인한다.

〈그림 3〉 기상재해(태풍으로 인하여 쓰러짐)

10) 토양

① 원인

- 토양은 입자크기에 따라 모래, 미사, 점토로 분류하며 이들의 함량비에 따라 토양의 종류를 구분하는데, 이를 토성이라 한다.
- 배수가 잘 되는 모래 또는 배수가 불량한 점토질에 나무를 식재할 시 건조와 과습으로 나무가 고사하게 된다.
- 토양의 건조 상태나 과습 상태를 확인하고 조치하여야 한다.
- 조경수를 식재하기 가장 좋은 토양은 사질양토이다.
- 우리나라 조경에서는 토양문제를 심각하게 바라보지 않고 있는 듯하다.
- 식재기반시설(성토)은 토목이나 건축공사의 일부로 속해져 시행되는 공사가 많아 조경업체가 토양문제를 언급해도 해결책은 거의 나오지 않는 것이 현실이다.

② **주요증상**

- 잎의 시들음, 고사지 발생, 가지말림 현상, 수관이 불규칙적으로 황엽 발생, 아랫잎부터 변색, 조기 낙엽 등

③ **대책**

- 제도적으로 조경부문의 설계 전에 반드시 토양분석을 하도록 하여야 한다.
- 토양분석의 결과를 토대로 계획수립 및 설계단계에서 토양의 개량과 객토 등의 구체적 방안을 모색하고 설계에 반영하여야 한다.
- 유기질 비료를 사질토와 5 : 5 비율로 혼합해준다.
- T/R률을 조절해 준다.
- 장기적으로 수목의 건조 및 관수 필요여부를 계산하는 과학기술을 이용한 자동관리시스템 개발 및 이용확대가 요구된다.

11) 기타

① **원인**

- 환상박피, 수간파임, 좁은 식수대, 화재, T/R률, 비료, 침수, 경쟁, 열매채취, 폭설 등

② **주요증상**

- 잎의 왜소화, 시들음, 조기 낙엽, 황엽 발생, 건조현상, 고사지 발생, 쌓인 눈의 하중에 의한 가지 부러짐, 휘어짐, 찢어짐, 도복 등

③ **대책**

- 지주목 설치 후 관리 철저
- 지주목 결속재(철근, 로프 등) 제거 및 현수막 철거, 수피이식
- 충분한 녹지대 확보
- 화재로 인한 전소 방지
- 전지·전정
- 적당량 비료 주기 및 완숙된 비료사용, 고농도의 유기물 사용억제
- 침수 후 즉시 배수 처리

- 종내·종간 경쟁 및 타감 작용
- 쌓인 눈 털어주기, 지주대나 브레이싱(bracing)을 설치하여 하중을 지탱해주기 등

〈그림 4〉 좁은 식수대

2 병 · 해충 피해

1) 원인

- 수목의 병이란 세균, 곰팡이, 바이러스, 마이코플라스마, 선충과 같은 병원체에 의해 수목이 비정상적으로 반응하는 것을 말한다.
- 병원체에 의한 피해일 경우 잎, 가지, 줄기, 뿌리에 병징과 표징이 나타나며, 이를 통해 병명을 진단할 수 있다.
- 해충은 수목의 잎을 갉아먹고 가지나 줄기의 수액을 흡즙하며 구멍을 뚫어 수목을 가해함으로써 수목을 쇠약하게 하여 고사시킨다.
- 이식 후 수목은 수세가 쇠약해져 면역력 저하로 쉽게 병충해에 감염됨으로 빨리 수세를 회복시켜 병충해를 예방하여야 한다.
- 효과적인 병충해 방제를 위해서 발생 병충해의 이름과 생활사, 가해부위, 가해습성을 먼저 파악한 후 약제 처리시기와 방법, 횟수, 약제 종류, 약량을 결정한다.

2) 해충의 방제 방법

- 해충은 인간의 입장에서 보면 해로운 존재이지만 자연에서는 귀중한 생물이므로 단순히 해충이 존재한다고 완전히 박멸하기 보다는 해충의 밀도가 높아져 피해가 커질 가능성이 있을 경우에만 해충의 활동을 억제하는 수준으로 방제해야 한다.

① 화학적 방제

- 화학적 제품인 살충제를 사용하여 해충을 방제하는 방법이다.
- 살충제의 종류

- 소화중독제 : 해충의 입을 통해 들어가 중독을 일으켜 죽게 한다.
- 접촉제 : 해충의 몸에 약제가 닿아 몸속으로 들어가 신경계통이나 조직세포에 독작용을 일으킨다.
- 침투성 살충제 : 식물체 내에 들어간 약물이 흡즙성 해충이 수액을 빨아 먹음으로써 체내에 흡수되어 독작용을 일으켜 죽게 한다.
- 훈증제 : 약제가 가스 상태로 기화되어 해충의 호흡기를 통해 흡수되어 효과를 나타낸다.

② 생물적 방제

- 다른 생물을 이용하여 해충군의 밀도를 억제하는 방법이다.
- 영구적으로 효과를 얻을 수 있으며, 해충의 밀도가 낮아도 효과를 얻을 수 있는 환경저항성의 증대가 장점이다.

③ 내충성 이용 방제

- 해충에 대한 식물의 저항성 강화와 내충성 품종 이용 등의 방법으로 방제한다.
- 다른 생물에 악영향을 끼치지 않는다.

④ 생태적 방제

- 환경조건을 개선함으로써 해충의 발생과 피해를 경감시키는 방제 방법이다.

⑤ 불임법 및 유전학적 이용방제

- 불임법은 방사선으로 불임화 시킨 해충을 방사하여 건전한 해충과 교미를 통해 생식력을 무력화하는 방법이다.
- 유전학적 이용방제는 생식에 불리한 유전인자를 가진 개체를 해충집단에 넣어 교잡하도록 하여 다음 세대에 불임을 유발시켜 해충의 밀도를 낮추는 방법이다.

⑥ 성페로몬 이용방제

- 성페로몬을 인위적으로 이용하여 유인된 해충을 구제하는 방법이다.

⑦ 기계적 방제

- 기계, 기구류를 이용하여 방제하는 방법으로 포살법, 유살법, 소살법, 소각법 등이 있다.

⑧ 법적 방제

- 국제 검역과 국내 검역법을 제정하고 수출입 동식물, 토양, 포장용기 등을 검사, 처리함으로써 국제간의 전염을 예방하는 방법이다.

3) 해충의 가해특성

① 식엽 해충

- 잎을 가해하는 해충이다.
- 딱정벌레목, 나비목, 벌목, 메뚜기목, 대벌레목, 파리목 등이 이에 속한다.

② 흡즙 해충

- 잎이나 가지 및 줄기에서 수액을 빨아먹는 해충이다.
- 매미목, 노린재목, 응애류 등이 이에 속한다.

③ 천공 해충

- 줄기와 가지에 구멍을 뚫고 가해하는 해충이다.
- 향나무하늘소, 소나무좀, 알락하늘소 등이 이에 속한다.

4) 해충의 종류

- 소나무

– 솔잎혹파리, 솔껍질깍지벌레, 소나무가루깍지벌레, 소나무굴깍지벌레, 전나무잎응애, 노랑무늬솔바구미, 소나무순나방, 솔나방, 큰솔알락명나방, 솔알락명나방, 애기솔알락명나방, 솔수염하늘소, 삼나무독나방, 솔잎벌, 소나무솜벌레 등

- 주목

– 식나무깍지벌레

- 잣나무

– 잣나무넓적잎벌

- 향나무

– 향나무하늘소

• 은행나무
– 차주머니나방, 검정주머니나방
• 벚나무
– 공깍지벌레, 벚나무깍지벌레, 복숭아유리나방, 벚나무응애, 벚잎혹진딧물, 복숭아혹진딧물, 벚나무모시나방, 먹무늬제주나방, 노랑쐐기나방, 참나무겨울가지나방 등
• 철쭉
– 진달래방패벌레, 극동등애잎벌
• 느티나무
– 느티나무알락진딧물, 느티나무벼룩바구미, 외줄진딧물
• 버즘나무
– 알락하늘소, 버즘나무방패벌레, 미국흰불나방
• 사철나무
– 거북밀깍지벌레, 사철나무혹파리, 노랑털알락나방, 사철깍지벌레, 남방차주머니나방
• 회양목
– 회양목명나방
• 배나무
– 배나무방패벌레, 은무늬굴나방
• 포플러
– 매미나방
• 쥐똥나무
– 쥐똥밀깍지벌레
• 가중나무
– 가중나무고치나방
• 개나리
– 개나리잎벌
• 참나무류
– 도토리거위벌레, 독나방, 참나무재주나방, 밤나무혹벌, 붉은머리재주나방, 대벌레, 흰독나방, 주둥무늬차색풍뎅이, 뽕나무이, 참콩풍뎅이, 광릉긴나무좀, 오리나무좀 등
• 자귀나무
– 자귀나무이

• 대나무
– 애나무쐐기알락나방
• 아까시나무
– 아까시잎혹파리

5) 병해의 종류

① 침엽수의 병

• 소나무잎마름병, 소나무가지끝마름병, 소나무갈색무늬병, 잣나무잎떨림병, 소나무잎녹병, 잣나무털녹병, 소나무혹병, 소나무재선충, 일본잎갈나무잎떨림병, 낙엽송가지끝마름병, 삼나무붉은마름병, 은행나무잎마름병, 향나무녹병 등

② 활엽수의 병

• 그을음병, 느티나무흰별무늬병, 대추나무빗자루병, 벚나무균핵병, 벚나무빗자루병, 부란병, 배나무검은무늬병, 자두나무주머니병, 사과나무겹무늬썩음병, 산수유두창병, 장미검은무늬병, 장미잿빛곰팡이병, 회화나무녹병, 포플러잎녹병, 철쭉떡병, 버즘나무탄저병, 철쭉민떡병, 흰가루병, 칠엽수얼룩무늬병, 쥐똥나무둥근무늬병 등

실무연습문제

1 생리피해로 인한 수목의 고사원인과 대책에 대하여 기술하시오.

2 병충해피해로 인한 수목의 고사원인과 해충의 방제 방법에 대하여 기술하시오.

3 해충의 가해특성에 대하여 기술하시오.

4 소나무, 주목, 잣나무, 은행나무, 철쭉, 회양목, 개나리의 해충 종류를 쓰시오.

5 침엽수의 병해 종류에 대하여 쓰시오.

6 활엽수의 병해 종류에 대하여 쓰시오.

02

운영 및 유지관리

1 조경관리의 구분 및 수립절차

1-1. 조경관리의 구분

1) 유지관리

- 조경수목과 시설물을 항상 용이하게 이용할 수 있도록 점검, 보수하여 구성요소의 설치목적에 따른 기능이 공공을 위한 서비스가 원활하게 제공될 수 있도록 하는 방법이다.

2) 운영관리

- 시설관리에 의하여 얻어지는 이용 가능한 구성요소를 보다 효과적이고 안전하게 더 많이 이용하게 하기 위한 방법으로 예산, 재무제도, 조직, 재산 등의 관리가 있다.

3) 이용관리

- 이용자의 행태와 선호도를 조사·분석하여 그 시대와 사회에 맞는 적절한 이용 프로그램을 개발하여 홍보하고, 이용에 대한 기회를 증가시키는 방법으로 안전관리, 이용지도, 홍보, 행사프로그램 주도, 주민참여 유도 등이 있다.

1-2. 조경관리계획 수립 시 고려사항

- 관리의 내용과 공간의 특성
- 조성목적
- 자연조건과 사회적 조건
- 미래의 변화

1-3. 조경관리계획 수립 시 작업별 1일당 소요인원 산출 기초자료

- 관리 작업의 내용은 특별한 것을 제외하고는 어느 정도까지 단순화, 정량화하도록 하여 각 작업별로 1일당 소요인원을 산출하여 관리계획·수립의 기초자료로 사용하여야 한다.
- 기초자료로 활용될 수 있는 내용

– 연간작업량

– 단위작업률

– 과거의 실적

- 기초자료를 활용하여 평균적인 효율을 산정한다.

1-4. 조경관리계획의 수립절차

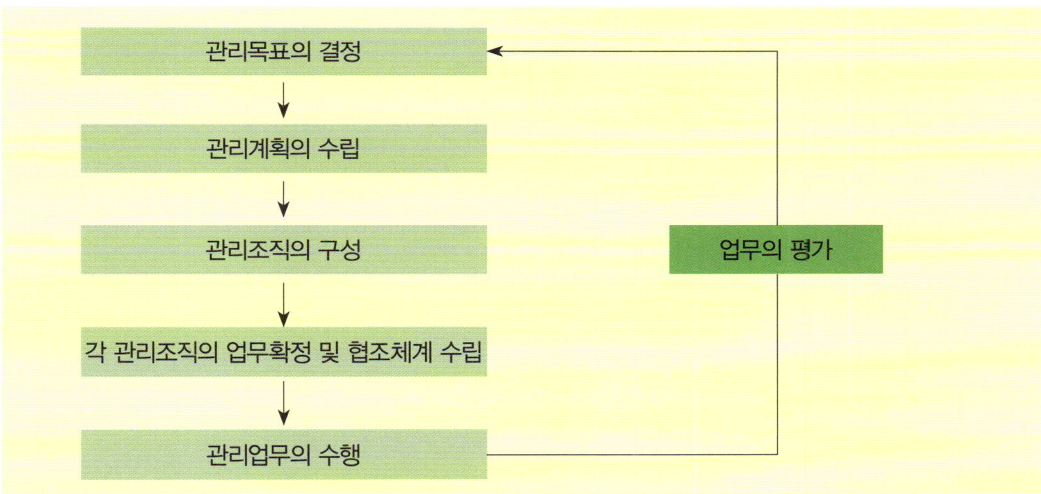

출처 : 신조경관리학(2016), 한국조경학회, p.8.

〈그림 5〉 조경관리계획의 수립절차

1-5. 조경관리계획의 특성

- 관리 대상자원의 변화성

– 건축이나 토목은 내구성 저하로 유지보수 필요

– 조경은 자연수렴

- 비생산성
- 조경공간 기능의 다양성과 유동

2 운영관리 계획

2-1. 운영관리시스템의 구성요소

- 사회적 배경
- 법적체계
- 규칙
- 예산·조직
- 광고·재산
- 재무제도
- 기능과 권한
- 대민관계 이용
- 인적환경과의 조화
- 직원의 사기진작

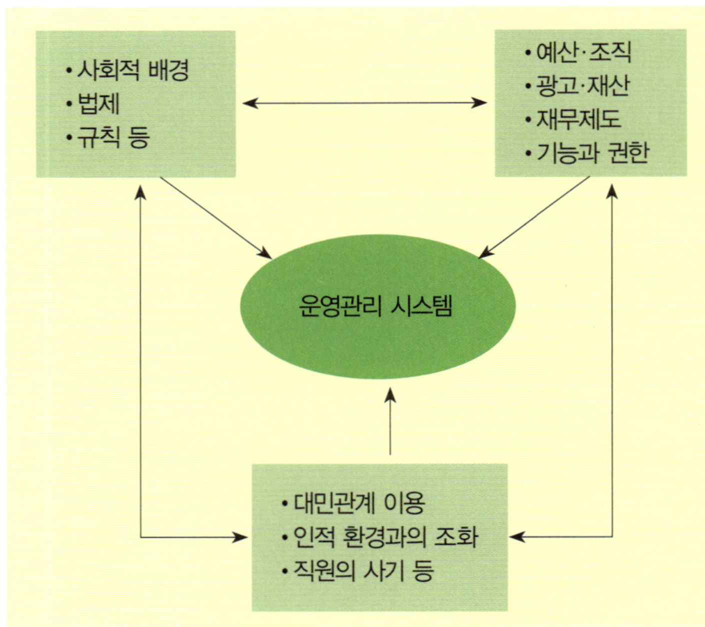

출처 : 조경기사·산업기사(2013), 이승원, 성안당, p.6-4.

〈그림 6〉 운영관리시스템의 구성요소

2-2. 운영관리의 계획

1) 원칙

① **경제성 원칙** : 소극적으로는 운영관리 경비의 최소화 원칙을 의미하고, 적극적으로는 운영효

과의 최대화 원칙과 이를 통한 조경 대상물의 가치 극대화 원칙을 의미한다.

② **안정성 원칙** : 운영관리서비스는 위험의 최소화로 인적, 물적 피해 없이 유지해야 한다는 원칙을 의미한다.

③ **효율성 원칙** : 운영관리 활동을 수행함에 있어서 투입되는 예산, 시간, 노력의 성과보다 유지되는 결과가 크게 나타나야 한다는 원칙을 의미한다.

③ **적합성 원칙** : 운영관리를 통하여 유지되는 운영관리서비스는 반드시 서비스의 이용자 욕구에 부합하는 적합한 운영관리서비스를 제공하고 공급해야 한다는 원칙을 의미한다.

2) 목표

- 관리대상의 기능을 최대한 효율적이고 적절하게 발휘할 수 있도록 한다.

3) 고려사항

- 설계자의 의도를 이해하고, 이용자의 이용행태를 파악하여 공간 특성을 합리적으로 관리한다.

4) 운영관리계획의 수립조건

- 환경조건, 시설조건, 기타조건이 있다.

① **환경조건**

- 자연조건과 인위조건으로 나누어진다.
  - 자연조건 : 토양, 토질, 지형, 온도, 습도, 강우량, 적설량, 일조, 바람 등
  - 인위조건 : 대기오염, 수질오염, 각종공해, 이용 빈도, 이용자 수, 이용행태 등

② **시설조건**

- 점검내용, 보수내용, 시기, 횟수 등의 결정요소인 종류, 설치목적, 형태, 규모, 재질, 수량 등
  → 점검내용, 보수내용, 시기, 횟수 등의 결정요소

③ **기타조건** : 제도, 재원, 조직 등 → 관리체제 정비, 기능성 향상의 요소

5) 이용조사

- 이용자수의 계측으로 연간, 계절별, 월별, 요일별, 시간별 등의 이용 상황 추적, 파악
- 이용자의 이용행태나 동태 분석·계측

- 이용의식 및 심리상태 조사·파악
- 이용자의 외형적인 것에서부터 내면적인 속성에 이르기까지 종합적으로 계측·분석

6) 조경공간의 질적 변화에 대한 고려

① 질적 변화의 원인

- 대기오염
- 지표면의 폐쇄로 인한 토양수분 부족과 토양조건악화
- 포장면과 건축물의 증가로 태양 복사열의 급증과 일조량의 감소
- 야간조명으로 인한 일장효과의 장해
- 귀화식물의 증대
- 지형개변(地形改變), 식물의 무계획적 벌채 등으로 인한 자연조건의 급변
- 조경공간에 대한 이용밀도의 급증
- 포장재의 발전과 인공시설의 급증으로 인한 자연토양의 폐쇄, 지하수분조건의 악화

② 질의 변화에 따른 관리계획

- 양호한 식생의 확보(양호한 식생의 확보를 위해서는 생태학적으로 안정된 식생을 유지)
- 개방된 토양면의 확보
- 기타 도시환경의 개선

7) 조경공간의 양적 변화에 대한 고려

① 양적 변화의 원인

- 자연적인 노후화 및 변질
- 생장이나 번식으로 인한 외형적인 변화
- 이용자수와 이용행태에 따른 양적변화

② 양적 변화에 따른 관리계획

- 부족이 예상되는 시설의 증설 : 입구, 매점, 화장실, 음수대, 휴게시설 등
- 이용에 의해 손상이 생기는 시설의 보충 : 잔디, 벤치, 수도꼭지, 울타리 등
- 내구연한이 경과된 각종 시설물의 정비 및 교체 : 각종 시설물, 포장 등
- 생태적 조건변화에 따른 식생 갱신(更新)

8) 관리계획의 진단

① 검토사항

- 이용조사에 의한 시민요구의 구체적 행동의 평가
- 관리단계의 지장이 되는 원인의 분석
- 구체적 시민의 요구

② 수요의 측정·평가 방법

- 심리적 측정법
- 쾌적성의 반응
- 기타 실태 파악수법 등을 응용한 접근방법

2–3. 운영관리방식

1) 운영관리 주요 업무

- 공원부분 기획, 예산, 전산업무에 관한 사항
- 인사, 문서, 서무, 보안, 행사 및 홍보에 관한 사항
- 재산 및 물품, 차량관리에 관한 사항
- 국민연금, 건강보험, 산재보험, 고용보험 등 제보험에 관한 사항
- 위탁료 등 수입금 수납, 관리 및 위탁업체 지도관리에 관한 사항
- 각 종 계약 및 현금, 예금의 출납, 급여지급에 관한 사항
- 공원 내 시설운영에 관한 사항(주차장, 야외음악당, 테니스장, 교양관 등)
- 공원 내 잡상인 단속 질서유지 및 미아보호에 관한 사항
- 공원이용 프로그램 개발 및 운영지원
- 공원 자원봉사활동 운영지원 등

2) 운영관리 매뉴얼 작성시 유의사항

- 현장에 맞게 매뉴얼을 작성한다.
- 최소한으로 충족되게 정한다.
- 단순 명쾌하게 정한다.

- 업무순서에 따라 정한다.
- 현장에서 완결되도록 정한다.
- 기록을 보존한다.

3) 직영방식 : 관리주체가 직접 운영 관리

① 적용대상

- 빠른 대응이 필요한 업무
- 연속해서 행할 수 없는 업무
- 금액이 적고 간편한 업무
- 일상적인 유지관리 업무
- 진척사항이 명확하지 않고 검사하기 어려운 업무
- 자세한 서비스를 요하는 업무

② 장점

- 관리책임이나 책임소재가 명확하다.
- 긴급한 대응이 가능하다.
- 관리실태를 정확히 파악할 수 있다.
- 관리자의 취지를 명확하게 나타낼 수 있다.
- 임기응변적 조치가 가능하다.
- 이용자에게 양질의 서비스를 제공할 수 있다.
- 애착심을 가지고 관리효율을 높일 수 있다.

③ 단점

- 일상적인 일로 업무가 타성화 되기 쉽고, 효율성이 떨어진다.
- 전문인력을 확보하기 어렵고 관리직원의 배치전환이 곤란하다.
- 필요이상의 인건비가 지출되어 관리비 상승이 우려된다.
- 업무자체가 복잡화되기 쉽다.

4) 도급(위탁)방식 : 관리전문 용역회사나 단체에 위탁하는 방식

① 적용대상

- 장기에 걸쳐 단순작업을 행하는 업무
- 전문 지식, 기능, 자격을 요하는 업무
- 규모가 크고, 노력, 재료 등을 포함하는 업무
- 관리주체가 보유한 인원과 장비로는 불가능한 업무
- 법령에 의해 기능, 자격이 의무사항인 업무

② 장점

- 규모가 큰 시설 등을 효율적으로 관리할 수 있다.
- 전문가를 합리적으로 이용할 수 있다.
- 관리의 단순화를 기할 수 있다.
- 전문적 지식, 기능, 자격에 의한 양질의 서비스를 제공할 수 있다.
- 관리비가 적게 들고, 장기적으로 안정될 수 있다.

③ 단점

- 책임의 소재나 권한의 범위가 불분명하다.
- 전문업자를 충분하게 활용하지 못할 수 있다.
- 이윤추구의 극대화로 유지관리의 신뢰성이 떨어질 수 있다.

3 유지관리계획

3-1. 개요

- 유지관리원칙에는 정기적인 순회점검, 청소, 조경시설물의 기능과 성능을 발휘하는데 필요한 손질, 보수와 그에 수반된 각종 작업뿐만 아니라 구조물 자체의 기능쇠퇴, 이용자의 정신적·물리적 생활의 변화, 사회구조나 자연요소의 변화 등에 의해 항상 시설의 가치가 달라지기 때문에 사회적 변화에 대응하기 위한 개량 등 유지관리상의 모든 행위가 포함된다.
- 유지관리는 수목과 시설물 관리로 나눈다.
- 조경시설의 기능과 성능을 양호하고 쾌적하게 이용할 수 있도록 유지하는데 목적이 있다.
- 유지관리계획을 세우기 위해서는 토양, 토질, 지형, 대기의 상태 등 자연조건과 이용 빈도, 이용형태 등 인위적 조건, 점검내용 및 보수내용, 시기, 횟수 등의 결정을 위한 관리대상의 종류, 설치목적, 규모, 수량, 재료 등을 정확하게 파악하여야 한다.

3-2. 유지관리의 목표

- 조경공간과 조경시설물을 항상 깨끗하고 정돈된 상태로 유지한다.
- 경관미가 있는 공간과 시설을 유지한다.
- 이용자에게 편의나 쾌적한 환경을 제공할 수 있도록 유지 관리한다.

3-3. 일반사항

- 유지관리 문제는 설계 및 시공 단계부터 고려되어야 한다.
- 유지관리계획 수립 시 그 지역의 생태적 특성은 반드시 고려할 필요가 있으며 관리비용은

가능한 한 최소가 되도록 한다.

- 조경환경의 질을 유지하기 위하여 시공단계가 끝나면 곧바로 유지 관리 작업이 시행되어야 한다.
- 유지관리를 맡은 업체가 시공업체로부터 관리 인계 시 받아야 할 시설관계 인계서류는 시설목록, 배치평면도, 설계설명도 등이다.

3–4. 점검 및 관리계획

1) 점검

- 시설의 당초 목적에 대하 충분한 기능을 발휘하는가?
- 시설의 수량, 형태의 변화는 없는가?
- 시설의 구조, 강도에 변화는 없는가?

2) 관리계획의 형태

① 정기적 계획

- 계획보수, 정기 점검보수, 연간 수목의 정지·전정, 시비, 제초, 병충해방제, 관수 및 배수, 월동관리, 잔디관리 등이 있다.
- 연중 유지관리계획에서 가장 먼저 시행해야 하는 유지관리 항목은 정지·전정과 시비를 들 수 있다.

② 비정기적 계획

- 하자보수, 개량·개조, 재해대책 등이 있다.
- 개량·개조가 요구되는 사항은 이용자의 증가, 시설의 노후화, 이용조건의 변화, 운영방법의 변화, 주위환경의 변화, 사회적 요구의 병화 등이 있다.

실무연습문제

1 조경관리계획의 수립절차에 대하여 기술하시오.

2 조경관리계획 수립 시 수립조건에 대하여 기술하시오.

3 조경관리의 3대 기본목표에 대하여 기술하시오.

4 운영관리시스템의 구성요소에 대하여 기술하시오.

5 조경수목과 시설물 관리를 위한 예산, 재무제도, 조직, 재산 등의 업무기능을 수행하는 조경관리는?

6 관리대상의 기능을 어떻게 하면 효율적이며 적절하게 발휘하는가를 목표로 하는 관리유형은?

7 조경시설물의 유지관리상 개량·개조가 요구되는 사항은?

8 조경관리계획 수립 시 작업별 1일당 소요인원을 산출할 경우 기초자료로 활용될 수 있는 것은?

9 조경공간관리에 있어 경상적 관리수준에 해당하는 관리는 일반적으로 조성비의 어느 정도 비율의 경비가 소요되는가?

10 운영관리계획에서 질적변화의 원인과 관리계획에 대하여 기술하시오.

11 운영관리계획에서 양적변화의 원인과 관리계획에 대하여 기술하시오.

12 운영관리방식 중 직영방식의 적용대상 및 장·단점에 대하여 기술하시오.

13 운영관리방식 중 도급방식의 적용대상 및 장·단점에 대하여 기술하시오.

14 조경시설 점검 시 유의사항은?

15 조경관리의 구분 중 이용관리항목에 대하여 기술하시오.

16 조경시설물의 유지관리에 있어서 효율적인 관리와 관련된 항목은?

17 시설물의 유지보수 공사 시 일반 조경공사보다 공사비에 할증을 하는 이유는?

18 유지관리를 맡는 업체가 시공업체로부터 관리인계 시 받아야 할 관리인계 인계서류는?

19 조경공사에서 유지관리의 기본적 목적은?

03

이용자 관리계획

1 이용관리

1-1. 이용자 관리

1) 관리대상

- 이용자 관리의 대상은 현재 공원녹지 등 대상지를 이용하는 사람들뿐만 아니라 이용했던 경험이 있는 사람, 이용한 사실은 없지만 앞으로 이용할 가능성이 있는 사람이다.

2) 이용안내

① 필요성

- 이용의 기회를 넓히고 공평하게 제공하여 언제 누구라도 이용이 가능하도록 공원에 대한 시설정보(조성연도, 주소 및 면적, 관리조직 및 인원, 매점 등 주요 시설 등), 이용방법(이용료, 이용시간, 행사 등 이용프로그램, 탐방로 등 안내지도 등), 접근수단(대중교통수단 및 주차시설 등), 주변 연계 관광지 등의 안내를 행한다.
- 지역 내에서의 활동이 쾌적하게 이루어질 수 있도록 세부적인 놀이방법이나 이용에 대한 정보를 제공하여 이용자의 만족도를 높인다.

② 이용안내 방법

- 온라인과 오프라인을 방법을 이용한다.

3) 이용지도

① 필요성

- 여가 시간이 증가함에 따라 야외 레크리에이션 활동에 대한 관심이 높아졌다.
- 공원녹지의 이용패턴도 정적인 이용에서 동적인 이용으로 점차 다양화되었다.
- 교육이나 체험에 대한 사회적 요구도가 높아지고 있다.
- 질적 향상 및 안전하고 쾌적한 이용 환경 창출
- 이용자의 다양한 요구에 부흥하고 공원을 보다 효과적으로 활용하기 위함

② 이용지도 방법

- 지도원에 의한 상주·순회지도, 요일·일시를 정하여 행하는 정기지도
- 고정시설인 표지, 간판, 팜플렛 등에 의한 이용규제금지·주의
- 레크리에이션 활동에 대해서는 상담창구에 의한 지도, 교육프로그램의 개척, 활동의 조직화 등이 있다.

③ 이용지도의 목적과 대상행위

- 공원녹지의 보전

– 조례 등에 의해 금지되어 있는 행위의 금지 및 주의

– 이용지도의 대상이 되는 행위 : 식물채취, 공원녹지의 손상·오손, 출입금지구역, 광고물의 표시, 불의 사용 등

- 안전하고 쾌적한 이용

– 위험행위의 금지 및 주의, 특수한 시설 혹은 위험을 수반하는 시설의 올바른 이용방법 지도

– 이용지도의 대상이 되는 행위 : 놀이기구에서 뛰어내림, 풀장에서의 위험행위, 아동공원에서의 어른들이 골프 및 야구를 하는 행위 등

- 유효이용의 유도

– 이용안내 및 레크리에이션 활동에 대한 상담 및 지도

– 이용안내 : 시설의 유무 소개, 공원 내의 루트 등

– 상담 및 지도 : 식물관찰, 조류관찰, 오리엔터링, 케이트볼 등의 지도, 유치원이나 학교 등의 단체를 대상으로 하는 활동프로그램의 조언 등

4) 이용지도 형태

- 각 공원녹지에서 가능한 놀이지도
- 각종 스포츠의 규칙이나 놀이방법지도
- 계절별 꽃 감상 및 볼만한 장소에 대한 정보전달 및 지도
- 식물이나 원예지식에 관한 지도
- 지역의 역사 등 교양적인 내용에 관한 지도
- 공원녹지에 대한 해설교육
- 공원녹지의 관리기법과 기술

5) 행사(event)

① 필요성 및 효과

- 행정홍보의 수단
- 커뮤니케이션(communication)활동의 일환
- 새로운 공원문화 인식
- 행정주도형 공원녹지 추구

② 행사(event) 개최의 형태

- 행정홍보 및 공적 행사 : 교통안전, 자연보호, 도시녹화, 시설준공기념 등
- 체력·건강 향상을 위한 행사 : 운동회, 스포츠 교실, 스포츠 게임 등
- 생활문화향상을 위한 행사 : 전람회, 연주회, 강연회, 심포지엄, 노래자랑대회 등
- 오락을 위한 행사 : 축제, 공연 등
- 판매촉진을 위한 행사 : 주야간시장, 벼룩시장, 슬로푸드 유기농산물 판매, 전시판매 등
- 종합이벤트를 위한 행사 : 박람회, 축제 등

③ 행사 기획시 유의사항

- 시설이 설치목적에 맞을 것
- 관계법령을 준수할 것
- 행사는 가능한 한 풍부한 내용을 갖도록 할 것

- 계절·일시를 고려하여 행사계획을 세울 것
- 예산을 고려할 것
- 대안을 만들어 놓을 것
- 이용자에 대한 배려 등을 고려할 것

6) 자원 및 이용조사

① 필요성

- 공원녹지의 실태파악

– 자연환경조사

– 시설현황조사

– 이용실태조사

- 정보교류, 상회신뢰, 민주적인 합의관계 도출

② 조사방법

- 자연환경조사 : 전문용역기관에 의뢰
- 이용실태조사 : 비용절감 효과와 공원에 대한 이해도를 높이기 위해 지역의 비영리 시민사회단체나 자원봉사자들을 활용하여 조사

1-2. 안전관리

1) 필요성

- 공원녹지 내에 불유쾌한 행동에 대한 예방·안전대책, 시설의 안전, 각종 사고로부터의 예방 등 중요성이 높아지고 있다.

2) 사고의 종류

① 설치하자에 의한 사고

- 시설의 구조 자체의 결함에 의한 사고

– 시설물의 구조상 접속부에 손이 끼거나 사용상 내구성이 다하는 등의 구조 자체의 결함에 의한 사고

• 시설설치의 미비에 의한 사고

– 본래 고정되어 있어야 할 시설이 제대로 고정되어 있지 않아 시설이 쓰러지거나 부서지는 등의 사고

• 시설배치의 미비에 의한 사고

– 그네에서 뛰어내리는 곳에 벤치가 배치되어 있어 충돌하는 등 시설배치 자체의 문제에 의한 사고

② 관리하자에 의한 사고

• 시설의 노후·파손에 의한 사고

– 시설의 부식이나 마모에 의한 노후화 또는 파손부위로 인해 상처를 입는다거나 전락·전도되어 시설에 깔리는 등의 사고

• 위험장소에 대한 안전대비책 미비에 의한 사고

– 연못 등의 위험장소에 접근방지용 펜스 등을 설치하지 않는 등의 안전대책 미비에 의한 사고

• 이용시설 이외의 시설의 쓰러짐 또는 떨어짐에 의한 사고

– 블록이나 간판이 떨어진다든지 배수맨홀의 뚜껑이 제대로 닫혀져 있지 않거나 시설이 부식되어 쓰러지는 등의 사고

• 위험물 방치에 의한 사고

– 유리조각을 방치하여 손발을 베이거나 낙엽 등 소각 후의 재를 잘못 묻어 어린이가 화상을 당하는 등의 사고

• 기타 개찰구에서의 사고, 동물의 도망 등에 의한 사고

③ 이용자, 보호자, 주최자 등의 부주의에 의한 사고

• 이용자 자신의 부주의 또는 부적정 이용에 의한 사고

– 그네를 잘못 타서 떨어지거나 미끄럼틀에서 떨어지는 등의 사고

• 유아·아동의 감독·보호의 불충분에 의한 사고

– 유아가 방호책을 넘어가 연못에 빠지는 등의 보호의 불충분에 의한 사고

• 행사주최자의 관리 불충분에 의한 사고

– 관객이 백네트에 올라갔다가 백네트가 기울어짐으로써 떨어져 다치는 등의 사고

④ 자연재해 등에 의한 사고

- 태풍, 우박, 지진, 호우, 강풍 등에 의한 나무의 도복이나 시설의 파괴, 침수
- 인위적 발화에 의한 산불 등의 재해
- 전염병, 병충해, 귀화식물 등의 피해

3) 사고방지 대책

① 설치하자에 대한 대책

- 구조·재질, 배치 등 안전에 결함이 있을 경우에는 개량하거나 철거한다.
- 설치·제작에 문제가 있을 경우에는 보강하는 등의 조치를 취한다.

② 관리하자에 대한 대책

- 계획적·체계적으로 순시·점검하고, 이상이 발견될 경우 필요한 조치를 행할 수 있는 체계를 확립한다.
- 시설의 노후·파손에 대해서는 재료의 내구연수를 파악한다.
- 부식·마모 등에 대한 안전기준을 설정한다.
- 시설의 점검 포인트를 파악한다.
- 안내판·방송에 의한 이용 지도를 한다.

③ 이용자·보호자·주최자의 부주의에 대한 대책

- 시설의 개량 및 안내판에 의한 이용지도를 한다.
- 정기적인 순시·점검 및 이용 상황이나 시설의 이용방법 등을 관찰한다.
- 상세한 사고보고서를 작성한다.

4) 사고처리

- 사고자를 구호 → 사고자를 관계자에게 통보 → 사고시설물에 대한 접근 금지 및 폐쇄 조치 → 사고 상황 파악 및 기록 → 사고에 대한 명확한 책임 → 사고현장 보수 실시 및 근본적인 문제 해결과 사고재발 방지

1-3. 주민참가(민·관 파트너십)

1) 주민참가의 필요성

- 주민참가를 통한 의사표시 중요성 증가
- 지역주민이 자주관리(自主管理)해야 한다는 사회적 요청 쇄도
- 지역주민들의 공원애호 정신을 통한 사회적 상호부응
- 공원녹지의 건전한 관리와 교류의 장 제공

2) 주민참가의 조건

- 규모 및 전문성이 주민의 수탁능력을 넘지 않을 것
- 주민참가에 의해 효과가 기대될 것
- 운영상 주민의 자발적 참가 및 협력을 필요요건으로 할 것
- 주민참가에 있어서 이해의 조정과 공평성을 가질 것

3) 주민참가의 과정(안시타인(Sherry Arnstein)

- 비참가단계(조작, 치료) → 형식참가단계(정보제공, 상담, 유화) → 시민권력단계(파트너십, 권한위양, 자치관리)

4) 주민참가활동의 내용

- 청소, 제초, 병충해 방제, 관수, 시비, 화단식재
- 어린이 놀이지도, 놀이기구 점검, 시설기구 등의 대출
- 금지행위와 위험행위의 주의, 열쇠 등의 보관
- 공원·녹화 관련 행사의 개최, 공원을 이용한 레크리에이션 행사의 개최
- 공원관리에 대한 제안, 공원이용에 관한 규칙 제정

5) 주민참가의 효과

- 연대감, 상호신뢰, 융화감이 생긴다.
- 단체 상호간의 친목이 도모된다.
- 친구가 생긴다.
- 행정과 주민과의 신뢰감이 생긴다.
- 노인들의 건강관리에 좋다.
- 봉사정신이 길러진다.
- 정서교육에 좋다.
- 공중도덕심, 공공애호정신이 생긴다.
- 자신들의 공원이라고 하는 관심, 애착심이 생긴다.
- 안전하게 이용할 수 있다.

6) 관련제도의 사례

- 미국 : 소공원관리계약제도
- 일본 : 공원애호회, 녹화협정

2 레크리에이션 관리

2-1. 레크리에이션의 정의

- 노동 후의 육체와 정신을 새롭게 하는 것
- 기분전환, 놀이 등 또는 전환이나 즐거움을 주도록 하는 수단

2-2. 관리의 주안점과 관리체계

1) 관리의 주안점

① 도시공원 녹지

- 이용자 중심형이다.
- 이용자의 레크리에이션 경험의 질을 유지하기 위한 관리개념이다.

② 국·도립공원

- 자원중심형이다.
- 국·도립공원과 같은 자연공원지역은 자연의 보호 및 보전이라는 관점에서 레크리에이션 이용에 따른 영향을 최소화하는데 중점을 둔다.

2) 관리체계의 기본요소

- 이용자 관리(visitor) : 이용자의 질을 극대화하기 위한 사회적 관리로서 가장 중요하고 민감한 항목

- 자원관리(resource) : 모니터링과 프로그래밍의 2단계 작업구성, 생태계 관리, 레크리에이션 활동 및 이용이 발생하는 근거, 이용자의 만족도를 좌우하는 요소
- 서비스관리(service) : 이용자를 수용하기 위해 물리적인 공간을 개발하거나 접근로 및 특정의 서비스를 제공하는 것

2-3. 관리원칙과 목표 및 기본전략

1) 관리원칙

- 레크리에이션 자원의 관리는 사회적 가치와 연계되어 있으므로 자원의 관리라 할지라도 이용자의 문제가 바로 유지관리의 문제라 할 수 있다.
- 자원의 보전도 중요하지만 이용자의 레크리에이션 경험의 질 또한 중요하다.
- 부지의 변형은 가능하다.
- 접근성은 이용자의 레크리에이션 이용에 결정적인 영향을 준다.
- 레크리에이션 자원은 단순히 이용활동에 제공될 뿐 아니라 자연적인 경관미를 제공한다.
- 레크리에이션 자원의 파괴는 돌이킬 수 없다는 한계가 있고, 일단 이러한 상태에 처하면 부지의 원상회복은 불가능하게 된다.

2) 관리목표

- 경제적 효율성
- 균형성
- 공공적인 요구에의 부응

3) 관리전략

① 완전방임형 관리전략 : 이용자는 이용하고 훼손지는 스스로 회복을 기대
- 원시적이고, 재래적인 방법이다.
- 오늘날에는 적용할 수 없는 개념이다.

② 폐쇄 후 자연회복형 : 회복에 오랜 시간이 소요

- 자원중심형의 자연지역의 경우에는 적용할 수 있으나 특별한 경우를 제외하고는 적용하지 않는다.

③ 폐쇄 후 육성관리 : 빠른 회복을 위하여 적당한 육성관리 방법

- 짧은 폐쇄회복기에도 최대한의 회복효과를 얻을 수 있다.
- 이용자에게 불편을 적게 줄 수 있다.
- 손상이 심한 부지에 가장 이상적인 레크리에이션 공간의 관리전략

④ 순환식 개방에 의한 휴식기간 확보 : 충분한 시설과 공간이 추가적으로 확보되어야 회복을 위한 휴식기간을 순환적으로 가질 수 있는 방법

- 충분한 시간과 공간이 추가적으로 확보될 수 있을 때 적용될 수 있는 전략

⑤ 계속적인 개방·이용 상태 하에서의 육성관리 : 가장 이상적인 관리전략

- 최소한의 손상이 발생하는 경우에 한해서 유효하게 적용할 수 있는 방법

4) 관리기법

관리유형	방법	조절기법
부지관리	· 부지 설계 · 조성 및 조경적 측면에 중점을 둔다.	· 내구성이 있는 바닥재료 도입 · 관수 · 시비 · 재식재 · 접근성 제고 · 활동위주의 시설개발
직접적 이용제한	· 이용행태 · 개인적 선택권의 제한 및 강한 통제에 중점을 둔다. · 정책강화, 구역별 이용, 이용강도의 제한, 활동제한	· 세금 부과 · 구역감시 강화 · 시간에 따른 이용 · 순환식 이용 · 예약제 도입 · 이용자별 이용 장소 및 이용시간 제한
간접적 이용제한	· 이용행태를 조절하되 개인의 선택권을 존중하고, 간접적인 조절을 한다. · 물리적 시설의 개조, 이용자에 정보 제공, 자격요건 조절	· 접근로의 증설 및 감소 · 캠프장의 집중 이용 장소의 증설 및 감축 · 야생동물의 수를 늘리거나 줄임 · 일정한 입장료 부과 · 이용요금 부과

• 관리기법에는 부지관리, 직접적 이용제한, 간접적 이용제한 등이 있다.

2-4. 레크리에이션 부지의 관리

1) 도시공원녹지의 관리

① 식물관리

• 수목관리

– 전정·전지, 시비, 병충해방제, 관수, 지주목설치 및 보수, 보식(補植) 등의 관리

• 수림지관리

– 장기적 관점으로 수림의 육성과 보전 등의 관리

– 수림지의 성격과 기능을 명확하게 하고, 수림지 형태를 통한 수림지 관리

– 하부식생의 하예(下刈), 가지치기, 제벌(除伐), 간벌(間伐), 병충해 방제, 지주목 설치 및 교체, 시비, 보식 등의 관리

• 잔디관리

– 잔디깎기, 시비, 배토 및 복토, 제초, 병충해방제, 관수, 통기작업 등의 관리

• 초화류관리

– 식재와 관리

– 화단, 화분 및 수림지 내에 식재된 초화류와 습지식물 등의 관리

• 식물관리비 계산 = 식물의 수량 ×작업률 ×작업횟수 ×작업단가

② 시설관리

• 목적

– 시설의 기능을 충분히 발휘·활용하고, 안전·쾌적한 이용을 하기 위한 것으로 시간의 경과에 따라 시설의 기능이 나빠지는 것을 방지하고, 나빠지거나 손상된 부분을 보수하여 내구성을 복원하며, 기능을 회복시킴과 동시에 미관의 향상을 도모하는 것이다.

• 시설관리대상

– 건물관리

– 공작물관리

– 설비관리 : 급수설비, 배수설비 및 처리설비, 전기설비

2) 자연공원지역 관리

① 이용자 손상의 관리

• 레크리에이션에 의한 손상의 속성

– 손상의 상호관계성 : 환경적·형태적 반응에 따른 손상은 상호관련성이 있다.

– 이용과 손상의 관계성 : 다양한 손상지표들은 다양한 이용강도의 수준과 연관되어 있다.

– 손상에 대한 내성의 변화 : 이용과 손상의 관계에서 가장 중요한 요인은 환경과 이용자 집단 사이에 내재하는 내성의 변화이다.

– 활동특성에 따른 손상 : 활동특성에 따라 손상이 더욱 빨리 그리고 더욱 심하게 나타날 수 있다.

– 공간특성에 따른 영향 : 레크리에이션에 의한 손상은 다양한 공간별 특성 및 계절적 변수에 의해서도 영향을 받는다.

② 이용자에 의한 손상의 종류

• 생태적 손상

– 식생 : 답압에 의한 식생감소 등

– 토양 : 답압에 의한 토양고결화 등

– 기타 : 수질, 양생동물 등

• 사회·심리적 영향

– 다른 이용자의 이용활동에 대한 불쾌감

– 다른 이용자의 이용에 따른 혼잡감

– 다른 이용자의 흔적에 의한 만족도 감소 등

③ 모니터링(monitoring)

• 이용에 따른 물리적 자원에 대한 영향과 관리 작업의 효율 등을 파악하기 위해 활용한다.

• 공원지역은 비교적 넓은 공간적 범위의 저밀도 행락이용이 대부분이기 때문에 이용에 따른 물리적 차원에 미치는 영향과 관리 작업의 효율 등 제반 관리적 상황에 대한 파악을 위해 모니터링 체계를 활용하게 된다.

• 효과적인 모니터링 시스템 충족 조건

– 합리적인 측정단위의 위치설정

- 신뢰성 있는 측정기법 도입
- 저비용
- 영향을 적절하게 측정할 수 있는 지표설정

④ 내셔널 트러스트(National Trust)

- 내셔널 트러스트(National Trust)는 영국의 로버트 헌터경 등 3인에 의해 제창된 주민참가 시민운동의 일환으로 파괴되어 가고 있는 자연과 역사적 환경을 보호하기 위하여 창립되었다.
- 내셔널 트러스트(National Trust)는 국민에 의한 국토보전, 관리뿐만 아니라 국민 스스로 가치 있는 아름다운 자연과 역사적 건축물을 기증, 구입 등의 방법으로 입수하여 보호·관리하고 공개한다는 취지를 갖고 창립한 단체이다.
- 1907년에 제정된 내셔널 트러스트법(National Trust Act)에 뒷받침되어 보존·관리하는 자산에 대한 양도불능, 보유재산의 권리와 보호를 위한 규칙제정권, 입장료 징수권, 상속세 감면특전, 보존서약 등의 특권을 가지고 있다.

2-5. 레크리에이션 수용능력(carrying capacity)

1) 개념과 발전

- 수용능력의 개념은 원래 생태계 관리 분야에서 비롯된 것으로서 초지용량 및 삼림용량 등 소위 지속산출(sustained yield)의 개념에서 비롯되었다.
- 와거(J.V.K. Wagar, 1951) : 수용능력의 인자를 설명한 최조의 연구한 사람
- 와거(Alan Wagar, 1964) : 수용능력의 개념을 종래의 생태적 측면에서 이용자의 레크리에이션의 질 및 만족도 등의 사회·심리적 측면으로까지 확대·발전시키는데 기여한 사람
- 펜폴트(Penfold) : 레크리에이션 수용능력을 물리적 수용능력, 생태적 수용능력, 심리적 수용능력으로 구분하여 체계를 확립한 사람
- 레이너(Reiner, 1975) : 레크리에이션 수요능력을 물리적 수용능력, 행위적 수용능력, 생리적 수용능력으로 수용능력의 분류체계를 구분한 사람
- 고드셔크와 파커(Godschalk & Parker, 1975) : 레크리에이션 수용능력을 환경적 용량·제도적 수용력·지각적 용량으로 나누고, 이들 수용능력 개념을 환경계획의 조작적 도구·수단으로의 이용 가능성을 제안한 사람

2) 분류

- 물리적, 생태적, 심리적 수용능력의 3구분으로 분류하거나 생물학적, 시설적, 환경적 수용능력 등으로 구분하기도 한다.

3) 결정인자 및 영향요인

① 고정적 결정인자

- 특정활동에 필요한 참여자 반응
- 특정활동에 필요한 사람의 수
- 특정활동에 필요한 공간의 최소면적

② 가변적 결정인자

- 대상지 성격
- 대상지의 크기와 형태
- 대상지 이용의 영향에 대한 회복능력
- 기술과 시설의 도입으로 인한 수용능력 자체의 확장가능성

③ 물리적 자원기반의 특징

- 지질 및 토양 : 배수와 식생에 영향을 준다.
- 지형 및 향(向) : 토양침식과 미기후에 영향을 준다.
- 식생 : 유형에 따라 다양한 강도의 레크리에이션 이용에 견딜 수 있는 능력이 달라진다.
- 기후 : 계절의 길이와 이용패턴 등에 근본적인 영향을 준다.
- 물 : 식물 생육에 매우 중요하고, 다양한 레크리에이션 이용에 제공된다.
- 동물 : 레크리에이션 활동의 기반이 된다.

④ 관리의 특징

- 부지가 관리되는 양상에 따라 부지의 수용능력이 영향을 받게 된다.
- 관리정책이나 관리업무는 관계법규나 관리목표 및 실무적인 필요성 등에 좌우된다.
- 제도적 수용능력에서 언급된다.

⑤ 이용자의 특성

- 사회·심리적 수용능력에 영향을 준다.
- 사회·심리적 수용능력은 주로 만족도 등의 인자에 의해 경험의 질로써 결정된다.

4) 영향요인

- 물리적자원의 기반특성 : 지질 및 토양, 지형 및 향, 식생, 기후, 동물 등
- 관리특성 : 정책, 관리, 설계 등
- 이용자 특성 : 이용자의 심리, 사회적 관습 및 이용패턴 등

5) 구성요소

- 관리목표
- 이용자 태도 및 선호도
- 물리적 자원에의 영향

6) 계절형에 따른 최대일률

- 1계절형 : 1/30
- 2계절형 : 1/40
- 3계절형 : 1/60
- 4계절형 : 1/100

실무연습문제

1 조경의 이용관리에 있어서 이용지도의 목적은?

2 조경의 이용관리에 있어서 이용지도의 형태는?

3 공원이용 관리시 주민참가를 위한 조건은?

4 공원녹지의 보전을 위한 이용지도의 대상이 되는 행위·시설은?

5 공원녹지 내 행사(event) 개최의 필요성 및 효과는?

6 공원 내 안전관리에 있어 사고의 종류에 대하여 기술하시오.

7 안전대책 중 사고처리의 일반적인 순서는?

8 안시타인의 주민참가 과정에 대하여 기술하시오.

9 서비스관리의 제한인자는?

10 효과적인 모니터링 시스템 충족 조건을 쓰시오.

11 공원의 관리에 근린 주거지 내 주민단체가 참가할 경우 효율적으로 수행할 수 있는 작업의 내용에 대하여 기술하시오.

12 건축물 유지관리 중 적정 청소요원의 수를 결정하기 위해서 산출근거로 이용할 수 있는 기준에 대하여 기술하시오.

13 청소작업 할당에는 개인할당 청소와 조(組)할당 청소로 크게 대별되는데 각각의 특징에 대하여 기술하시오.

14 부지관리에 있어서 이용자에 의해 생태적 악영향을 미치는 주된 원인은?

15 레크리에이션의 관리유형에 대하여 기술하시오.

16 공원관리비의 예산 책정에 있어서 작업 전체 비용이 30,000,000원이고 작업률이 3년에 1회일 때 단위연도의 예산은 얼마인가?

17 3계절형 국립공원의 피크일 이용객수 추정을 위해 적용해야 할 피크일률은?

18 내셔널 트러스트(National Trust)에 대하여 기술하시오.

19 레크리에이션 관리체계의 기본요소 3가지를 쓰시오.

20 레크리에이션 공간의 관리전략에 대하여 기술하시오

21 레크리에이션 관리목표를 쓰시오.

22 레크리에이션이 수용능력의 결정인자에 대하여 쓰시오.

23 수용능력 개념은 원래 어느 분야에서 비롯되었는가?

24 수용능력이란 용어를 처음 사용한 사람과 사회, 심리적 측면으로까지 확대 발전시킨 사람은?

25 레크리에이션 수용능력을 물리적, 생태적 및 심리적 수용능력으로 구분한 체계를 확립한 사람은?

26 식물관리비의 산출식을 쓰시오.

27 수용능력의 구성요소는?

28 레크리에이션 수용능력을 환경적 용량·제도적 수용력·지각적 용량으로 나누고, 이들 수용능력 개념을 환경계획의 조작적 도구·수단으로의 이용 가능성을 제안한 사람은?

29 행사(event)개최의 형태에 대하여 쓰시오.

04

조경식재 유지관리

1 수목의 눈과 가지

1-1. 용어정리

1) 엽아(葉芽)

- 아직 생장하지 않은 엽액과 정점에 눈의 초생체가 붙어 있는 것을 말한다.

2) 화아(花芽)

- 눈 안에 꽃만 들어 있는 것을 말한다.

3) 혼합아(混合芽)

- 눈 안에 꽃과 잎줄기가 함께 들어 있는 것을 말한다.

4) 액아(腋芽) 또는 측아(側芽)

- 위치상 가지와 잎 사이의 겨드랑이, 즉 엽액(葉腋)에 부착되어 있는 눈을 말한다.
- 화목류의 종류에 따라 엽아 또는 화아(花芽)가 되는 경우가 있다.
- 측아는 규칙적으로 측면에 착생한다.

5) 정아(頂芽)

- 신초(新梢) 상의 최상의 눈을 말한다.

6) 잠아(潛芽)

- 눈 중에서 자라지 않고 계속 휴면상태로 남아있는 눈을 말한다.
- 처음에는 대와 잎 사이의 액아(腋芽)로 만들어졌다가 줄기가 굳어지면서 파묻히지만 수피

(樹皮) 바로 밑에 까지 계속해서 따라오면서 남아 있게 된다.

7) 부정아(不定芽)

- 가지 속에 휴면상태로 숨어 있는 눈으로 전정 등의 인위적인 조치에 의하거나 외부환경의 변화 등으로 맹아가 발육하며 발육지 또는 착화지로 된다.

8) 발육지(發育枝)

- 영양지(營養枝)라고도 한다.
- 당해 연도에 성장한 가지로서 개화하지 않는 가지이지만 감나무, 포도나무, 감귤나무, 부용 등은 발육지도 되고, 결과지도 된다.
- 정아로부터 신장한 가지는 주지(主枝)가 되지만 액아로부터 신장한 가지는 곁가지가 된다.

9) 도장지(徒長枝)

- 대개 가지의 휴면아(休眠芽) 또는 부정아(不定芽)가 신장한 가지를 말한다.
- 발육이 빠르고 강하여 수분 및 질소분이 많아 크고 길게 생장한다.
- 도장지가 발생하는 원인은 강전정, 상부절단, 병충해 및 토양수분이 많은 경우와 뿌리로부터 양분 및 수분의 흡수가 왕성하여 잎의 생장이 억제되거나 또는 가지로 상승한 수분 및 양분의 통로가 장애를 받았을 때 발생한다.
- 특수한 목적을 제외하고는 정지한다.

10) 결과지(結果枝)

- 과일이 달릴 수 있는 가지를 말한다.
- 화목류에서는 화지(花枝)라고도 한다.
- 결과지는 개화하는 조경수에서는 대단히 중요하다.

11) 단지(短枝)

- 가지에 각상 또는 총상의 짧은 가지가 다시 생기고 그 선단에서 잎이 양생하는 그 기부를 말한다.
- 단지는 은행나무에서 흔히 볼 수 있는데 이 가지는 다른 가지와 달리 생장하지 않는다.

12) 화속상지(花束狀枝)

- 절수부가 대단히 짧아 가지 위에 배치된 화아가 총상으로 개화하여 마치 꽃다발모양으로 되어 있다.

13) 2번지(二番枝)

- 그 해에 형성된 액아는 다음해에 신장하지만 때로는 연중에도 신장하여 가지를 형성하는데 장미, 매화나무, 홍도 등에서 볼 수 있다.
- 때에 따라서는 발육지 또는 화지로 이용할 수 도 있지만 초기에 잘라버리는 것이 좋다.

14) 얼지(蘖枝)

- 밑동부분이나 지중(地中)의 뿌리에서 발생하는 가지를 말한다.
- 그대로 두면 수세가 약해진다.
- 나무가 약해져도 발생하는데 벚나무에서 흔히 볼 수 있다.

15) 윤생지(輪生枝)

- 한 군데에서 수레바퀴처럼 사방으로 자라난 가지를 말한다.
- 바퀴형 가지라고 한다.
- 소나무류를 비롯해 가문비나무, 전나무 등 침엽수와 같이 가지 끝에 많은 눈이 모여 있는 수종에 형성된다.
- 힘이 분산되기 때문에 굵게 성장하기 어렵고 크게 자란 뒤에는 수형의 변화가 적을 뿐만 아니라 가지의 무게가 한 곳에 집중되어 눈 등에 의해 하중을 받게 되면 꺾여 지기 쉬운 결함을 가지고 있다.
- 가능하면 가지의 수를 줄이도록 하는 것이 좋다.

16) 대생지(對生枝)

- 줄기의 같은 높이에서 가지가 서로 짝이 되어 교차하여 자란 가지를 말한다.
- 빗장가지라고 한다.
- 라일락, 단풍나무, 층층나무 등 잎이 대생으로 달리는 수종에서 주로 형성된다.
- 힘이 분산되기 때문에 굵게 성장하기 어렵고 크게 자란 뒤에는 수형의 변화가 적을 뿐만 아니라 가지의 무게가 한 곳에 집중되어 눈 등에 의해 하중을 받게 되면 꺾여 지기 쉬운 결함을 가지고 있다.
- 가능하면 가지의 수를 줄이도록 하는 것이 좋다.

2 식재유지관리 계획

2-1. 연간 유지관리 계획서 작성

1) 관리목표

- 유지관리를 통한 수목의 기능과 수목 본연의 아름다움 및 가치를 오래도록 유지하여 쾌적한 환경을 제공하고자 한다.

2) 관리 작업 시 유의사항

- 관리 작업의 종류 및 작업 계획을 숙지한다.
- 해당 관리 작업에 능숙한 인력을 수급한다.
- 관리에 필요한 장비 및 기구·자재를 구비한다.
- 안전장비를 구비하고 작업 시 안전에 각별히 유의한다.
- 발주처와 사전 협의를 통해 작업 일정을 계획한다.
- 작업 시행에 따른 작업 전·중·후 사진을 촬영하여 사진대지를 만들어 둔다.
- 시설 이용자에게 피해를 주지 않도록 작업계획을 세운다.
- 작업에서 발생하는 부산물이나 폐기물은 깨끗이 처리한다.

3) 직무 및 안전교육

- 월 1회 이상 관련분야 직무 및 안전교육을 시행하고 결과물을 문서로 보관한다.

4) 근무계획

- 책임자는 관리인원들의 출력일보를 작성하여 비치해 둔다.

5) 조경관리용역의 개요

- 본래의 목적에 맞게 기능과 경관을 충분히 발휘할 수 있도록 한다.
- 항상 양호한 상태로 유지하여 사용가치 및 자산가치로서의 저하를 방지한다.

6) 관리인원 배치

- 조경유지관리에 소요되는 인원은 공정에 따라 적절하게 배치한다.
- 조경유지관리 기간은 대부분 1년으로 한다.

직책	업무내용	인원	근무기간	비고
조경관리책임자	총괄	1	1월 1일~12월 31일	
조경관리자	반장	1	1월 1일~12월 31일	
관리보조원(남자)	보조	약간명	1월 1일~12월 31일	
관리보조원(여자)	보조	약간명	1월 1일~12월 31일	
합계				

7) 조경식재 유지관리항목

구분	전정	시비	병해충방제	예초 · 제초	관수 · 배수	월동
대상	교목 및 관목	교목 및 관목	전수종	전수종 잔디	전수종	내한성이 약한 수종
목적	수형유지 생육상태조절 개화결실촉진	부족한 영양분 공급으로 인한 원활한 생육촉진	병충해 예방 및 방제	잔디생육조절 고른잔디면 유지	수목의 원활한 생육조절	수목의 동해방지
횟수	년 3~4회	년 1회	년 6회	년 3~4회	수시로	년 1회
시기	1~12월	3~5월	3~10월	5~9월	3~10월 가뭄 및 홍수시	기온 5℃ 이하
방법	약전정 강전정	인력시비 동력시비	인력살포 기계살포	제초제 인력제거 기계제거	인력관수 살수차 스프링쿨러	짚싸기 방한덮개
기타	고사지 및 관목	수간주입 엽면시비	수간주입			해빙기(5℃ 기준) 제거 및 소각

8) 연간 조경식재 유지관리 계획표

작업종류	월 별												비고
	1	2	3	4	5	6	7	8	9	10	11	12	
전정/전지	■	■	■	■	■	■	■	■	■	■	■	■	
시비			■	■	■								
병충해방제			■	■	■	■	■	■	■	■			
예초/제초					■	■	■	■	■				
관수/배수			■	■	■	■	■	■	■	■			
월동	■	■	■								■	■	

3 항목별 유지관리

3-1. 정지·전정관리

1) 용어정리

① **정자**(Trimming)

- 나무 전체의 모양을 일정한 양식에 따라 다듬는 것을 말한다.

② **정지**(Training)

- 수목의 수형을 영구히 유지하기 위하여 줄기나 가지의 생장을 조절하여 심은 목적에 알맞게 수형을 인위적으로 만들어가는 기초 정리 작업을 말한다.

③ **전제**(Trailing)

- 생장에는 무관한 죽은 가지나 병든 가지를 잘라내는 작업을 말한다.

④ **전정**(Pruning)

- 수목의 관상, 개화결실, 생육조절 등의 목적에 따라 정지 하거나 발육을 위해 가지나 줄기의 일부를 잘라내는 정리 작업을 말한다.

2) 정지·전정의 필요성

- 자연 상태에서 양호한 수형을 유지하기 위하여
- 수형을 관상에 필요한 목적에 따라 예술적으로 새로운 수형을 창작하거나 생육상태의 조절 및 개화결실을 촉진하기 위하여

3) 정지·전정의 목적

① 미관상 목적

- 수목 본래의 고유수형을 아름답게 유지 : 불필요한 가지를 잘라준다
- 인공적인 수형 : 불균형을 이루는 줄기나 가지를 잘라 정형미를 높인다.

② 실용상 목적

- 방화수·방풍수·방음수·차폐수·녹음수 등의 불필요한 줄기나 가지를 정지·전정하여 지엽의 생육을 양호하게 한다.
- 가로수 등은 하기(夏期)전정을 실시하여 통풍을 원활하게 하고, 태풍의 피해를 방지한다.
- 한정된 작은 공간의 수목을 전정하여 수목의 크기를 조절하고 공간에서 조화를 이루도록 한다.

③ 생리상 목적

- 지엽이 밀생한 수목은 도장지(徒長枝), 역지(逆枝), 혼합지를 정리함으로써 통풍·채광을 양호하게 하여 병충해와 풍해·설해를 방지한다.
- 쇠약해진 수목은 지엽을 잘라 새로운 가지의 재생을 촉진한다.
- 화목 또는 열매를 맺는 수종은 도장지, 허약지 또는 지나치게 강하게 자란 가지를 전정하여 생장을 억제시키고, 개화·결실을 촉진시킨다.
- 이식한 수목은 지엽을 잘라주거나 잎을 훑어주어 활착이 잘 될 수 있도록 한다. 이 때 단근(斷根)된 지하부와 균형을 위해 굵은 가지를 자르기도 한다.

4) 정지·전정의 효과

- 생장촉진 및 억제로 발육을 조절한다.
- 수관을 균형 있게 발육시킴으로써 수종 고유의 관상과 미적 가치를 높인다.
- 화목류에 있어 분화기 이전에 분화에 필요한 조건을 만들어 개화결실을 촉진시켜 준다.
- 난잡한 수형을 정비하고 나무의 크기를 조절할 수 있다.
- 통풍·채광을 증대하여 병충해 발생의 원인을 제거할 수 있으며, 허약한 가지의 발육을 촉진시킨다.
- 보호관리가 편하다.

5) 정지·전정의 일반원칙

- 무성하게 자란 가지는 솎아 제거한다.
- 지나치게 길게 자란 가지는 수목을 쇠약하게 하고, 잔가지를 발생시켜 수형을 어지럽히므로 짧게 전정한다.
- 수목의 주지(主枝)는 하나로 자라게 한다. 같은 높이와 두께를 가진 주지를 2개 나란히 자라게 하지 않는 것이 좋다.
- 평행지를 만들지 않는다.
- 수목이 균형을 잃을 정도의 도장지는 제거한다.
- 역지(逆枝), 수하지(垂下枝), 난지(亂枝) 등은 제거한다.
- 같은 모양의 가지나 정면으로 향한 가지를 만들지 않는다.
- 가지의 유인(誘引)은 뿌리의 생장과 방향을 고려한다.
- 고사지, 병지, 허약지, 옹기에서 나온 가지 등은 제거한다.
- 속가지는 가지의 내부에 있는 잔가지로 채광이나 통풍을 나쁘게 하므로 전정한다.

6) 정지·전정 시 유의사항

- 가지의 방향을 위에서 보아 겹치지 않고 사방으로 퍼지도록 한다.
- 상하의 가지 간격은 균형이 잡히도록 한다.
- 줄기의 같은 높이에서 돌려나는 가지는 잘라서 여러 가지가 나오지 않도록 한다.
- 같은 방향으로 자라는 평행지는 선택하여 잘라내어 하나로 한다.
- 주지의 길이는 수형에 어울리도록 한다.
- 수종에 따라 다르지만 주지를 수평으로 하거나 조금 처지도록 한다.
- 턱을 남기는 전정은 썩거나 부정아 발생의 원인이 되므로 유의한다.
- 대생지와 윤생지는 가지 사이에 공간이 생겨 자연적인 아름다움이 떨어지므로 정형수와 같이 모든 가지를 층상으로 가꾸어야 하는 경우를 제외하고는 가지가 서로 어긋나게 자리잡도록 정리한다.

7) 정지·전정 시 요령 및 작업순서

- 해당나무의 고유 수형을 충분히 고려한다.
- 상부의 주지부터 우선적으로 전정한다.
- 제거하여야 할 전정 대상은 도장지, 역지, 수하지, 난지, 근생아, 2번지, 얼지, 대생지, 병균이

서식하는 가지 등이다.

- 위에서 아래쪽으로, 오른쪽에서 왼쪽으로 돌아가면서 전정한다.
- 상·하부를 전정한 후에 수관 내부의 가지를 전정한다.
- 상부는 강하게, 하부는 약하게 전정한다.
- 맹아력이 강하고, 노화된 가지는 강전정을 하여 새가지가 나올 수 있게 한다.
- 수형을 축소 또는 왜소화시킬 때는 눈이 움트기 전에 전정한다.
- 나무의 모양을 잡기 위한 전정은 낙엽 직후에 전정한다.

8) 계절에 따른 전정 및 유의사항

① 춘기(春期)전정 : 3~5월

- 약전정, 적아(摘芽)·적심(摘心)으로 전정 한다.
- 봄철은 식물의 생장기이므로 자르거나 솎아내는 등의 강한 전정을 하게 되면 수세가 쇠약해질 수 있다.
- 수고를 늘리고 싶은 경우나 상록수의 형태를 정리하고자 할 때는 도장지를 제거하거나 적심(摘心)을 한다.
- 낙엽활엽수는 신장의 생장이 최대인 시기이므로 적심이나 적아(摘芽) 등의 소극적인 생장억제 전정을 한다.
- 봄에 꽃이 피는 진달래나 철쭉류 등의 화관목류는 꽃이 진 직후에 전정한다.
- 동백나무나 목련류는 전정할 때 눈의 유무를 살펴 반드시 눈의 바로 위에서 잘라주어야 하나 진달래나 철쭉류는 눈의 유무에 관계없이 전정해도 좋다.

② 하기(夏期)전정 : 6~8월

- 약전정, 정자전정(整姿剪定) 한다.
- 이 시기는 수목의 생장이 활발한 시기이기 때문에 수형이 흐트러지고 도장지가 나오게 되고, 수관 내의 통풍이나 일조상태가 불량해지므로 병충으로 인한 피해가 발생하기 쉽다.
- 정자전정(整姿剪定)은 생장기에 무성해진 수목의 미관 향상을 위해 지엽을 대상으로 하는 전정이다.
- 정자전정은 수관 내의 통광·통풍을 양호하게 하고, 뜸에 의한 지엽손상 방지, 태풍에 의한 피해를 줄이는데 도움을 준다.
- 하기에는 수목의 생장이 활발한 시기이므로 강전정은 피하고, 목적에 알맞은 가벼운 전정

을 2~3회 나누어 전정하는 것이 좋다.

- 하기전정은 밀생부분을 솎아내거나 도장지를 잘라내는 전정작업이 주로 이루어진다.
- 신생지의 신장이 왕성하지 못한 경우에는 전정을 하지 않는 것이 좋다.

③ 추기(秋期)전정 : 9~11월

- 약전정 한다.
- 추기전정을 할 때 강전정을 하게 되면 동해를 입어 고사하거나 수세가 약화되기 때문에 수형을 다듬는 정도의 약전정을 하는 것이 좋다.
- 여름철에 자라난 도장지나 너무 혼잡한 가지를 가볍게 전정하는 정도로 실시한다.
- 침엽수의 고엽제거와 따뜻한 지방의 상록활엽수의 전정에 적합한 전정이다.

④ 동기(冬期)전정 : 12~2월

- 기본전정, 정지전정(整枝剪定), 강전정, 수형조정 전정을 한다.
- 동기전정은 휴면기간에 실시하는 것이 좋다.
- 정지전정은 자연스럽게 갖추어진 수형을 기본으로 유지하면서 줄기의 골격과 배치를 염두에 두고 시행하는 것이 좋다.
- 휴면기에는 굵은 가지의 솎아내기, 베어내기와 같은 강전정을 하더라도 나무의 손상이 적은 시기이다.
- 수형을 축소 또는 왜소화시킬 때는 눈이 움트기 이전(2월 이전의 휴면기)에 1회 전정한다.
- 상록활엽수는 절단한 부위의 상처로부터 한기가 스며들어 시드는 등의 가지를 상하게 하는 일이 있으므로 추운지방에서는 동기전정을 피하고 해토될 무렵에 하는 것이 좋다.

전정시기	수종
봄전정 (3~5월)	• 상록활엽수(감탕나무, 녹나무 등) : 새잎이 날 때 전정한다. • 상록침엽수(소나무, 잣나무 등) : 5월 상순에 전정한다. • 봄꽃나무(진달래, 철쭉류, 목련 등) : 꽃이 진 후 곧바로 전정한다. • 여름꽃나무(장미, 배롱나무, 무궁화 등) : 눈이 움트기 전 이른봄에 전정한다. • 생울타리(사철나무 등) : 5월 말경 전정한다. • 과일나무류(사과나무, 포도나무 등) : 이른 봄에 전정한다.
여름전정 (6~8월)	• 낙엽활엽수(단풍나무, 자작나무 등) : 강전정은 피해야 한다. • 일반수목 : 도장지, 포복지, 맹아지 등을 제거한다.
가을전정 (9~11월)	• 구형을 다듬기 위해 전정을 실시하고, 강전정은 피해야 한다. • 낙엽활엽수 일부 : 강전은 동해를 받기 쉽다. • 상록활엽수 일부 : 남부지방에서만 전정한다. • 침엽수 일부 : 묵은 잎 적심 • 생울타리 : 두 번 정도 전정한다.

겨울전정 (12~2월)	• 일반수목(상록수 제외) : 수형을 잡아주기 위한 굵은 가지을 전정한다. • 줄기와 가지를 쉽게 볼 수 있다(약한 가지, 교차지, 내향지, 역지 등 제거) • 절단면의 손상이 적다. • 상록수는 동계전정을 하지 않는다.

출처 : 조경기사·산업기사(2013), 이승원, 성안당, P.6-26.

⑤ 수종에 따른 전정

• 상록침엽수

– 이른봄에 새 가지가 나오기 전에 전정한다.(2~3월)

– 동절기를 피하여 10~11월 전정한다.

• 상록활엽수

– 묵은 잎이 떨어지고, 새로운 잎이 피어나기 전에 전정한다.(2~3월)

– 생장 정지시기인 5~6월, 9~10월에 전정한다.

• 낙엽활엽수

– 가을에 낙엽이 진 후 봄에 생장을 개시하기 전 휴면기간 중에 전정한다.

– 신록(발아한 잎)이 나와서 굳어지는 시기(7~8월)에 전정한다.

– 낙엽이 지고 난 후(10~3월)에 전정한다.

⑥ 화목류 전정

• 수종별 전정시기

수종	전정시기	비고
· 매실, 살구, 벚나무류, 복숭아	낙화 후부터 생장개시 전	
· 수수꽃다리, 개나리, 백목련. 치자나무, 철쭉류	낙화 후 곧바로 시행	
· 무궁화, 능소화, 배롱나무	가을부터 이듬해 봄의 발아하기 전까지 시행	
· 동백나무, 금목서	신초가 굳어진 후 5월, (9월)	
· 등	1차 여름(8월), 2차 2~3월	

• 전정횟수

– 관목류 : 연간 1회 실시

- 교목류 : 연간 1회를 기준으로 하되, 수형, 수종, 식재목적, 식재장소 등의 여건에 따라 추가하거나 2~3년마다 1회 실시

9) 각 종 전정기술

① 적아·적심

• 의의

- 적아는 불필요한 겨드랑이눈(곁눈)의 일부 또는 전부를 제거하는 작업
- 적심은 불필요한 가지를 없애고 지나치게 자라는 가지의 신장을 억제하기 위해 신초(新梢)의 끝부분을 제거하는 작업
- 우리는 적아를 순뽕따기, 곁눈지르기라 하고, 적심은 순지르기, 순따기, 순꺾기 등으로 부르기도 한다.

• 효과

- 상장생장(上長生長)의 정지와 생장억제
- 곁눈의 발육촉진
- 새로 자라나는 가지의 배치를 고르게 한다.
- 개화작용(開花作用)을 조장한다.
- 적아나 적심을 통해 식물체의 양분 및 호르몬의 균형을 바꾸어 원줄기 및 특정한 가지·꽃·잎·열매 또는 지하부 등의 발생·발육을 조절할 수 있다.
- 꽃이 품질을 향상시킬 수 있다.
- 열매의 품질을 향상시킬 수 있다.
- 기타 낙뢰방지 및 낙과방지, 격년결실 등을 방지할 수 있다.

• 시기

- 상록수 : 강전정을 실시하면 수세가 약해지기 쉬운 감탕나무, 녹나무, 굴거리나무와 같은 상록활엽수는 4~5월경에 1회 정도 실시한다.
- 낙엽수 : 신장이 빠르므로 이른봄에 1회, 여름에 1회 정도 실시한다.
- 소나무 : 4~5월경 새순이 5~10cm 정도 길이로 자랐을 때 1~2개만 남겨두고 다른 순들은 깨끗하게 따버리고, 남겨둔 새순은 1/3~2/3 정도로 잘라준다.

② **적엽(摘葉, 잎따기)**

• 의의

– 지나치게 우거진 잎이나 묵은 잎을 따주는 작업을 말한다.

• 효과

– 잎의 수를 줄임으로써 나무를 산뜻하게 한다.

– 잎의 수를 줄임으로써 생장을 억제하는 효과가 있다.

– 상록활엽수의 생장을 억제하여 수형을 왜소화시킬 수 있다.

– 통풍, 햇빛을 잘 들게 한다.

• 작업시기

– 일반활엽수 : 7~8월경이 좋다

– 상록활엽수 : 늦은 여름이 좋다

– 소나무 : 신엽이 굳어진 8월경이 좋다.

③ **아상(芽傷)**

• 의의

– 원하는 자리에 새로운 가지가 나오게 하거나 꽃눈을 형성하기 위하여 눈의 위쪽이나 아래쪽 부분의 목질부에 상처를 줌으로써 뿌리에서 상승하는 양분이나 수분의 공급이 차단되어 생장을 억제하거나 촉진하는 작업을 말한다.

• 작업시기

– 이른봄에 하는 것이 좋다.

• 효과

– 눈의 상단 아상은 휴면아의 눈이 움직이게 된다.

– 눈의 하단 아상은 상부 눈의 생장을 억제한다.

④ **단근(斷根)**

• 의의

– 뿌리의 일부를 자르는 작업을 말한다.

• 효과

– 수목의 뿌리와 지상부의 균형을 유지한다.

– 뿌리의 노화현상을 방지한다.

- 수목의 도장을 억제한다.
- 하지(下枝)의 발육을 증대한다.
- 꽃눈의 수를 증가시킨다.

• 시기 및 횟수
- 눈이 움직이기 직전에 실시하는 것이 좋다.
- 2~3년마다 한번 정도 실시해주는 것이 좋다.

• 방법
- 근원직경의 5~6배 되는 길이로 원을 그려 그 위치를 깊이 40~50㎝로 파낸 다음 사방으로 뻗고 있는 굵은 부리 몇 개만 남기고 톱이나 전정가위를 사용하여 적당히 잘라준다.
- 뿌리끊기의 정도는 수령이나 신장상태에 따라 다르지만 굵은 뿌리만을 대상으로 하고 가는 뿌리는 남겨둔다(굵은 뿌리는 지탱을, 가는 뿌리는 영양분과 수분공급 역할 하기 때문)
- 생울타리와 같이 지엽의 밀생을 요하는 수목, 꽃과 열매를 요하는 수도, 차폐를 목적으로 하는 수목 등은 강하에 단근하는 것이 바람직하다.
- 단근과 함께 시비를 해주면 뿌리의 신장효과를 높일 수 있고, 뿌리의 신장휴지기를 줄일 수 있다. 이때 비료나 거름이 절단된 뿌리에 직접 닿지 않도록 주의하여야 한다.

10) 전정도구

① 사다리

• 손이 닿지 않는 키가 큰 나무의 윗부분을 전정하기 위한 도구이다.

• 운반하기 편리한 알루미늄 등의 가벼운 금속재나 대나무로 만들어진 가볍고 튼튼한 사다리가 편리하다.

• 사다리를 수목에 기대어 사용하는 경우에는 마대 등을 줄기에 감아 상처를 내지 않게 한다.

출처 : 정철희

〈그림 7〉 사다리

② 톱

- 전정가위로 자르기 힘든 큰 가지나 썩거나 병충해를 입은 노목을 갱신하기 위해 제거할 때 사용한다.
- 톱의 종류에는 여러 가지가 있지만 크게 대지용과 소지용으로 나눈다.
- 큰 가지를 자를 때에는 단번에 자르지 않고 여러 번 나누어 조심스럽게 자른다.
- 작은 가지의 경우 왼손으로 가지를 잡고 톱날을 가지 사이에 끼워 넣고 단번에 자른다.

〈그림 8〉 톱

③ 전정가위

- 조경수목이나 분재를 전정하는데 일반적으로 가장 많이 쓰이는 가위이다.
- 지름 3cm 정도의 가지를 주로 자르는 가위로, 길이가 18~20cm 정도가 사용하기에 편리하다.
- 가위는 자신의 손에 알맞은 것으로 가벼우면서도 튼튼하고 날이 쉬 무뎌지지 않으며, 날의 겹쳐지는 부분과 나사를 조이는 부분을 잘 점검하여 선택하는 것이 좋다.
- 가는 가지를 자를 때는 한손으로 가지를 잡고, 한손으로는 전정할 가지에 가위날을 밑으로 가게 하여 전정가위를 잡고 날을 직각으로 대어 단번에 자른다.
- 굵은 가지를 자를 때는 자르는 날이 구부러져 있기 때문에 잘라야 할 가지를 손으로 약간 누르면서 전정가위를 위쪽에서 앞쪽으로 수직으로 돌리면서 자르면 가위날도 상하지 않고 힘도 덜 들게 된다.
- 전정가위는 사용한 후에는 잘 보관해야 오래 사용할 수 있는데, 사용 후 물기나 흙을 깨끗이 닦고 기름헝겊에 감아두거나 기름을 발라서 닦아두면 녹이 스는 것을 방지할 수 있다.

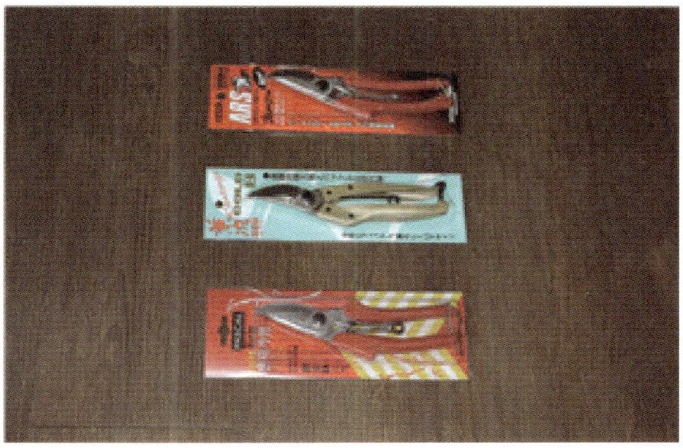

〈그림 9〉 전정가위

④ 적심가위 또는 순치기가위

- 주로 연하고 부드러운 가는 가지나 끝순 또는 햇순, 수관 내부의 가늘고 약한 가지를 자를 때와 꽃꽂이 할 때 절화용 가위를 주로 사용하며, 조경관리사에게는 허리에서 떠나지 않는 필수품이라 할 수 있다.
- 가위의 크기나 형태에는 여러 가지가 있지만 자신의 손에 잘 맞는 것을 선택해야 한다. 양날이 꼭 맞고 나사의 조임 상태가 너무 단단하든가 느슨한 것은 좋지 않다.
- 날을 보호하기 위해서는 1cm 이하의 가지를 자를 때만 사용하는 것이 바람직하고 그 이상의 것은 톱이나 전정가위를 사용하도록 한다.

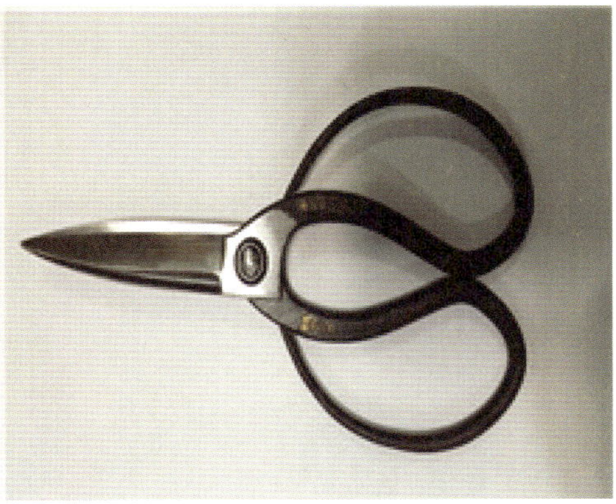

출처 : 정철희

〈그림 10〉 적심가위

⑤ 적과가위 또는 적화가위

- 꽃눈이나 열매를 솎을 때 또는 과일의 수확에 주로 사용되며, 오이와 같은 채소작물의 적심에 이용되기도 한다.
- 가위는 각자 손의 크기에 맞는 너무 크지 않는 것이 사용하기도 쉽고 피로도 적게 준다.

⑥ 고지가위

- 높은 곳의 가지나 열매를 채취하기 위하여 사다리를 사용하지 않고 그대로 지면에서 긴 장대 끝에 고지전정가위를 달고 그곳으로 잘라내는 편리한 가위이다.
- 고지가위는 암날과 수날이 있고 뒷부분에 는 도르래에 체인을 걸어 버팀줄을 매어 줄을 잡아당기면 가지가 잘라지게 만든 것이다.
- 소나무나 섬잣나무 등의 높은 끝가지를 자를 때나 열매를 채취할 때 사용한다.

〈그림 11〉 고지가위

⑦ 긴자루 전정가위

- 일반적으로 쓰는 전정가위 또는 자르기 힘든 지름 3cm 이상의 굵은 가지를 자를 때 쓰는 대형가위이다.
- 자신의 팔 길이나 힘에 맞추어 크기나 중량을 적절하게 조정하여 선택하는 것이 좋다.

⑧ 산울타리 전정가위

〈그림 12〉 산울타리 전정가위

- 주로 쥐똥나무, 사철나무, 회양목, 향나무 등의 산울타리의 가지나 잎을 빨리 다듬기 위해 만들어진 전정가위이다.
- 여러 가지 크기가 있으나 대개 전장(全長) 50~100cm, 날의 길이 15~20cm 정도의 것을 사용하기 편리하다.
- 잎의 끝부분이나 수관부분을 자를 때는 자루를 짧게 잡고 한쪽 날은 고정하고 다른 쪽 날은 가볍게 움직여서 자른다.
- 수관의 형태를 둥글게 할 때에는 날의 방향을 하향으로 해서 작업하며, 가지가 잘라지지 않는다 해서 날을 비틀게 되면 날이 상하게 되니 주의해야 한다.

⑨ 산울타리용 전동식 전정기

- 생울타리를 보다 더 빨리 능률적으로 전정하기 위해 휘발유를 이용하는 전동식 전정기와 전기를 이용한 전기식 전정기가 있다.

⑩ 혹가위 및 보조용 칼

- 톱이나 전정가위로 자른 부위가 병충해로 인해 썩는 것을 방지하거나 상처부위를 빨리 아물게 하기 위해, 그 부분을 도려내야 할 경우에 사용한다.

3-2. 시비관리

1) 토양

① 물리적 성질

- 토양 자체가 함유하고 있는 양분의 양이 수목 생육에 직접적인 영향을 미치며, 토양의 물리적 성질에는 3상 분포, 토성(土性), 토심(土深), 토양구조(土壤構造), 경도 등이 있다.

성질	내용
3상 분포	· 고상(50%), 기상(25%), 액상(25%) 비율을 유지하는 것이 좋다.
토성	· 토양입자의 크기는 토양에 의해 흡수된 양과 직접적인 관계가 있다. · 동일한 양의 양분이 흡수되기 위해서는 사토(砂土)가 점토(粘土)보다 더 자주 시비해주어야 한다.

토심	· 토심은 수목이 이용할 수 있는 양분과 수분보유능력을 결정짓는다. · 수목의 뿌리가 깊고 넓게 뻗음에 따라 양분과 수분의 흡수 능력은 더욱 증대된다.
토양구조	· 토양입자의 배열상태는 근계(根系)의 발달과 양분의 흡수에 큰 영향을 미친다. · 토양구조에 따라 통기성과 투수성에 영향을 미친다.
경도	· 토양의 강도, 치밀도, 단단함을 나타내는 지표이다. · 18~22mm 범위가 식물이 자라기에 가장 적합하다. · 27mm 이상이면 식물이 생육하기 어렵다.

② 화학적 성질

- 토양의 화학적 성질에는 토양의 산도(pH), 보비력, 토양수분결합력(pF) 등이 있다.

성질	내용
토양의 산도 (pH)	· 산성토양 : 수소이온 생성물질의 함유량이 높으며, pH 7보다 낮은 토양으로 식물 생육이 저하된다. · 알카리토양 : 나트륨 함량이 양이온 교환용량의 15% 이상인 토양, pH 8.5보다 높은 토양으로 식물생육이 저하된다.
보비력	· 양이온 교환용량(CEC)이라고도 하며, 높을수록 비옥하다. · 건조토양 100g이 갖는 영양정도를 말한다.
토양수분결합력 (pF)	· 결합수, 흡수수, 모세관수, 중력수 등이 있다. · 결합수 : pF 7.0 이상, 토양 입자의 표면에 강하게 결합한다. · 흡수수 : pF 4.5 이상, 토양 입자 표면을 덮고 있는 분자 간 결합 · 모세관수 : pF 2.7~4.5, 표면장력과 중력에 의해 토양입자 주위와 흡착하며 식물이 이용할 수 있는 물이다. · 중력수 : pF 2.7, 중력으로 토양 공극 속을 자유롭게 이동하며, 쉽게 근권 밖으로 유출된다.

③ 토양개량

- 토양개량방법에는 물리적 개량과 화학적 개량으로 나눈다.

㉮ 물리적 개량 : 기계나 사람의 힘으로 다져진 토양을 일구어주는 작업으로 토양 내의 통기성과 배수, 보수성을 개선시켜 준다.

- 경운

– 기계나 사람의 활동에 의하여 토양이 다져져 통기와 배수가 불량한 경우 토양을 경운하여 토양 내 공극을 늘림으로써 뿌리의 호흡과 발달을 돕는다.

– 토양이 젖어 있는 상태에서 경운하면 오히려 토양의 구조를 파괴하므로 토양이 마른 상태에

서 경운한다.

- 기존 수목 주변을 경운할 경우 뿌리에 너무 가깝게 경운하면 뿌리가 잘티므로 수관폭 바깥선을 기준으로 경운한다.

㉯ 화학적 개량 : 토량개량제를 이용하여 보비력을 향상시키는 방법

〈그림 13〉 바크

• 바크

- 나무의 수피를 잘게 부수어 만든 것으로 멀칭재료로 이용되어 수분 건조방지, 잡초발생방지, 비산방지, 경관의 아름다움 등 효과가 있다.

출처 : 정철희

〈그림 14〉 모래

• 모래

- 석영이 풍화되어 지름 0.2~2mm 크기로 된 것으로 보비력과 보수력은 약하지만 배수가 잘 되고 통기성이 좋아 혼합토를 만드는 데 이용된다.

〈그림 15〉 펄라이트

• 펄라이트

- 화산의 용암지대에서 캐낸 회백색의 진주암을 370℃ 정도의 고온에서 가열하여 원부피의 10배 이상 팽창시켜 만든 것으로 무게가 가벼워 운반이 용이하고, 인공지반(옥상 등) 조경공사에 많이 사용되는 재료로서 토양의 통기성과 보수력을 향상시킨다.

• 버미큘라이트

– 마그네슘과 철이 함유된 질석을 760℃의 고온으로 가열하여 원부피의 15배 정도 증가시킨 인공토양으로 산도(pH)는 중성이며, 가볍고, 보수력이 우수하여 파종, 삽목, 실내조경용 토양으로 많이 사용된다.

• 피토모스

– 늪의 식물이 습지 바닥에 퇴적되어 산소가 부족한 상태에서 부분적으로 부식된 것으로 캐나다, 아일랜드, 독일, 미국, 러시아 등에서 많이 생산되며, 부피의 89% 정도가 수분을 함유할 수 있는 조직으로 되어 있어 통기성과 보수성, 보비력이 우수하여 상토의 유기물 자재로 많이 사용된다.

〈그림 16〉 피토모스

출처 : 정철희

• 테라코템

– 토양보습제로 토양의 통기성과 배수성을 향상시키며 200배까지 수분을 흡수할 수 있어 가뭄이 지속될 때 수분을 공급하여 식물 생육에 도움을 줄 수 있으며, 수목 뿌리의 활착을 높일 수 있다.

〈그림 17〉 테라코템

• 파라그린

– 펄라이트 정석을 오픈 셀(Open Cell) 구조로 팽창시켜 만든 것으로 통기와 배수가 불량한 점질토양, 건조하기 쉬운 사질토양 등에 사용함으로써 통기성, 배수성, 보수성을 향상시켜주는 토양개량제이다.

〈그림 18〉 제올라이트

• 제올라이트

– 실리콘(Si)과 알루미늄(Al)으로 이루어진 다공성 결정으로 보수력, 보비력을 향상시키고, 산성과 염기를 분해하여 토양 내 잔류 농약과 중금속 등을 중화시켜 준다.

출처 : 정철희

• 석회

– 토양의 산성을 중화시켜주며, 소석회, 탄산석회 등이 있다.

〈그림 19〉 부엽토

• 부엽토

– 토양 내에서 서서히 분해되므로 지속적으로 식물에게 영양분을 공급하며, 토양의 보비력을 향상시키고 토양의 산성화를 억제한다.

출처 : 정철희

• 왕겨

– 벼의 껍질로서 비교적 쉽게 구할 수 있으며, 통기성을 향상시켜 주나 보비력은 낮다.

• 훈탄

– 왕겨를 태워 만든 것으로 토양의 보수력과 배수성은 높으나 보비력은 낮으며 산도(pH)가 높다.

• 프로파일

– 점토와 비결정체의 이산화규소로 구성되어 있는 유공성 세라믹 제품으로 통기성과 배수성, 보비력을 향상시키고, 토양 미생물을 잘 자라게 한다.

④ 양분의 검증방법

- 토양의 양분 검증방법에는 토양분석법, 식물체 분석법, 식물조직 분석법, 양분시험법 등이 있다.

조사방법	특징
토양분석	· 수목을 식재하기 전에 토양의 가용양분, pH 등을 측정하는 방법 · 대상 시료를 채취한 후 실험실로 운반하여 필요한 항목을 분석한다. · 식물의 특성에 따른 시료채취 깊이는 다음과 같다. – 초목 : 75mm, 75~150mm – 관목 : 0~150mm, 150~450mm – 교목 : 0~300mm, 300~600mm, 600~1,200mm
식물체 분석법	· 주로 잎을 대상으로 하여 몇 가지의 증상을 육안으로 판별하는 방법 · 아조(芽條) 생장기간, 엽색, 낙엽기 등을 살펴서 양분의 부족현상을 파악한다.
식물조직 분석법	· 식물의 잎을 채취한 후 조직분석을 통하여 양분의 부족현상을 알아내는 방법 · 양분의 수준과 엽내(葉內)의 양분과는 밀접한 상관관계를 이용한다.
양분시험법	· 2개의 조사구를 설치하여 특정한 양분의 필요한 정도를 시험하는 방법 · 시간이 비교적 많이 걸리기 때문에 실제적으로 적용하기 어려운 문제가 있다.

출처 : 조경기사·산업기사(2013), 이승원, 성안당, p.6–31.

⑤ 식물원소

- 토양에는 식물이 필요로 하는 다양한 원소들이 함유되어 있다. 특히, 필수원소 1가지만 부족해도 원활한 생육을 기대하기 어려우며, 각각의 원소 성질은 독특하기 때문에 다른 원소에 의해서 대체될 수 없다.

원 소	내 용
다량원소	· N, P, K, Ca, S, Mg
미량원소	· Mn, Zn, Cu, Fe, Mo, Cl, B 등
식물의 10대 원소	· C, H, O, N, S, P, K, Ca, Mg, Fe
기타원소	· C, O는 대기중에서 CO_2의 형태로 흡수된다. · O는 대기나 토양에서 흡수된다.

⑥ 주요 원소별 특징

㉮ 질소(N)

- 특징

– 식물섬유의 주성분으로 줄기와 잎의 생육에 큰 영향을 미친다.
– 생명을 유지하는 중요한 화합물인 단백질, 엽록소, 수지 등의 주성분이다.

- 역할

– 영양생장을 왕성하게 하고 뿌리와 잎, 줄기 등 수목의 생장에 도움을 준다.

- 결핍증상

– 질소가 결핍되면 지엽의 생육이 빈약해지고, 잎이 작아지며, 세포막이 두꺼워져 광택이 없고, 섬유질이 많은 황록색으로 되며, 엽록소가 불완전해진다.
– 활엽수 : 아래 잎에서부터 위로 황화현상이 일어나고 심하면 잎 전면에 나타나며, 잎의 크기는 정상엽보다 다소 크기가 작고 두꺼워지며 잎의 수가 적어진다. 또한 초본류에서는 초장이 낮아지고 일찍 낙엽현상이 일어난다. 눈의 크기는 지름이 다소 짧아지고 작으며 적색 또는 적자색을 띤다.
– 침엽수 : 침엽이 짧고 황색을 띠며, 개엽(開葉)상태가 다소 빈약하며, 수관의 외부를 관찰할 때 상부는 정상적으로 녹색을 띠나, 하부에는 황색을 띤다.

- 시비방법

– 토양시비의 경우 $100m^2$당 1~2kg 시비한다.
– 엽면시비의 경우 요소를 물 100ℓ당 1kg씩 희석하여 사용한다.

㉯ 인(P)

- 특징

– 식물의 세포핵의 구성요소로 중요하며, 단백질과 인지질(燐脂質)을 구성하는 원소로서 에너지의 공급과 관계가 있다.
– 꽃을 크게 하고 색깔을 아름답게 하며 결실을 좋게 하는 필수 영양소이다.

- 역할

– 새로운 눈이나 조직, 조직을 튼튼히 하고, 세포분열을 촉진한다.

- 결핍증상

– 뿌리의 발육이 빈약해지고, 지상부 생장도 억제되어 왜소해지며, 잎은 작아지고 색은 퇴색된다.
– 활엽수 : 엽맥(葉脈), 엽병(葉柄) 및 잎의 밑부분이 적색 또는 자색으로 변하며, 어린잎의 경우 정상엽보다 다소 크기가 작아진다. 조기 낙엽현상을 보이며, 아조(芽條)의 경위 지름이 보다 가늘어 진다. 꽃의 수가 적어지고 열매의 크기가 작아진다.

– 침엽수 : 침엽이 휘어지며, 하부에서부터 상부로 점차 고사한다.

• 시비방법

– 과인산석회와 같은 수용성 인산보다 용성인비와 같은 구용인산을 함유하는 알카리성의 인산비료를 시비하는 것이 목본류에는 효과적이다.

– 사질토의 경우 100㎡당 1~2kg 시비한다.

– 점토질의 경우 100㎡당 2~4kg 시비한다.

㉰ 칼륨(K)

• 특징

– 탄수화물의 합성과 동화생산물의 이동에 관여하여 동화작용을 촉진한다.

– 일조(日照)의 부족을 보충하는 생리작용을 한다.

• 역할

– 뿌리나 가지의 생육을 촉진하고, 병해나 서리 등에 대한 저항성을 높인다.

• 결핍증상

– 효소의 활동과 관계가 있으며, 칼륨이 부족하면 탄수화물의 전류(轉流)와 질소대사에 지장을 준다.

– 활엽수 : 잎의 황화현상이 나타나며, 잎이 쭈글쭈글해지거나 위쪽으로 말리는 현상이 나타난다. 아조(芽條)는 끝부분이 고사하게 되며, 화아(花芽)는 매우 적게 맺힌다.

– 침엽수 : 침엽이 황색 또는 적갈색으로 변하고, 잎의 끝부분이 괴사(壞死)한다. 곡목(曲木)의 경위 수고가 낮아지고, 눈이 많이 달린다.

• 시비방법

– 사질토의 경우 100㎡당 2~8kg 시비한다.

– 점질토의 경우 100㎡당 8~15kg 시비한다.

㉱ 칼슘(Ca)

• 특징

– 식물체 내에서는 극히 부동성이며 세포막을 강건하게 하고, 단백질의 합성, 질소의 흡수 및 이용조장, 체내의 독극물질 중화, 분열조직의 생장과 뿌리털의 발육에 필수적인 성분이다.

– 식물체의 웃자람을 막고, 체내의 유기산과 화합하여 이것을 중화하고, 꽃의 화아형성을 좋게 한다.

– Mg, K, Na 등과 염류의 피해를 약화시키는 길항작용(拮抗作用)을 한다.
– 세포간의 결합을 강하게 해 준다.
• 역할
– 분열조직의 생장 및 뿌리끝 발육에 필수 요소
• 결핍증상
– 생장점 주위에 황화 및 회백색 반점이 생긴다.
– 병해에 대한 저항성이 약해진다.
– 활엽수 : 잎의 백화(白化) 또는 괴사(壞死) 현상이 나타나며, 어린잎이 정상엽에 비해 크기가 다소 작아진다. 또한 어린잎과 가지가 말라죽거나 끝이 오그라드는 현상이 발생한다. 새 가지의 잎 끝부분이 고사하거나 뿌리의 끝부분이 갑자기 짧아져서 고사하기도 한다.
– 침엽수 : 정단(頂端) 부분의 생육이 정지되며, 잎의 끝부분이 고사한다.
• 시비방법
– 사질토의 경우 100㎡당 40~75kg 시비한다.
– 점질토의 경우 100㎡당 75~150kg 시비한다.

㉮ 마그네슘(Mg)

• 특징
– 엽록소의 구성성분이다.
– 탄소동화작용에 관계하며, 녹색식물에는 부족하지 않다.
• 역할
– 효소의 활성화
• 결핍증상
– 활엽수 : 잎이 얇아지며, 부스러지기 쉽다. 조기 낙엽 증상을 보이며, 성숙엽(成熟葉)에서는 엽맥(葉脈)과 잎 주변에 백화현상을 보인다. 열매의 크기 작아진다.
– 침엽수 : 잎 끝부분이 황색 또는 적색으로 변한다.
• 시비방법
– 마그네슘(Mg) 함량이 낮은 토양에 칼륨(K) 비료를 많이 주면 마그네슘(Mg)와 칼륨(K)의 길항작용으로 인하여 묘목에 마그네슘(Mg) 결핍증상이 나타나기 쉽다.
– 마그네슘(Mg)와 칼륨(K)의 시비 비율은 2 : 1 정도가 적당하다.
– 사질토의 경우 100㎡당 황산마그네슘($MgSO_4 \cdot H_2O$) 12~25kg 시비한다.

– 점질토의 경우 100㎡당 황산마그네슘($MgSO_4 \cdot H_2O$) 25~35kg 시비한다.

– 엽면시비의 경우 물 100ℓ 당 황산마그네슘($MgSO_4 \cdot H_2O$) 2.5kg를 희석하여 시비한다.

㉥ 황(S)

- 특징

– 단백질과 조효소의 구성성분이다.

- 결핍증상

– 활엽수 : 잎이 짙은 황록색으로 변하며, 잎이 정상엽보다 다소 작아지고, 질소부족 현상과 동일한 증상을 보인다.

– 침엽수 : 질소부족 현상과 동일한 현상을 보이며, 잎의 끝부분이 황색 또는 적색을 띠는 경우도 있다.

- 시비방법

– 사질토의 경우 100㎡당 황산칼슘($CaSO_4 \cdot H_2O$) 5~8kg 시비한다.

– 점질토의 경우 100㎡당 황산칼슘($CaSO_4 \cdot H_2O$) 8~12kg 시비한다.

2) 비료

① **종류** : 화학비료와 유기질비료로 나눈다.

종류	내용
단비(單肥)	· 1가지 성분을 주로 함유하고 있을 때의 단순 비료를 말한다. · 질산암모늄이나 요소는 대표적인 질소의 단비이다. · 조경수의 경우 질소비료는 단비로서 늦어도 2년에 한 번씩 시비하면 된다.
복합비료 (複合肥料)	· 질소(N), 인(P), 칼륨(K)을 함께 함유하고 있는 비료이다. · 비료의 영양성분이 10–6–4로 표시된 경우 질소–인산–칼륨의 비율을 의미한다. · 조경수의 경우 복합비료는 3~5년에 1번씩 사용해도 충분하다.
화성비료 (化成肥料)	· 3요소 중 2가지 성분 이상을 함유한 비료이다. · 현재 유통되고 있는 대부분의 복합비료는 이에 속한다. · 화성비료는 배합비료보다 고농도이어서 포장 · 운반 · 시비가 쉽다. · 저도(低度)화성 : 과인산석회 · 황산암모늄 · 염화칼륨을 배합 조립한 것으로 성분 합계량이 30% 이하이다. · 고도(高度)화성 : 성분 합계량이 30% 이상으로 인산암모늄계 비료가 많다.

액비(液肥)	· 화학비료 중에서 수용액으로 제조한 것을 말한다. · 주로 질소(N), 인(P), 칼륨(K)와 미량원소를 함유하고 있으며, 토양표면과 잎에 뿌리거나 수간에 주입할 수 있다. · 액비는 사용효과가 즉시(2~4일) 나타나므로 응급처방으로 적합하다. · 액비는 그 효과가 그 해에 그치며, 가격이 비싼 것이 단점이다.
완효성 비료 (緩效性肥料)	· 화학비료를 토양에 살포할 경우 빗물로 유실되는 것을 방지하기 위하여 물이 잘 녹지 않는 물질로 비료입자의 표면을 피복하거나 잘 녹지 않는 형태로 제조하여 시비효과가 오랫동안 지속되도록 한 것이다. · 한 번의 시비로 오랫동안 균일하게 비료가 녹아 나오므로 이상적인 비료이다. · 연중 아무 때나 사용할 수 있지만 값이 비싸서 조경에는 잘 쓰지 않는다.
배합비료 (配合肥料)	· 배합비료는 2종 이상의 단비를 적용한 비율로 배합한 비료이다. · 화성비료와는 달리 화학적 처리는 하지 않은 것으로 한국 비료공정규격의 제2종 복합비료에 속한다. · 3요소를 적당하게 함유하고 있어 사용하기에 편리하다. · 원료로 사용한 비료의 형태를 그대로 갖고 있다. · 비료 효과의 완급을 조절할 수 있다. · 배합비료를 사용할 경우 시비의 횟수가 상대적으로 줄어든다. · 배합비료는 각 비료성분의 결점을 보완할 수 있다. · 배합해서 좋은 경우와 나쁜 경우가 있는데, 좋은 경우는 어비류(漁肥類)게 회류(灰類) 비료를 혼합하면 회 중의 탄산칼륨이 어비 중의 유분(油分)을 분하하여 비료 효과를 증진시킨다. 배합해서 나쁜 경우는 황산암모늄 · 인분뇨 등에 석회 등 알카리성 비료를 섞으면 암모니아가스가 날리게 된다.

출처 : 조경기사·산업기사(2013), 이승원, 성안당, p.6-35~36.

㉮ 화학비료 : 화학반응을 일으켜 제조하거나 광물로부터 채취한 비료를 말한다.

㉯ 유기질비료 : 자연산 유기물을 발효시켜 만든 비료를 의미한다.

- 종류

– 어박, 골분, 유박, 가공계분, 부숙톱밥, 부엽토, 가축분퇴비 등

- 특징

– 질소성분이 가장 많다

– 충분히 발효 된 후 사용하여야 피해를 보지 않는다.

– 발효 전에는 오히려 유기물의 발효미생물이 주변 토양의 양분을 빼앗아 갈 수 있다.

– 유기질비료를 사용할 경우 토양의 물리적·화학적·생물적 성질을 개량하기 때문에 화학비료보다 더 바람직하다.

2) 시비방법

① **표토시비** : 토양의 표면에 시비하는 방법

구분	내용
적용	· 토양에서 이동속도가 빠른 양분(N 등)의 시비이다. · 킬레이트화(Chelated)된 미량원소의 시비이다. ※킬레이트(Chelate) : 1개의 분자 또는 이온에 2개 이상의 배위원자를 갖고, 그것이 금속 원자(이온)를 둘러쌓듯이 배위한 고리구조가 있는 화합물을 말한다. · 잔디가 심겨져 있거나 멀칭이 되어 있는 지역에 이용한다.
작업방법 및 유의사항	· 시비의 범위는 수관 가장자리보다 더 넓게 하여야 한다. → 수관 가장자리에서 수관반경의 1/2 가량 밖으로 나간 위치까지 시비한다. · 나무직경이 10cm 정도 될 경우에는 나무 밑동에서 30cm 이내에는 시비하지 않고, 나무직경이 30cm 이상 될 경우에는 나무 밑동에서 반경 1m 에는 시비하지 않는다. · 시비 후에는 관수를 하여 비료성분이 뿌리에 닿을 수 있도록 유도한다.
특징	· 작업이 간단하고 신속하게 이루어지는 장점이 있다. · 비료의 유실량이 많다.

출처 : 조경기사·산업기사(2013), 이승원, 성안당,p.6–37.

② **토양 내 혼합** : 땅을 갈거나 구덩이를 파서 토양 내에 시비하는 방법

구분	내용
적용	· 토양에서 이동속도가 느린 양분(P, K, Ca 등)의 시비 · 자연산 유기물을 발효시켜 만든 비료

작업방법 및 유의사항	• 천공(穿孔)시비 : 뿌리가 많은 관목집단에 적용 – 나사식 드릴이 부착된 아가(Power Auger)를 이용하여 토양에 직경 3~4cm의 구멍을 15cm 깊이로 판다. – 수관 가장자리의 바깥쪽(반경 1/2 가량)에서 시작하여 0.6~1.0m의 간격으로 둥글게 수관 안쪽을 향하여 구멍을 판다. – 구멍에 비료를 넣고 그대로 두거나 흙으로 덮는다. – 작업이 끝난 후에는 관수를 충분하게 한다. – 나무 밑동 둘레에는 굵은 뿌리의 손상을 방지하기 위해 구멍을 파지 말아야 한다. 특히, 수간직경 30cm 이상 되는 나무는 반경 1m 정도를 남겨둔다. • 측구시비 – 수간 주변에 시비용 구덩이(깊이 25~30cm, 간격 0.6~ m)를 파고, 시비를 하는 방법 – 시비방법으로는 방사상시비법, 윤상시비법, 전면시비법, 대상시비법 점상시비법, 선상시비법 등 있다(그림 참조). – 작은 나무들이 가깝게 식재된 경우 : 전면시비법 – 교목이 넓은 간격으로 식재된 경우 : 방사시비법 – 경계선의 산울타리 경우 : 선상시비법 • 토양관주 – 쇠꼬챙이에 고압분무기를 연결하여 액상비료를 주입하는 방법 – 토양 15cm 깊이에 2개의 구멍당 5ℓ 정도 주입한다. – 주입간격은 액상비료가 쉽게 주변으로 퍼지므로 천공시비보다 넓게 실시한다. – 비료는 인산암모늄, 인산칼륨, 질산암모늄 등 수용성이어야 한다.
특징	· 비료의 유실량이 적은 장점이 있다. · 작업이 불편하고 신속하게 이우어지지 않는 단점이 있다.

출처 : 조경기사·산업기사(2013), 이승원, 성안당, p.6–37.

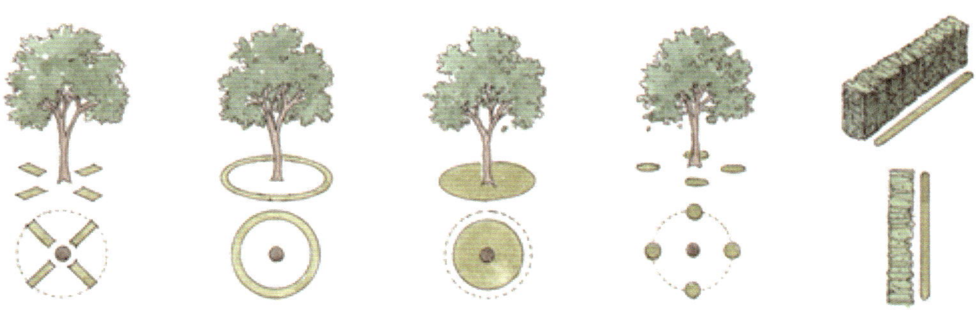

출처 : 정원관리매뉴얼(2013), 권영휴 외, 푸른행복, p.98.

〈그림 20〉 시비방법

③ **엽면시비(葉面施肥)** : 비료를 물에 희석하여 직접 잎 표면에 살포하는 방법으로 뿌리에 장해

가 있어 양분 흡수가 어려울 때, 특정양분을 고정시키는 토양건조일 때, 수목의 건강상태가 극히 나쁠 때 사용한다.

• 특징

– 미량의 원소가 부족할 때 그 효과가 빠르게 나타난다.

– 바람이 없는 날 아침이나 저녁에 실시하고, 낮에는 가급적 피한다.

– 성분에 따라 다를 수 있으나 통상 물 100ℓ 당 60~120㎖의 비율로 희석하여 살포한다.

– 엽면시비용 비료에는 요소, 제4종 복비(액비), 액상칼슘, 황산마그네슘, 붕소, 망간 등이 사용된다.

④ 수간주사(樹幹注射) : 수간에 구멍을 형성층 안쪽의 목부(木部)까지 뚫고 영양액을 주사기로 넣어서 양료(養料)가 위로 올라가도록 하는 방법으로 뿌리의 기능이 원활하지 못할 때, 나무의 수간에 상처를 남기므로 꼭 필요한 경우에만 실시한다.

• 특징

– 수간주사는 뿌리가 제구실을 못하고, 다른 시비방법을 적용하기 곤란할 때, 또는 빠른 수세회복을 원할 때 사용하는 방법이다.

– 특히, 철분과 아연의 결핍증을 치료할 때 가장 효과가 크다.

– 수간주입은 증산작용이 활발한 쾌청한 날씨에 실시하는 것이 좋으며, 5월초부터 9월말 사이에 실시하는 것이 효과적이다.

– 수간주입방법에는 중력식 수간주입방법과 압력식 수간주입방법이 있다.

• 중력식 수간주입방법 작업순서

– 수간주입용 병을 키 높이 정도 되는 곳에 끈으로 매단다.

– 나무 밑에서부터 높이 5~10cm(최대 60cm 이내) 되는 부위에 드릴로 지름 10mm, 깊이 5cm 되게 구멍을 20~30°가량 비스듬히 뚫고, 구멍 안의 톱밥부스러기를 깨끗이 제거한다.

– 같은 방법으로 먼저 뚫은 구멍의 반대쪽에 지상에서 10~15cm 높이 되는 곳에 구멍 1개를 더 뚫는다.

– 나무에 매달린 수간주입용 병에 약액을 부어 넣는다.

– 주입기로 약액이 흘러나오게 하여 구멍 안을 약액으로 가득 채워 공기를 완전히 빼낸다.

– 주입기를 구멍에 완전히 끼워 약액이 흘러나오지 않도록 고정하고, 같은 방법으로 나머지 호스를 반대편의 구멍에도 끼워 넣는다.

- 병 속의 약액이 다 없어지면 나무에서 수간주입기를 걷어내고 주입구멍에 도포제(톱신페스트)를 바른 다음 나무껍질과 일치되도록 코르크 마개로 구멍을 막아준다.

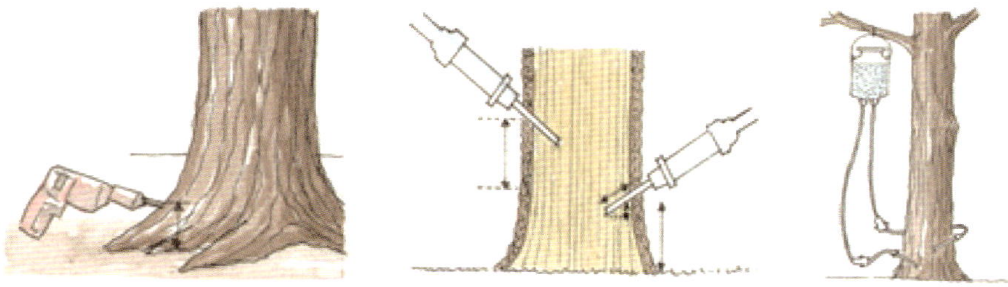

출처 : 정원관리매뉴얼(2013), 권영휴 외, 푸른행복, p.101.

〈그림 21〉 중력시 수간주입방법

- 압력식 수간주입방법 작업순서
- 주입용 구멍의 뚫는 위치를 결정하되, 사람의 눈에 잘 띄지 않는 곳으로 정하고, 주입량이 많은 경우는 2~3개소를 정하여 나누어 주입한다.
- 직경 9mm의 드릴을 사용하여 깊이 5cm의 구멍을 45°각도로 뚫고, 구멍 안의 톱밥 잔재물을 모두 제거한다.
- 고무관을 구멍에 꽉 끼게 주입한다.
- 주입용 노즐에 갈아둔 용기를 고무관 구멍에 주입한다.
- 주입시 회전시키면서 안정될 때까지 2~3cm 깊이로 밀어 넣는다.(완전히 밀착시켜야 약액이 흐르지 않는다.)
- 이때 공기 빼는 요철부가 위에 위치하도록 한다.
- 용기를 여러 번 손으로 눌러 노즐 부분의 공기를 밀어낸다.
- 자연압으로 소량씩 주입되지만 수목개체의 차이에 의해 주입시간은 일정하지 않다.
- 잔량이 보이도록 되어 있으므로 잔량 주입을 확인한 후에 새로운 용기를 설치하며, 용기는 주입구의 용액이 남아 있는 상태로 바꾼다.
- 주입 완료 후 고무관을 뽑고, 코르크로 구멍을 막는다.

3) 수목별 시비방법

① 화목류 시비

• 기비(基肥, 밑거름)

– 지효성 시비에 해당된다.

– 이른 봄 퇴비 등 완효성 유기질비료를 1~2kg/㎡ 이상 시비한다.

– 부족분이 생기면 질소(N), 인산(P), 칼륨(K)을 각각 6g/㎡ 추가하여 시비한다.

• 추비(追肥, 웃거름, 덧거름)

– 속효성 시비에 해당된다.

– 추비(웃거름)는 꽃이나 열매가 관상대상인 수목에 관상기가 끝난 후 수세를 회복시키기 위하여 7~8월에 실시하거나 가을에 실시한다.

– 화목류의 시비는 잎이 떨어진 후에 효과가 빠른 비료를 준다.

– 가을에 시비하는 추비에 질소(N)비료가 많게 되면 내한성이 약해져서 동해를 받기 쉬우므로 질소질이 적게 든 화학비료를 사용하는 것이 좋다.

– 추비의 1회 시비량은 질소(N), 인산(P), 칼륨(K)을 각각 10g/㎡ 기준으로 준다.

② 일반수목 시비

• 기비(基肥, 밑거름)

– 유기질비료를 늦가을 낙엽 후 땅이 얼기 전(10월 하순~11월 상순 또는 2월 하순~3월 하순)에 시비하는데 잎이 피기 전 연 1회를 기준으로 준다.

– 시비량은 관목·소교목류는 5kg/년, 중교목류는 10kg/년, 대교목류는 20kg/년, 군식 관목은 10kg/년을 표준으로 한다.

• 추비(追肥, 웃거름, 덧거름)

– 화학비료를 수목생장기인 4월 하순~6월 하순에 1회 시비하거나 2회로 나누어 시비하며, 시비량 및 시비방법은 여건에 따라 다르다.

③ 초화류 시비

• 방법

– 초종을 고려하여 시비량과 시비횟수를 결정한다.

– 화단 초화류는 집약적 관리가 요구되므로 초장을 고려하여 시비량과 시비횟수를 결정하되, 가능한 한 유기질비료를 기비로서 연간 1회, 화학비료를 추비로서 연간 2~3회 시비한다.

• 기비(基肥, 밑거름)

– 유기질비료를 1년에 1회 1~2kg/㎡ 기준으로 시비한다.

• 추비(追肥, 웃거름, 덧거름)

– 화학비료를 연간 2~3회씩 1회당 질소(N), 인산($P_2O□$), 칼리(K_2O) 성분이 각각 5g/㎡ 이상이 되도록 시비한다.

3-3. 잡초(제초)관리

1) 잡초의 특성

- 잡초종자는 생명의 보조수단으로 널리 분포되어 있다.
- 광합성 효율이 높고, 생장이 빠르다.
- 종자는 휴면성이 길어서 수십 년간 휴면한다.
- 종자의 생산량이 많고, 종자가 가벼워 멀리까지 이동이 가능하다.
- 종자번식과 영양번식을 함께 하여 번식력이 좋다.
- 잡초는 휴면 기작이 발달되어 방제가 어렵다.
- 바랭이, 강피, 뚝새풀 등과 같이 종자 번식하는 종은 특히 문제가 된다.
- 적절한 조건이 주어졌을 때 일시에 발아하여 초기 생육이 빠르고 개화 후 성숙이 빠르다.

2) 잡초의 분류

구분	내용
화본과 잡초	· 화본과(벼과)에 속하는 잡초 · 잎이 좁고 길며, 잎맥이 평행하다. · 줄기가 둥글고 속이 비었으며, 마디가 있다. · 피, 바랭이, 뚝새풀, 강아지풀 등이 있다.
사초과 잡초	· 사초과(방동사니과) 잡초는 화본과와 비슷하지단 줄기가 삼각형이고, 속이 차 있으며, 마디가 없다. · 너도방동사니, 참방동사니, 향부자, 올방개, 매자기, 올챙이고랭이 등이 있다.
광엽 잡초	· 화본과 잡초나 방동사니과에 속하지 않는 잡초로서 잎은 넓그 평평하며, 잎맥이 그물맥이다. · 망초, 개망초, 토끼풀, 쑥, 닭의장풀, 여뀌, 중대가리풀, 깨풀 등이 있다.

① 형태적 분류

구분	내용
일년생 잡초	· 1년 이내에 개화하여 종자를 생산한 다음 고사하는 잡초 · 종자로 번식하므로 멀리까지 이동이 가능하다. · 바랭이, 피, 쇠비름, 뚝새풀, 냉이, 닭의장풀, 개망초, 애기땅빈대, 여뀌 등이 있다.
다년생 잡초	· 2년 이상 생존 가능한 잡초 · 뿌리와 같은 영양체로 번식을 하며, 이동성이 떨어진다. · 민들레, 쑥, 쇠뜨기, 토끼풀 등이 있다.

② 생활형 분류

구분	내용
광발아 잡초	· 바랭이, 왕바랭이, 강피, 향부자, 참방동사니, 개비름, 쇠비름, 소리쟁이, 서양민들레 등이 있다.
암발아 잡초	· 냉이, 광대나물, 별꽃 등이 있다.

③ 광조건에 따른 분류

구분	내용
광발아 잡초	· 바랭이, 왕바랭이, 강피, 향부자, 참방동사니, 개비름, 쇠비름, 소리쟁이, 서양민들레 등이 있다.
암발아 잡초	· 냉이, 광대나물, 별꽃 등이 있다.

3) 잡초의 종류

종류	내용
강아지풀	· 일년생 화본과 잡초 · 특징 : 높이 40~70cm로 자라며, 개화기는 7~8월이다. · 약제방제 : 일년생 제초제, 화본과 제초제, 비선택성 제초제 살포
바랭이	· 일년생 화본과 잡초 · 특징 : 높이 40~70cm로 자라며, 개화기는 7~8월이다. 키가 크고, 분얼이 많아지면 뿌리가 발달해서 뽑아내기 힘들고 제초제 내성도 높아지므로 3~5엽기에 방제한다. · 약제방제 : 일년생 제초제, 화본과 제초제, 비선택성 제초제 살포

방동사니	· 일년생 사초과 잡초 · 특징 : 높이 30~50cm로 자라며, 개화기는 8~10월이다. 습한 장소에 많이 발생한다. 13℃에서 발생을 시작하여 20℃가 되면 왕성하게 발생한다. 뿌리가 깊지 않아 토양처리제로 방제되고 손으로 뽑기도 쉽다. · 약제방제 : 일년생 제초제, 비선택성 제초제 살포
깨풀	· 일년생 광엽 잡초 · 특징 : 높이 30~50cm로 자라며, 7~8월에 갈색 꽃이 핀다. 제초제에 대한 내성이 강하다. 생육초기에 광엽잡초용 선택성 제초제나 생육 중기에 비선택성 제초제를 살포한다. · 약제방제 : 일년생 제초제, 광엽잡초용 제초제, 비선택성 제초제 살프
닭의장풀	· 일년생 광엽잡초 · 특징 : 높이 15~50cm로 자라며, 7~8월에 하늘색 꽃이 핀다. 비교적 한랭지 잡초로서 저온에서 발아와 생장이 잘 된다. 뿌리가 깊게 자라고 발생기간도 길다. · 약제방제 : 일년생 제초제, 광엽잡초용 제초제, 비선택성 제초제 살프
마디꽃	· 일년생 광엽잡초 · 특징 : 높이 12~15cm로 자라며, 7~8월에 개화한다. · 약제방제 : 일년생 제초제, 광엽잡초용 제초제, 비선택성 제초제 살프
망초	· 일년생 광엽잡초 · 특징 : 높이 100~150cm로 자라며, 7~9월에 개화한다. 망초는 꽃이 작아 꽃망울처럼 보이고, 개망초는 흰 국화처럼 보인다. · 약제방제 : 일년생 제초제, 광엽잡초용 제초제, 비선택성 제초제 살포
명아주	· 일년생 광엽잡초 · 특징 : 높이 100cm로 자라며, 이른 봄부터 초여름까지 계속 발생한다. 내음성 잡초로 그늘에서 잘 자란다. · 약제방제 : 일년생 제초제, 광엽잡초용 제초제, 비선택성 제초제 살포
개비름	· 일년생 광엽잡초 · 특징 : 높이 100cm로 자라며, 7월에 개화한다. 잎이 무성하고 초기 생장속도가 매우 빠르다. 토양처리제로 방제된다. · 약제방제 : 일년생 제초제, 광엽잡초용 제초제, 비선택성 제초제 살포
쇠비름	· 일년생 광엽잡초 · 특징 : 높이 30cm로 자라며, 가을에 개화한다. 여름철 고온을 좋아하고, 가뭄에 잘 견딘다. 줄기를 절단해도 재생할 수 있다. 토양처리제로 방제된다. · 약제방제 : 일년생 제초제, 광엽잡초용 제초제, 비선택성 제초제 살포
석류풀	· 다년생 광엽잡초 · 특징 : 높이 10~30cm로 자라며, 7~10월에 개화한다. · 약제방제 : 일년생 제초제, 광엽잡초용 제초제, 비선택성 제초제 살포
서양민들레	· 다년생 광엽잡초 · 특징 : 높이 10~25cm로 자라며, 3~4월에 개화한다. · 약제방제 : 다년생 제초제, 광엽잡초용 제초제, 비선택성 제초제 살포
여뀌	· 일년생 광엽잡초 · 특징 : 높이 30~70cm로 자라며, 6~9월에 개화한다. 평균기온 7~10℃에서 발생하여 초여름까지 계속된다. 종자는 토양에서 4년 이상 생존한다. · 약제방제 : 일년생 제초제, 광엽잡초용 제초제, 비선택성 제초제 살포

환삼덩굴	· 일년생 광엽잡초 · 특징 : 길이 3m 이상 자라며, 7~9월에 개화한다. 생장이 빠르고 기어가거나 나무를 타고 올라간다. 생육기에 경엽처리제로 방제된다. · 약제방제 : 일년생 제초제, 광엽잡초용 제초제, 비선택성 제초제 살포
메꽃	· 다년생 광엽잡초 · 특징 : 높이 50~100cm로 자라며, 6~8월에 개화한다. 강우기가 되면 싹이 나와 인접 식물이나 울타리 등을 감고 올라간다. 여름이 지나면 지하경에 양분을 저장하고 지상부는 고사하므로 고사하기 전에 제초제를 살포한다. · 약제방제 : 다년생 제초제, 광엽잡초용 제초제, 비선택성 제초제 살포
쇠뜨기	· 다년생 광엽잡초 · 특징 : 높이 30~40cm로 자라며, 3월부터 나오기 시작하여 11월까지 자란다. 지하번식기관인 근경은 토양 깊은 곳까지 뚫고 들어간다. 방제는 토양처리제보다는 비선택성이며 흡수이행성인 경엽처리제로 방제한다. · 약제방제 : 다년생 제초제, 광엽잡초용 제초제, 비선택성 제초제 살포
쑥	· 다년생 광엽잡초 · 특징 : 높이 100~150cm로 자라며, 7~8월에 개화한다. 2~10월 사이에 생장한다. 어느 한 장소에 터를 잡으면 군생을 한다. 자신의 영역을 지키기 위해 타감물질을 분비한다. ※ 타감작용(allelopathy) : 식물이 해로운 화학물질을 분비하여 다른 식물의 활동을 억제하는 현상 · 약제방제 : 다년생 제초제, 광엽잡초용 제초제, 비선택성 제초제 살포
토끼풀	· 다년생 광엽잡초 · 특징 : 높이 20~30cm로 자라며, 6~7월 개화한다. 뿌리는 10cm 깊이에서 분포하며, 자신의 영역을 지키기 위해 타감물질을 분비한다. · 약제방제 : 다년생 제초제, 광엽잡초용 제초제, 토끼풀 전용 제초제, 비선택성 제초제 살포

4) 잡초의 방제

- 조경수목 하부에 이미 발생한 잡초에 대해서는 인력제거 등의 물리적 방법과 제초제를 사용하는 화학적 방법을 이용한다.

① 물리적 방법

- 인력제거, 깎기, 경운, 멀칭 등의 방법으로 잡초를 제거하는 방법이다.
- 조경수목의 하부를 나무껍질(바크), 콩자갈 등으로 피복할 경우 잡초가 발생하지 않도록 하는 예방효과도 있지만 친환경적 경관을 창출할 수 있다.

방법	내용
인력제거	· 잡초의 밑부분을 잡고 천천히 좌우로 흔들면서 당겨 뽑는다. · 뿌리가 깊은 있는 잡초는 잡초 제거용 포크나 호미 등의 도구를 사용하여 뽑는다. · 잡초를 한 손으로 잡고 다른 한 손으로 포크를 뿌리가 있는 땅속으로 삽입한다. · 포크를 위로 들어 올려 잡초를 뽑되, 줄기나 잎이 끊어져서 뿌리가 남지 않도록 해야 한다. · 뿌리가 남아 있으면 잡초가 다시 재생 한다. · 제거된 잡초는 식재지 밖으로 반출하여 처리한다.
깎기	· 잡초의 지상부를 잘라줌으로써 잡초를 제거하는 방법 · 다년생 잡초의 경우 잡초의 윗부분을 깎아도 계속 생장한다. · 뿌리를 제거하지 않고 윗부분만 계속 깎을 경우 잡초가 확산될 우려가 있다.
경운	· 호미, 삽, 대형기계류 등을 이용하여 땅을 갈아, 기존 잡초를 억제하고 부분적으로 제거하는 방법 · 잡초의 영양기관이 완전히 제거되지 않으므로 조경에서 사용하기는 적합하지 않다. · 경운과 화학적 방제 방법을 복합적으로 사용하면 효과적이다.
멀칭	· 토양의 표면을 어떤 물질로 덮는 것을 멀칭이라 한다. · 잡초의 발생을 억제시키고 미관을 향상시키는 기능을 한다. · 재료 : 나무껍질(바크), 낙엽, 짚, 콩자갈, 마사토, 부직포, 비닐 등

② 화학적 방법

- 제초제를 사용하여 잡초를 방제하는 방법이다.
- 발아할 잡초의 발생을 막기 위해서는 잡초가 발아하는 봄, 가을에 선택성 제초제 중 발아 전처리 제초제를 살포한다.
- 조경수목 하부에 발생한 잡초를 전부 제거하고자 할 경우에는 근사미, 바스타, 그라목손 등 비선택성 제초제를 살포한다.
- 이사디(2,4-D) 또는 반벨 등과 같은 이행성이 강한 제초제는 조경수목의 뿌리에 흡수되어 피해를 주므로 하부제초용으로 사용해서는 안 된다.
- 제초제는 일반명, 품목명, 상표명의 세 종류의 이름이 있다.
- 일반명은 약제의 효과를 발휘하는 유효성분의 종류를 나타내며, 국제적으로 통용되는 이름이다.
- 품목명은 유효성분과 제제형태를 나타내며, 제초제를 등록할 때 사용한다.
- 상표명은 제조회사에서 붙인 상품명이다.

5) 제초제의 분류

① 작용기작에 따른 분류

분류	내용
접촉성 제초제	· 식물의 부위에 닿아 흡수되나 근접한 조직에만 이동되어 부분적으로 살초한다. · 약효가 빠르다. · 대부분 비선택성이다. · 온도가 낮을 때에는 그 효과가 떨어진다. · 다년생 잡초의 지하부 제거에는 비효율적이다. · 토양잔류성이 비교적 적다.
이행성 제초제	· 외부조직(잎, 줄기, 뿌리)을 통해 흡수되어 식물체내로 이동되기 때문에 그 약효가 서서히 나타난다. · 대부분 선택성이지만 일부 비선택성 제초제도 포함된다. · 광엽제초제인 2,4-D, 발아전 제초제도 이 부류에 속한다. · 약효가 비교적 느리다.
토양소독제	· 종자를 포함한 모든 번식단위를 제거할 수 있는 약제이다. · 선택적 잡초방제가 어려운 경우에 이용될 수 있다. · 약효는 일정기간 경과 후에 발생한다. · 궁극적인 잡초방제방법은 아니다.

출처 : 조경기사·산업기사(2013), 이승원, 성안당, p.6-43.

② 이용전략에 따른 분류

• 발아전처리 제초제

제초제(상표명)	국내시판명	대상 잡초
Benefin (Balan)	발란	· 바랭이, 돌피, 개기장류, 이태리호밀풀, 마녀풀, 존슨그라스, 큰석류풀, 마디풀, 명아주, 포아풀, 쇠비름, 별꽃, 강아지풀
Bensulide (Batasan)	론파	· 바랭이, 강아지풀, 돌피, 포아풀, 명아주, 냉이, 광대나물
DCPA (Dacthal)	닥탈	· 바랭이, 포아풀, 강아지풀, 돌피, 별꽃, 왕바랭이
Oxadiazon (Ronstar)	론스타	· 바랭이, 왕바랭이, 포아풀, 돌피, 명아주, 미국개기장, 큰석류풀, 쇠비름, 괭이밥류

제초제(상표명)	국내시판명	대상 잡초
Pendimethalin (Stomp)	스톰프(저농도)	· 바랭이, 강아지풀, 돌피, 미국개기장, 포아풀
	스톰프(고농도)	· 바랭이, 강아지풀, 돌피, 미국개기장, 포아풀, 괭이밥류, 광대나물
Siduron (Tupersan)	투퍼산	· 바랭이, 강아지풀, 돌피
Simazine (Princep)	시마진	· 바랭이, 포아풀, 강아지풀, 돌피
Napropamide (Devrinal)	데브리놀	· 바랭이, 포아풀, 왕바랭이, 강아지풀, 명아주, 쇠비름, 이태리호밀풀

출처 : 조경기사·산업기사(2013), 이승원, 성안당, p.6-43~44.

- 경엽처리제

제초제(상표명)	국내시판명	대상 잡초
2,4-D	이사디	· 큰석류풀, 야생단근, 민들레, 명아주, 질경이류
MCPP	엠시피피	· 명아주, 토끼풀, 냉이류
Dicamba (Banvel)	반벨	· 거의 모든 잡초에 효과(괭이밥류에는 효과가 적음)
Bentanon (Basagran)	밧사그란	· 방동사니류

출처 : 조경기사·산업기사(2013), 이승원, 성안당, P.6-43~44.

- 비선택성 제초제

제초제(상표명)	국내시판명	대상 잡초
Glyphosate (글락신액제)	근사미	· 토양잔류력이 매우 적다. · 2차 살포가 필요할 수도 있다. · 난지형 잔디의 휴면기간 중 겨울잡초 제거에 이용될 수 있다. · 작물의 휴면시 생육잡초 제거에 효율적이다.
Paraquat (파라크액제)	그라목손	· 다년생잡초의 지하영양 기관을 제거하기 어렵다. · 근사미와 유사한 목적으로 사용할 수 있다.

출처 : 조경기사·산업기사(2013), 이승원, 성안당, p.6-44.

6) 제초제 사용방법

① 희석 시 필요 약량 계산

- 제초제는 농축액이나 분말로 판매되므로 대개 희석하여 사용한다.
- 희석 시 필요 약량 계산법 : 희석 시 필요 약량 = 총소요량/희석배수

② 전착제

- 전착제는 제초제를 희석할 때 약액이 엽면에 넓게 퍼져 부착하게 하고, 체내에 잘 침투하도록 사용하는 보조제다.
- 대부분의 경엽처리제형 제초제는 전착제(계면활성제)가 첨가되어 있으므로 사용방법에 특별히 전착제 첨가를 권장하고 있지 않으면 첨가할 필요가 없다.
- 침투 속도를 높이기 위해 1,000~3,000배의 저농도로 첨가할 수 있으며, 너무 많은 양의 전착제는 약액이 유실되어 효과가 떨어진다.

③ 사용방법

- 분무법
- 분무법은 유제와 액제를 물로 희석하거나 수화제와 수용제를 물에 녹인 후 분문기를 사용하여 살포하는 방법이다.
- 살포액의 입자를 100~200㎛ 정도로 작게 하여 안개 형태로 만들어 식물표면에 골고루 부착하도록 한다.
- 분무법은 약제의 혼합이 쉽고 비산이 적으며, 뿌린 후 식물에 부착이 잘 되기 때문에 조경수에서 가장 많이 사용한다.
- 대면적에 살포할 경우에는 동력식 분무기를 사용하고, 소면적일 경우는 수동식을 사용한다.
- 입제살포법
- 입제살포법은 입제로 된 제초제를 식물 표면에 손으로 직접 뿌리는 방법이다.
- 토양시용법
- 액제와 입제를 토양 표면 또는 땅 속에 혼합하는 방법이다.

3-4. 관수 및 배수관리

1) 관수

① 일반사항

- 관수란 식물의 생육에 필요한 수분이 부족할 때 인위적으로 물을 공급하는 것을 말한다.
- 수분은 식물의 광합성 작용에 필수요소이며, 식물체 내에서 물질을 용해시키고, 양분을 이동시키는 역할을 한다.
- 기상, 토양, 식물, 용도, 식재지 특성, 관리요구도 등을 고려하여 실시한다.
- 인공지반, 보수성이 낮은 사질토양, 이식지 등의 식물은 수분 부족에 의해 건조 피해가 우려되므로 충분한 관수를 실시한다.
- 기상조건은 관수의 빈도 및 양에 가장 큰 영향을 미치는 인자로서 고온건조로 가물어 증발산량이 많아지면 관수의 빈도 및 양을 증가시킨다.
- 관리요구도가 높은 식재지일수록 관수를 충분히 한다.

② 관수의 시기판단

- 식물관찰
  - 수분이 부족할 경우 잎이 시들기 시작한다.
- 토양관찰
  - 흙을 손으로 떠서 움켜잡았을 때 토양입자들이 쉽게 뭉치면 과습한 편이고, 덩어리로 뭉치면 건조한 편이다. 덩어리로 뭉치기는 하나 모래처럼 부서지면 토양수분은 적당한 편이다.
- 전기저항계 사용
  - 전기저항계는 가용수분의 흡수와 영구위조점의 범위(100~1,500cb)를 측정하는데 적합하다.
- 토심에 의한 증산흡수의 추정
  - 식물에 흡수되는 수분의 양은 토성이나 토심에 따라 다르며, 토심이 얕은 경우 식물의 뿌리가 뻗는 깊이는 곧바로 토심에 의해 추정이 가능하다.
  - 교목·대관목의 경우는 1.2m, 중관목·만경목의 경우는 1.0m, 소관목·지피식물은 0.6m 이다.
- 엽면의 온도에 의한 추정
  - 적외선 주사장치를 사용하여 엽면의 온도를 측정해봄으로써 관수시기를 판단한다.
  - 건조한 토양의 조경수목은 엽면의 온도가 5~50℃ 정도이지만 때로는 40℃ 이상에 달하는

경우도 있다.

• 강수량과 증발량의 균형이 좋지 못할 때

• 하절기에 1개월 이상 비가 오지 않을 때

– 기후변화로 인하여 가뭄과 홍수가 빈번히 일어나는데 특히 하절기에 1개월 이상 비가 오지 않을 때 관수작업을 실시한다.

③ 관수방법

• 침수관수

– 수간의 주위에 도랑을 파서 수분을 공급하여 측방에서 서서히 스며들도록 하는 방법이다.

– 침수관수 방법은 전면적이 고르게 관수되지 않는 단점이 있다.

• 도랑관수

– 수목을 중심으로 길게 도랑을 파고 물을 흘려보내어 관수하는 방법이다.

– 투수율, 도랑의 경사도 및 유속에 따라 비교적 균일하게 관수할 수 있는 장점이 있다.

• 스프링클러관수

– 스프링클러를 이용하여 일시에 큰 면적을 관수하는 방법이다.

– 노동력이 절감되고, 비교적 관수를 균일하게 할 수 있는 장점이 있다.

– 토양의 경도가 증가될 수 있고, 필요 이상으로 과대하게 관수하여 비용이 증가하며, 지표면의 토사가 유실될 수 있는 단점이 있다.

• 점적관수

– 마이크로 플라스틱 튜브 끝에서 물이 조금씩 공급되도록 하여 원하는 곳에 소량의 물을 지속적으로 공급하는 방법이다.

– 골프장이나 공원 등 대면적에 많이 이용되는 관수방법이다.

④ 계절별 관수요령

• 봄·가을철

– 오전 일찍 관수하면 지나친 증발산에 의한 수분의 손실을 막아줄 수 있다.

– 한 번 관수할 때 땅이 흠뻑 젖도록 관수한다.

– 잎과 줄기에도 관수를 하는 것이 좋다.

– 필요하면 영양제를 혼합하여 관수한다.

• 여름철

– 건조 상태를 보아 오전·오후로 나누어 관수한다.
– 여름철에 고온·건조할 때 잔디표면 근처에 소량의 물로 온도를 낮추는 것을 시린지(syringe)라 하는데 효과가 있다.

- 겨울철

– 이른 아침을 피하여 기온이 높은 날 오전 10~11시경에 관수한다.

⑤ 수종별 관수

- 초화류

– 관수빈도는 생육기에 2~6회/주 관수한다.
– 개화 중인 묘는 물이 꽃에 젖지 않도록 하며 가능한 한 근원부분에 관수한다.
– 토양이 충분히 젖도록 관수하되, 적어도 토양이 5cm 이상 젖도록 관수한다.
– 일년초 중 추파일년초는 건조에 약하므로 관수관리를 배려하여 설계한다.

- 수목류

– 가물 때 실시하되, 연 5회 이상, 3~10월경에 생육기간 중에 관수한다.
– 기온이 5℃ 이상이며, 토양온도가 10℃ 이상인 날이 10일 이상 지속될 때 관수한다.
– 관수량은 적어도 토양이 10cm 이상 충분히 젖도록 관수한다.

- 잔디

– 한지형 잔디류는 보통 때는 2~3일에 1회, 가물 때에는 매일 관수한다.
– 잔디면이 충분히 젖도록 관수하되, 적어도 토양이 5cm 이상 젖도록 관수한다.
– 스포츠용 잔디나 한지형 잔디류는 자주 관수하여야 하므로 관수시설이 요구된다.

2) 배수

① 일반사항

- 배수란 불필요한 물을 밖으로 퍼내거나 외부로 배출하는 것을 말한다.
- 관수와 함께 식물 건강에 매우 중요한 요소이다.
- 배수가 좋지 못하면 토양 속 산소가 부족해져 뿌리가 호흡을 하지 못해 수목에 피해를 주게 된다.

② 배수방법

- 표면배수

– 비나 눈에 의해 발생한 물을 지표면을 따라 처리하는 방법이다.
– 종류에는 명거배수, 관거배수 등이 있다.
– 명거배수 : 중력식 배수로서 지표면에 배수로를 조성하여 처리하는 방법이다.
– 관거배수 : 지표면에 발생하는 표면수 및 생활하수 등의 오수를 처리하기 위하여 밀폐된 도관을 매설하여 배수하는 방법이다.

• 심토층배수
– 지반 내의 배수를 목적으로 한다.
– 지하수의를 저하시키기 위해 지하에 고인 물 또는 지하로 침투하는 물을 배수하는 방법이다.

③ 배수시설

• 측구
– 도로상의 물이나 인접부지 주변의 우수에 의한 물을 다른 배수처리 지점으로 이동시키는 배수도량을 말한다.

〈그림 22〉 측구

• 집수구
– 배수되는 물을 한곳에 모아서 다시 배수계통으로 보내는 배수시설을 말한다.

〈그림 23〉 집수구

• 배수구

– 표면수를 배수하기 위한 도랑을 말한다.

〈그림 24〉 배수구

• 맨홀

– 지하배수 관거를 점검하거나 청소를 하기 위해 사람이 출입할 수 있는 시설을 말한다.

〈그림 25〉 맨홀

• 맹암거

– 배수를 통한 지하수위의 조절을 위하여 모래, 자갈, 호박돌, 다발로 묶은 나뭇가지 등을 땅 속에 매설한 일종의 수로를 말한다.

– 지하배수를 위해 흙속에 일정 간격으로 구멍을 뚫어 배수시키는 형태로서 유공관을 사용하는 관부설 맹암거와 입상재료만을 사용하는 맹암거 등이 있다.

〈그림 26〉 맹암거

④ 배수시설 점검

- 배수시설의 상태를 정기적으로 점검한다.
- 파손 및 결함이 있는 곳은 원인을 발견하고 적절한 조치를 취한다.
- 강우가 내리는 중 또는 직후에 배수상황을 살피는 것이 결함을 발견하는데 도움이 된다.
- 측구, 집수구, 맨홀 등의 토사 퇴적 상태를 점검한다.
- 배수시설의 내부 및 유수구의 토사, 먼지, 잡석, 쓰레기, 낙엽 등의 퇴적 상태를 점검한다.
- 배수시설의 파손 및 결함을 점검한다.

⑤ 배수시설 관리

- 측구, 배수구
  - 정기적으로 점검하고 청소한다.
  - 낙엽, 토사, 먼지, 쓰레기 등으로 인해 막혀 배수가 되지 않을 수 있으니 깨끗이 청소한다.
  - 파손된 부분은 즉시 보수하거나 교체한다.
- 집수구, 맨홀
  - 지하배수시설을 유지 관리하는데 중요한 시설이므로 낙엽, 토사, 쓰레기 등으로 인해 막히지 않도록 청소한다.
  - 장마, 태풍철, 해빙기 전에는 반드시 청소한다.
  - 파손된 부눈은 즉시 보수하거나 교체한다.
- 배수구 및 구거
  - 먼지나 오물 등으로 통수단면이 좁아지지 않았는지 점검한다.
  - 누수나 체수가 발견되면 즉시 보수한다.

– 관거, 구거의 유출구에 토사가 쌓여 있을 때는 구멍이나 균열이 발생한 것으로 정밀 점검하여 보수한다.

3-5. 월동관리

1) 용어정리

구분		내용
한해(寒害) (cold damage)	냉해(冷害)	· 0℃ 이상에서 저온 피해를 받는 것을 말한다.
	동해(凍害)	· 0℃ 이하의 저온하에서 식물체의 세포조직에 결빙이 일어나 그 조직 또는 식물체의 전부가 죽게 되는 경우를 말한다.
상해(霜害) (frost injury)	만상(晩霜)	· 초봄에 식물의 발육이 시작된 이후에 갑자기 0℃ 이하로 기온이 하강함으로써 식물체에 피해를 주는 경우를 말한다. · 만상피해는 새순에만 주로 나타나고 다시 새순이 나오기 때문에 치명적인 피해는 주지 않는다. · 피해수목 : 회양목, 피라칸타, 참나무류, 물푸레나무, 말차나무, 목련, 튤립나무, 모과나무, 단풍나무, 철쭉, 영산홍 등
	조상(早霜)	· 가을에 첫 번째 오는 서리에 의해 나타나는 피해를 말한다. · 조상은 만상보다 더 심각하게 나무의 모양을 망치거나 나무가 죽는 경우도 있다.
	동상(冬霜)	· 겨울동안 식물의 휴면상태에 생긴 피해를 말한다. · 피해 – 배수가 불량한 토양, 가을 이식수목, 어린 나무 – 질소시비를 많이 한 나무, 늦가을에 생장을 많이 한 나무
일소 · 피소(日燒 · 皮燒) (sunscald)		· 강한 직사광선을 받아 엽맥(葉脈), 잎의 가장자리, 수간 등이 갈색으로 변하거나 수피의 일부에 급격한 수분증발이 발생하여 조직이 고사되는 현상을 말한다. · 특히, 수피의 피해를 피소(皮燒)라 하는데 남서쪽 수피부분에 그 피해현상이 나타난다. · 일소대책 – 충분한 습도유지, 적절한 시비와 관수 – 액체 플라스틱의 시들음 방지제(wilt-pruf)를 잎에 살포 – 잎의 보호 : 칼륨 보충, 브롬 및 염화나트륨 과다 사용금지 · 피소에 취약한 수종 : 수피가 평활하고, 코르크층이 발달되지 않은 수종(단풍나무, 벚나무, 목련, 매실나무, 오동나무, 호두나무, 가문비나무 등) · 피소대책 – 밀식 재배하던 수목을 이식하여 단독으로 심지 않는다. – 수피를 수목테이프(tree wrap)나 녹화마대로 감싸준다. – 수피에 흰 도포제(석회유)를 바른다. – 토양 멀칭을 한다.

엽소(葉燒) (leaf scorch)	· 도로표면과 건물벽에서 반사되는 열로 인하여 잎이 타서 마르는 현상이다. · 집중적으로 받는 수관의 남서향에 있는 잎은 높은 증산작용으로 인하여 탈수상태에서 잎이 누렇게 타는 현상이 생긴다. · 취약수종 : 단풍나무, 층층나무, 물푸레나무, 칠엽수, 느릅나무, 주목, 잣나무, 전나무 등 · 대책 – 통풍을 양호하게 한다. – 적절한 관수로 수분부족이 없도록 한다.
한해(旱害) (drough injury)	· 건조로 인한 피해는 늦봄과 초여름에 기온이 높은 오후에 건강한 식물에 나타날 수 있다. · 대채로 천근성 수목과 지하수위가 낮은 지역의 수목에 피해가 크다. · 취약수종 : 단풍나무, 밤나무, 물푸레나무, 느릅나무, 너도밤나무 등 · 대책 – 관수 : 여러 번의 작은 양보다 한 두 번의 충분한 양의 관수를 하는 것이 좋다. – 전정 : 수목의 윗부분을 솎아주기 한다.

출처 : 조경기사·산업기사(2013), 이승원, 성안당, p.6–48.

2) 냉해(冷害)를 받기 쉬운 조건

- 건조한 토양보다 습한 토양에 발생하기 쉽다.
- 남면(南面)보다 북면(北面)에서 보다 피해가 심하다.
- 성목(成木)보다 유령목(幼齡木)에서 많이 발생한다.
- 상해(霜害)는 맑은 날 밤에 많고, 흐린 날에는 적다.
- 오목한 지형에서 많이 발생한다.
- 북서계절풍이 심한 지역은 동해를 받기 쉽다.

3) 월동의 근본대책

- 배수 철저

– 배수가 잘 되고 통기성이 좋은 토양에서는 토양 동결이 적게 일어나서 겨울철 저온에 견디는 능력이 향상된다.

- 토양 멀칭

– 토양표면을 유기물로 멀칭하면 토양이 깊게 동결되지 않아서 수분부족으로 인한 동계건조를 방지할 수 있다.

• 토양 동결 전 관수

– 상록활엽수와 침엽수는 겨울철에도 증산작용을 하므로 토양 중에 충분한 수분이 있어야 한다. 토양이 동결되기 전에 충분히 관수하여 겨울철 수분부족이 오지 않도록 하여야 한다.

• 수간보호

– 내한성이 약한 배롱나무, 벽오동, 히말라야시다 등의 지제부(地際部)와 수간을 볏짚이나 새끼끈으로 싸준다.

– 상렬(霜裂, frost crack))을 막기 위하여 유지나 녹화마대로 수간 전체를 감싸는 것이 바람직하다.

• 방풍림 혹은 방풍벽 설치

– 상록수로 된 방풍림이나 인공 방풍벽을 북서향에 조성하여 한랭한 바람을 차단하면 영산홍과 같은 상록활엽수의 월동에 크게 도움이 된다.

• 증산억제제 살초

– 초겨울에 영산홍이나 회양목에 증산억제제(액체 플라스틱. wilt-pruf)를 뿌리주면 잎이 갈색으로 변하는 것을 방지할 수 있다.

4) 냉해 방지기법

• 화단의 부지선택

– 가능하면 온화한 지대에 화단을 조성하는 것이 좋다.

– 주위의 높은 지역에 내한성이 강한 수목이나 관목류를 식재하거나 인조구조물을 구축하여 저지대로의 찬공기가 몰리는 것을 방지한다.

• 보호막(보온재) 사용

– 내한성이 약한 장미, 배롱나무 등은 노지상태에서 비닐이나 짚 등으로 감싸주어 겨울을 나게 한다.

– 불투명한 피복재료를 사용하였을 경우 해가 비치는 낮 동안에는 걷어주어 채광으로 온도가 상승하도록 한다.

• 줄기감기

– 가지로부터 수분증발 및 동해(凍害)를 막기 위해 새끼 등의 자료를 사용하여 가지감기를 한다.

• 가온(加溫)

– 연탄, 장작 등을 사용하거나 스팀(steam) 또는 전열(電熱) 기구를 사용하여 가온한다.

- 기타대책

– 근원직경 5~6배 넓이로 수목 주위를 피트모스(peat moss) 또는 낙엽을 깔아 토양멀칭을 한다.

– 전나무 등 상록수 주변 토양은 0℃ 이하로 내려가기 전에 흠뻑 젖도록 충분히 관수한다.

– 심토층 배수를 통하여 지하수위를 낮춘다.

– 세립질 흙을 동상 발생률이 낮은 조립질 흙으로 치환한다.

5) 월동시기

- 월동시기 : 온도가 5℃ 내려가기 전에 실시한다(11월 초순~12월 초순)
- 기후를 감안하여 시행하되, 초기 동해를 받지 않도록 한다.

6) 월동방법

① 짚싸기

- 대상 : 배롱나무, 모과나무, 장미, 감나무 등 내한성이 약한 낙엽화목류
- 방법 : 수목의 줄기를 짚으로 싸준다.

〈그림 27〉 짚싸기

② 방풍막 설치

- 대상 : 동백나무, 히말라야시다와 같이 내한성이 약한 상록수목이나 가을에 식재한 관목
- 방법 : 수목 주위에 말뚝을 박고 부직포, 짚, 비닐 등으로 지지대의 바깥쪽으로 방풍막을 두른다.

〈그림 28〉 방풍막 설치

③ **피복법**

- 대상 : 가을에 식재한 관목 등
- 방법 : 지표를 20~30cm 두께로 낙엽이나 왕겨, 짚 등으로 덮어 뿌리부분을 보온한다.

〈그림 29〉 피복법

④ **겨울철 관수**

- 대상 : 겨울철에 증산작용을 하는 상록활엽수와 침엽수 등
- 방법 : 강수량이 적고 눈이 오지 않을 경우, 수목에 수분이 공급되지 않아 고사 위험이 높아지므로 관수를 실시하여 건조 피해를 방지한다.

⑥ **증산억제제 살포**

- 대상 : 겨울철에 증산작용을 하는 상록활엽수와 침엽수 등
- 방법 : 겨울철 증산을 억제시켜 건조에 의한 피해를 방지한다.
- 제품 : 크라우드 카바(cloud cover), wilt-pruf, OED Green
- 사용방법 : 20배 희석하여 식물에 피막이 생기도록 살포한다.

3-6. 병충해 관리

1) 병해와 관련한 용어

- 병원 : 병을 일으키는 원인이 되는 것
- 병원체 : 감염증을 일으키는 기생생물(생물, 바이러스)
- 병원균 : 동물에 기생하여 병을 일으키는 능력을 가진 세균
- 주인 : 병 발생의 주된 원인
- 유인 : 병 발생의 2차적 원인
- 기주식물 : 병원체가 이미 침입하여 정착한 병든 식물
- 감수성 : 수목이 병에 걸리기 쉬운 성질
- 병원성 : 병원체가 감수성인 수목에 침입하여 병을 일으킬 수 있는 능력
- 전반 : 병원체가 여러 가지 방법으로 다른 지역이나 다른 식물체에 운반되는 것
- 감염 : 병원체가 그 내부에 정착하여 기생관계가 성립되는 과정
- 잠복기간 : 세균, 바이러스와 같은 병원체가 체내에 침입한 후 그 증상이 나타날 때까지의 기간
- 병환 : 병원체가 새로운 기주식물에 감염하여 병을 일으키고 병원체의 되풀이 되는 생활사

2) 일반사항

- 수목의 병이란 세균, 곰팡이, 바이러스, 마이코플라스마, 선충과 같은 병원체에 의해 수목이 비정상적으로 반응하는 것을 말한다.
- 병원체에 의한 피해일 경우 잎, 가지, 줄기, 뿌리에 병징과 표징이 나타나며, 이를 통해 병명을 진단할 수 있다.
- 해충은 수목의 잎을 갉아먹거나, 가지나 줄기의 수액을 흡즙하거나, 구멍을 뚫어 수목을 가해함으로써 수목을 쇠약하게 하고, 고사시킨다.
- 효과적인 병충해 방제를 위해서 발생 병충해의 이름과 생활사, 가해부위, 가해습성을 먼저 파악한 후 약제 처리 시기 및 방법, 횟수, 약제 종류 및 양을 결정한다.

3) 병해관리

① 병원(病源)의 분류

㉮ 전염성병

- 바이러스를 포함한 생물성 병원(病源)은 전염성이기 때문에 이들에 의해 일어나는 병을 말한다.

병원체 · 병원		병의 예
바이러스(virus)		· 모자이크병(포플러, 뽕나무, 아까시나무), 느릅나무 얼룩반점병
마이코플라스마 (mycoplasma)		· 뽕나무오갈병, 빗자루병(대추나무, 오동나무, 붉나무, 쥐똥나무 등)
진균(眞菌) (fungi)	· 조경수에서 발생하는 많은 종류의 전염성 식물병은 대부분 진균에 의한 것이다.	
	자낭균 (子囊菌)	· 빗자루병(벚나무, 대나무), 잎마름병(엽고병[葉枯病]), 가지마름병(지고병[枝枯病]), 그을음병, 흰가루병, 구멍병 탄저병, 갈색무늬병(갈반병[褐班病]), 잎떨림병 등
	담자균 (擔子菌)	· 향나무, 녹병, 붉은별무늬병(적성병[赤星病]), 떡병 등
세균(細菌), (bacteria)		· 구멍병(복숭아나무, 자두나무, 살구나무, 매실나무 등), 불마름병(벚나무, 산사나무, 과실수 등), 궤양병(감귤), 근두암 종병(과실수, 포플러, 벚나무)
선충(線蟲, nematode)		· 혹병(침엽수, 활엽수 등), 재선충병(시들음병, 침엽수류)
기타		· 점균(粘菌, slime mold), 조균(藻菌, algae), 종자식물(seed plant), 기생식물에 의한 병 등으로 구분된다.

출처 : 조경기사·산업기사(2013) 이승원, 성안당, p.6-60.

• 전염성병의 특징

– 지난 며칠간 혹은 수개월간 이상기후(고온, 저온, 늦서리, 첫서리, 한발, 침수현상 등)가 발생하지 않았다.

– 피해가 2~3일 사이 갑자기 나타나지 않고, 서서히 진행되었다.

– 피해수목이 특별한 위치(낮은 곳, 높은 곳, 방위, 경사, 바람방향, 인접도로 등)에만 모여 있지 않다.

– 물리적인 상처나 곤충이 수간에 구멍을 뚫거나 잎을 가해한 적이 없다.

– 이웃 나무의 피해상황을 볼 때 다른 수종은 건강하고, 같은 속 혹은 같은 수종의 다른 개체에게서만 불규칙하게 피해가 나타난다.

㉯ 비전염성병

• 전염되지 않는 비생물성 병원에 의한 병을 말한다.

• 비전염성병 요인

– 부적당한 토양조건에 의한 병 : 토양수분의 과부족, 토양 중의 양분결핍 및 과잉, 토양 중의

유독물질, 토양의 통기성 불량, 토양산도의 부적합 등

– 부적당한 기상조건에 의한 병 : 지나친 고온 및 저온, 광선부족, 건조와 과습, 강풍·폭우·우박· 눈·벼락·서리 등

– 유해물질로 인한 병 : 대기오염에 의한 해, 광독(鑛毒) 등 토양오염에 의한 해, 염해, 농약에 의한 해 등

– 기타요인에 의한 병 : 농기구에 의한 기계적인 상해(傷害) 등

• 비전염성병의 종류

원인분류	내용
기상적 요인	· 고온, 저온, 풍해, 설해, 일조량 부족, 낙뢰
토양적 요인	· 건조, 과습, 양분 결핍
생물적 요인	· 만경식물, 동물
인위적 요인	· 답압, 심식, 휘감는 뿌리, 제한된 뿌리, 복토와 석축, 절토, 대기오염, 농약과 비료, 전정, 해빙염, 세척제, 접목불화합성

출처 : 정원관리매뉴얼(2013), 권영휴 외, 푸른행복, p.217.

② 병원체의 월동

• 병환부 또는 죽은 지주체에 월동하는 것

– 밤나무 줄기마름병균, 오동나무 탄저병균, 낙엽송 잎떨림병균 등

• 종자에 붙어 월동하는 것

– 오리나무 갈색무늬병균, 묘목 입고병균 등

• 토양 중에 월동하는 것

– 근두암종병균(뿌리혹병균), 묘목의 입고병균, 자주빛날개무늬병균, 기타 각종 토양서식 병원균 등

• 균사, 균핵으로 가지에 붙어 월동하는 것

– 은행나무 비단병균

• 기주(寄主)의 체내에서 월동하는 것

병명	기주식물
잣나무 털녹병	송이풀, 까치밥나무
소나무 혹병	졸참나무, 신갈나무
소나무 잎녹병	황벽나무, 참취, 잔대

자작나무 잎녹병	낙엽송
잣나무 잎녹병	등골나무, 계요동
붉은별무늬병(적성병)	향나무
퍼플러 녹병	낙엽송
전나무 잎녹병	뱀고사리

③ 병원체 전반

- 전반 : 병원체가 여러 가지 방법으로 다른 지역이나 다른 식물체에 운반되는 것
- 대부분 병원체 전반방법은 수동적이다.
- 요인 및 병원체

– 바람에 의한 전반 : 잣나무 털녹병균, 밤나무 줄기마름병균, 밤나무 흰가루병균

– 물에 의한 전반 : 근두암종병균(뿌리혹병균), 묘목 입고병균, 향나무 적성병균

– 곤충·소동물에 의한 전반 : 오동나무·대추나무 빗자루병균, 포플러 모자이크병균

– 종자에 의한 전반 : 오리나무 갈색무늬병균, 호두나무 갈색부패병균

– 묘목에 의한 전반 : 잣나무 털녹병균, 밤나무 뿌리혹병균(근두암종병균)

– 식물체 영향번식기관에 의한 전반 : 오동나무·대추나무 빗자루병균, 포플러·아까시나무 모자이크병균

– 토양에 의한 전반 : 묘목 입고병균, 근두암종병균(뿌리혹병균)

– 병든 뿌리와 접촉에 의한 전반 : 부후균(腐朽菌)

– 벌채 통나무·재목 내의 잠재에 의한 전반 : 목재부후균, 밤나무 줄기마름병균, 느릅나무 시들음병균

④ 병징과 표징

㉮ 병징

- 병든 식물자체의 조직변화를 말한다.
- 비전염성병, 바이러스병, 마이코플라스마의 병에서 발생한다.
- 또한 잎이 시드는 것과 같은 병징은 비전염성병에서도 비슷하게 나타날 수 있기 때문에 병징만으로 전염성병에 의한 피해라고 할 수 없다.
- 황화(yellowing), 위황화(chlorosis), 은색화(silvering), 백화(albication), 자색화 및 적색화, 청변(靑變), 변색반(colored area), 위조(wilting), 괴사(necrosis), 천공(shot hole), 가지마름,

줄기의 궤양(tumor), 조직의 비대(hypertrophy), 위축(dwarfing), 잎과 가지의 총생, 부패(rotting) 등이 있다.

㉯ 표징

- 병원체가 병든 식물체상의 환부에 나타나 병의 발생을 알리는 것이다.
- 진균일 때 발생한다.
- 균사, 포자, 균사속, 근상균사속, 균핵, 포자퇴, 버섯, 그을음, 가루 등이 이에 속한다.
- 표징은 병원체의 일부가 직접 노출되어 있는 상태이므로 전염성병이라는 구체적인 증거가 된다.
- 표징은 곰팡이에 의한 병에서만 쉽게 나타나며, 다른 병원체에 의한 병에서는 명확하게 표징이 나타나지 않는다.
- 영양기관에 의한 것과 번식기관에 의한 것이 있다.

⑤ 주요 수목병

㉮ 그을음병

- 관련수종

– 사철나무, 쥐똥나무, 배롱나무, 수수꽃다리, 감나무, 대추나무, 낙엽송, 소나무류, 주목 등

- 병징 및 표징의 특징

– 대부분 자낭균에 의한 병이다.

– 진딧물, 깍지벌레류 등의 흡즙성 해충이 배설한 분비물을 이용하여 병균이 자란다.

– 잎, 가지, 줄기 전체를 덮어서 광합성을 방해하고 미관을 해친다.

- 방제

– 진딧물이나 깍지벌레 등의 흡즙성 곤충을 제거한다.

– 통풍과 통광이 잘 되게 한다.

– 만코지 수화제, 지오판 수화제를 살포한다.

㉯ 흰가루병

- 관련수종

– 배롱나무, 장미, 남천, 감나무, 밤나무, 사과나무, 포플러, 느티나무, 벚나무 등

- 병징 및 표징의 특징

– 자낭균에 의한 병으로 활엽수에 광범위하게 퍼진다.

– 잎에 곰팡이를 형성하여 광합성을 방해하고 미적 가치를 해친다.
– 낮과 밤의 온도차가 크고, 기온과 습도가 높고, 통풍이 불량한 경우에 신초부위에서 발생한다.
– 6월부터 혹은 장마철 이후부터 급격히 퍼진다.
– 잎의 앞·뒷면에 백색의 반점이 생기며 차차 커지면서 잎을 하얗게 덮는다.
– 치명적인 피해는 주지 않지만 광합성을 방해하여 새 가지가 위축되고, 기형이 되면서 말라죽기도 한다.

• 방제
– 통풍과 통광을 좋게 하다.
– 고온·다습하지 않도록 한다.
– 병든 낙엽은 소각한다.
– 석회황합제를 살포한다.
– 만코지 수화제, 지오판 수화제, 베노밀 수화제를 살포한다.

㉰ 흰별무늬병

• 관련수종
– 느티나무, 가시나무, 무궁화 등
• 병징 및 표징의 특징
– 주로 이른봄과 장마철에 발생한다.
– 잎에 작은 갈색의 반점이 생겨서 점점 퍼지면서 엽맥 부근에 다각형의 병반이 형성된다.
– 병반의 중앙부는 회백색이며, 병증이 진행되면 잎이 탈락하는 경우가 생긴다.
• 방제
– 병든 잎은 제거하거나 소각한다.
– 만코지 수화제, 동(銅) 수화제를 살포한다.

㉱ 붉은별무늬병(적성병)

• 관련수종
– 배나무, 사과나무, 모과나무, 장미, 명자나무, 산사나무, 야광나무 등
• 병징 및 표징의 특징
– 향나무 녹병과 같은 병균으로, 기주를 바꾸어 나타난다.
– 6~7월에 모과나무, 배나무, 명자나무의 잎과 열매에 반점이 나타나기 시작하여 잎 뒷면에

긴 털이 생기면서 조기에 떨어진다.

- 병에 걸리면 수목의 생장이 저조해지고 과일이 달리지 않는다.

• 방제

- 주변에 향나무 식재를 금한다.
- 티디폰 수화제, 마이탄 수화제를 살포한다.

㉴ 빗자루병

• 관련수종

- 대추나무, 오동나무, 붉나무, 쥐똥나무 등

• 병징 및 표징의 특징

- 병원균이 마이코플라스마(mycoplasma)이고, 독자적으로 전파할 능력이 없다(마름무늬매미충이 매개충이다).
- 병든 잎과 가지가 작아지면서 빗자루처럼 가늘게 무수히 갈라진다.
- 대추나무와 붉나무에서는 꽃이 잎으로 바뀌어 열매가 안 달린다.
- 병이 수년간 지속되면 나무가 고사한다.

• 방제

- 마이코플라스마에 의한 빗자루병 : 매개충을 메프 수화제나 비피유제로 6~10월에 2주 간격으로 살포하거나, 옥시테트라사이클린계 항생제를 수간주사하거나, 병든 부위를 자른 후 소각한다.
- 자낭균에 의한 빗자루병 : 이른 봄에 병지를 잘라 소각하거나 꽃이 진후 보르도액이나 만코지 수화제를 2~3회 나무전체에 살포한다.

㉵ 잎떨림병

• 관련수종

- 잣나무, 소나무, 해송, 낙엽송

• 병징 및 표징의 특징

- 자낭균에 의한 병이다.
- 전년도에 감염되어 땅에 떨어진 병든 잎에서 6~7월에 자낭포자가 비산하여 새로 나온 잎에 감염된다.
- 3~4월경 병엽은 적갈색으로 변하기 시작하여 6월까지 낙엽이 지고 병든 낙엽에 6~11mm 간격으로 격막이 생기며, 흑색 병반이 형성된다.

– 나무를 고사시킬 만큼 치명적인 병은 아니며, 심하면 잎 전체가 적갈색으로 변하여 생장을 감소시키고, 미관을 해친다.

• 방제
– 봄부터 초여름 사이에 떨어진 낙엽을 소각하고 매립한다.
– 6~8월에 자낭포자가 비산할 때 2주간격으로 만코지 수화제, 베노밀 수화제를 살포한다.

㉳ 탄저병
• 관련수종
– 과실수, 호두나무, 사철나무, 오동나무, 동백나무, 버즘나무 등
• 병징 및 표징의 특징
– 자낭균에 의한 병이다.
– 잎이나 어린 가지, 과실이 검게 변하고 움푹 들어가는 공통적인 병징이 있다.
– 사철나무는 갈색무늬병과 흡사하고, 조기낙엽의 원인이 된다.
– 주로 5~6월에 발병하여 장마철에 급속히 퍼진다.
– 버즘나무 탄저병은 주로 저온기(12~13℃)에 급증한다.
• 방제
– 묘포장에서 토양소독을 미리 실시한다.
– 병든 잎과 가지를 제거한다.
– 6~9월에 지오판 수화제, 베노밀 수화제를 4~5회 살포한다.

㉴ 가지마름병
• 관련수종
– 침엽수류
– 활엽수류
• 병징 및 표징의 특징
– 자낭균에 의한 병이다.
– 소나무, 잣나무, 밤나무, 버즘나무에서 피해가 크다.
– 2~3년생 가지가 적갈색으로 말라죽고, 침엽은 갈변하면서 떨어진다.
– 병든 부위의 피목에서 초여름에 암갈색의 자낭반이 돌출하고 비가 오면 접시모양으로 부풀

어 오른다.

– 소나무는 피해가 적은 편이지만, 밤나무는 수피가 갈색에서 검은색으로 되며, 뿌리까지 감염되면 적갈색으로 변하여 말라죽는다.

• 방제

– 병든 가지는 제거하여 소각한다.

– 자른 자리는 알코올 등으로 소독 후 페인트, 접밀, 석회유 등을 발라준다.

– 보르도액, 석회황합제를 살포한다.

㉶ 잎마름병(엽고병)

• 관련수종

– 회양목, 포플러, 철쭉류, 동백나무, 소나무, 해송, 측백나무 등

• 병징 및 표징의 특징

– 자낭균에 의한 병이다.

– 토양이 습할 때 발병한다.

– 활엽수의 경우 봄에 어린잎에서 작은 갈색 반점이 생긴 후 급속히 커져서 잎이 일찍 떨어진다.

– 침엽수는 침엽이 윗부분에 띠 모양으로 황색 반점이 생기며, 점차 확대되어 갈변하면서 검은색 작은 점이 생기면서 조기에 낙엽이 진다.

• 방제

– 낙엽을 제거하여 소각한다.

– 배수관리를 철저히 한다.

– 보르도액을 살포한다.

㉷ 잣나무 녹병

• 관련수종 : 잣나무

• 병징 및 표징의 특징

– 주로 15년생 이하의 잣나무에 발생하나 장령목에 발생하는 경우도 있다.

– 병원균은 잣나무류의 잎의 기공을 통하여 침입하여 줄기로 전파되며, 잎에는 황색의 미세한 반점을 형성한다.

• 방제

– 병든 나무와 중간기주인 송이풀류를 지속적으로 제거한다.

– 보르도액을 살포한다.

㉪ 전나무 녹병

- 관련수종 : 전나무
- 병징 및 표징의 특징

– 계곡부에 주로 발생한다.

– 병든 잎은 퇴색하면서 일찍 떨어진다.

- 방제

– 중간기주인 뱀고사리를 제거한다.

㉫ 향나무 녹병

- 관련수종 : 향나무
- 병징 및 표징의 특징

– 배나무, 사과나무 등에 피해를 주어 과일의 질과 생산량을 떨어뜨리며, 농가에서는 붉은별무늬병으로 잘 알려져 있다.

– 향나무 줄기 및 가지의 수피를 뚫고 동포자퇴(冬胞子堆)를 형성하는 균종은 향나무의 가지 및 줄기를 고사시키기도 한다.

– 향나무 부근에는 배나무, 사과나무, 명자나무, 산사나무, 산당화 등 장미과 식물을 심지 않도록 하며, 향나무와 서로 2km 이상 떨어진 곳에 심어야 한다.

㉬ 푸사리움가지마름병

- 관련수종

– 처음에는 리기다소나무에서 나타나기 시작했지만 지금은 곰솔(해송) 등 6가지 나무에 피해를 주고 있다.

- 병징 및 표징의 특징

– 1964년 미국 플로리다에서 최조 보고

– 1월 평균 0℃ 이상 지역에 분포한다.

– 1996년 국내 최조 보고, 전국으로 확산 중에 있다.

- 방제

– 병든 가지를 자른 부분에는 톱신페스트를 바르고, 땅에는 리도밀 살균제 입제를 뿌리고, 잎

과 줄기에 살균·살충제를 혼합하여 1주일 간격으로 4회 정도 살포한다.

㉻ 리지나뿌리썩음병

• 관련수종

– 침엽수림(소나무류, 전나무류, 가문비나무류, 낙엽송류 등)에 피해를 주며, 특히 소나무, 곰솔(해송)에 피해를 많이 준다.

– 1981년 경주 남산의 산불 피해지에서 처음발견 후 강릉 등 해안 소나무림에서 피해가 나타나고 있다.

– 서해안 소나무 숲 중심으로 확산되고 있다.

• 병징 및 표징의 특징

– 산불이 발생하였던 산성화된 임지에서 자주 발생하는 것으로 알려져 있다.

– 산불직후 자실체가 일시적 대량 발생한다.

– 약 6개월 후 토양의 물리·화학적 성질, 토양의 미생물이 빠르게 회복된다.

– 산불 약 3년 후에는 자실체가 거의 발생하지 않는다.

– 병원균에 의한 피해가 없다.

• 방제

– 자낭포자가 고온에서 발아하여 병을 전염시키므로 발병요인을 사전에 제거하는 것이 좋다.

– 베노밀수화제를 ㎡당 2ℓ 정도 뿌려 준다.

㉻ 소나무혹병

• 관련수종

– 소나무와 곰솔(해송)의 줄기나 가지에 크고 작은 혹을 만드는 병이다.

– 혹이 난 부분은 강풍이나 폭설 등에 의해 부러지기 쉽다.

• 병징 및 표징의 특징

– 기주식물 : 소나무, 곰솔(해송)

– 중간기주 : 참나무류

– 12월에서 이듬해 2월에 걸쳐 혹의 표면에서 오렌지색 내지 황갈색의 물엿 같은 점액이 흘러나오며, 이어서 4~5월경 혹의 표면이 거칠게 갈라지면서 갈라진 틈새 사이로 노란가루(녹포자)가 흩어져 나온다.

– 중가기주인 참나무류에는 5~6월경 잎 뒷면에 노란가루(여름포자)가 생기며 8~9월에는 여름포자가 소실되고 흑갈색 머리칼 모양의 겨울포자덩이가 잎 뒷면을 뒤덮는다.

• 방제

– 소나무 묘포 주변의 중간기주와 병에 걸린 소나무를 제거하고, 묘포에는 마네브수화제 500배액을 9~10월에 2주 간격으로 4회 정도 뿌려준다.

– 임지에서도 혹병에 걸린 소나무를 발견하는 즉시 제거한다.

– 병에 걸린 나무에서는 종자 채취를 하지 않는다.

⑥ 수병(樹炳)의 방제

㉮ 수병의 예방대책

• 비배관리(肥培管理)

– 질소를 과용하면 침엽수의 입고병, 설부병, 삼나무의 적고병 등의 발생이 심해진다.

– 황산암모니아는 토양을 산성화하여 토양전염병의 피해를 증대시킨다.

– 인산질 비료 및 칼륨질 비료는 전염병 발생을 억제한다.

– 질소질 비료를 과용하면 동해(凍害) 및 상해(霜害)를 쉽게 받는다.

• 환경조건 개선

– 침엽수의 입고병은 일광이 부족하거나 토양습도가 높을 때 잘 발생하므로 배수와 통풍을 좋게 하고, 과습을 피해야 한다.

– 반면에 푸사륨(fusarium)균에 의한 입고병은 비교적 건조한 토양에서 발병하므로 해가림과 단수 등을 통해 토양습도를 인위적으로 조정할 필요가 있다.

– 자주빛날개무늬병은 미분해 유기물질이 다량 함유된 임지(林地)에서 잘 발병하므로 석회 등을 사용하여 유기물질의 함량을 낮추어 발병을 억제하여야 한다.

• 오염원 제거

– 병든 잎이나 가지, 묘목 등은 1차 전염을 일으키기 전에 소각 처리하여야 한다.

– 전정 등으로 제거한 병든 가지 또는 병든 잎이나 묘목 등은 그 자리에 방치하지 말고, 즉시 소각하거나 땅속에 묻도록 한다.

• 중간기주 제거 및 분리

– 잣나무 털녹병을 예방하기 위해서는 중간기주인 송이풀과 까치밥나무를 제거한다.

– 낙엽송이 포플러 잎녹병의 중간기주이므로 서로 2km 이내로 인접하여 식재하지 않도록 한다.

• 윤작실시

– 연작에 의해 피해가 증가하는 수병(樹病)으로는 침엽수 입고병, 오리나무 갈색무늬병, 오동나무 탄저병·뿌리혹 선충병 등이 있다.

– 기주범위가 좁은 오리나무 갈색무늬병, 오동나무 탄저병 등은 짧은 윤작 연한으로 방제효과를 올릴 수 있고 윤작을 위한 작물선택이 쉬우나, 기주범위가 넓은 침엽수 입고병, 자주빛날개무늬병, 흰비단병 등은 짧은 윤작 연한으로는 방제효과를 올릴 수 없으며, 윤작을 위한 작물 선택도 어렵다.

- 식물검사

– 식재대상 식물을 철저히 검사한다.

– 필요하면 소독멸균 등 위생적인 조치를 취한다.

- 위생관리

– 토양전염병이 발생한 곳에서 사용한 작업기구는 물로 깨끗이 씻은 다음 다른 장소에서 사용하도록 한다.

– 토양전염병이 발생한 곳에서 작업한 경우 깨끗한 작업복으로 갈아입은 다음 건전한 묘목을 다루도록 한다.

- 종묘소독

– 약제에 의한 방법에는 유기수은제와 티람(thiram)제, 캡틴(captan)제 등이 이용되고 있다.

– 열을 이용하는 방법은 묘목의 뿌리를 45℃에서 20~30분간 온탕처리한다. 이 방법은 주로 자주빛날개무늬병을 예방하기 위해 사용된다.

- 토양살균

– 약제에 의한 방법에는 클로로피크린(chloropicrin)제, 포르말린(formalin)제, PCNB제, DAPA제(dexon), NCS제(vapam), 티람(thiram)제, 캡틴(captan)제, 메탈브로마이드 등

– 열을 이용하는 방법으로는 소토법(燒土法), 열탕관주법(熱湯灌注法), 전기가열법, 증기소독법 등이 사용되고 있다.

㉯ 치료법

- 수간주사

– 빗자루병(대추나무·오동나무), 오갈병(붉나무·뽕나무)등 : 옥시테트라사이클린(oxytetracyline) 주사

– 잣나무 털녹병, 낙엽송 끝마름병, 소나무 잎녹병 등 : 사이클로헥시마이드(cycloheximide) 주사

– 밤나무 줄기마름병 등 : 베노밀(benomyl)제 주사

- 외과적 요법

– 가지 : 전정한 자리에 석회황합제 또는 크레오소트(creosote)를 발라 소독한 다음 페인트,

접밀, 발코트(balcoat), 톱신엠페스트 등을 발라서 방수 처리한다.

– 줄기 : 병든 곳을 깎아내고 발코트(balcoat)를 칠한 다음 콜타르+크레오소트(3 : 1) 또는 아스팔트+크레오소트(1:1) 혼합물을 바른다.

– 뿌리 : 받침대를 세워 나무가 쓰러지지 않도록 하고 흙을 파낸 다음 죽은 뿌리를 모두 잘라내고 토양살균제로 뿌리의 노출된 속을 잘 씻어내고 관주(灌注)하면서 흙을 덮는다.

• 살균제

– 살균제를 사용하면 곰팡이에 의한 병은 구제할 수 있으나 수목병 중에서 박테리아, 파이토플라스마, 바이러스, 선충에 의한 병은 구제할 수 없다.

– 병을 일으키는 곰팡이와 세균을 구제하기 위한 약이다.

구분	종류 및 특성
수화제	· 물에 녹지 않는 원재(유효성분)를 중량제(카올린, 벤토나이트 등)와 계면활성제를 섞어 만든 분말로 물에 타면 현탁액(懸濁液)으로 된다. · 만코지 수화제 : 털녹병, 잎녹병, 탄저병, 흰별무늬병, 갈색무늬병, 매실나무 갈색무늬구멍병, 살구나무 갈색무늬구멍병 · 마네브 수화제, 지네브 수화제 : 털녹병, 잎녹병, 탄저병, 갈색무늬병, 점무늬병, 검은별무늬병, 갈색무늬구멍병 · 베노밀 수화제, 지오판 수화제 : 흰가루병, 잎떨림병, 모잘록병, 점무늬병 · 지오판 수화제 : 흰가루병, 줄기마름병, 모무늬낙엽병, 진달래 꽃썩음균핵병, 철쭉 꽃썩음균핵병, 모과나무 점무늬병 · 티디폰 수화제, 마이탄 수화제 : 붉은별 무늬병(적성병) · 동(銅) 수화제 : 활엽수의 각종 무늬병, 적고병, 가지마름병, 탄저병, 역병, 궤양병, 황반병, 눈마름병
액제	· 수용성 원제를 물에 녹인 용액이다. · 동결방지를 위해 에틸렌글리콜 등의 첨가제가 들어 있으나 보관에 주의하여야 한다. · 보르도액 : 빗자루병(버드나무, 벚나무), 녹병, 활엽수의 각종 반점병, 잎마름병 · 석회황합제 : 흰가루병, 녹병, 가지마름병, 탄저병, 비단병
유기 합성제	· PCNB제 : 입고병, 흰비단병, 흰날개무늬병, 설부병 · CPC계 : 목재의 부후방지 · 캡탄(captan)제 : 종자소독, 잿빛곰팡이병, 모잘록병

출처 : 조경기사·산업기사(2013), 이승원, 성안당, p.6–68.

• 항생제

– 미생물의 대사생산물을 주성분으로 한다.

구분	종류 및 특성
항생제	· 사이클로헥시마이드 : 잣나무 털녹병 치료 · 테트라사이클린 : 오동나무, 대추나무 빗자루병 등 파이토플라스마에 의한 수목병

출처 : 조경기사·산업기사(2013), 이승원, 성안당, p.6-69.

3) 해충관리

① 곤충의 형태

• 머리, 가슴, 배로 구성되어 있다.

• 가슴이나 배에는 기문(구멍)이 있는데 기문을 통해 호흡을 하고, 해충 방제시 약제가 체내에 침입하여 죽게 한다.

② 곤충의 변태

• 알에서 부화한 유충이 성충과 비슷한 것도 있지만 형태가 다르며, 이것이 여러 차례 탈피하여 성충으로 변하는 현상을 말한다.

종류	특성
완전변태 (complete metamorphosis)	· 알 → 애벌레 → 번데기 → 성충으로의 4기(期)가 뚜렷이 다르게 구별되는 경우를 말한다. · 나비, 딱정벌레, 벌, 파리 등이 해당
불완전변태 (incomplete metamorphosis)	· 곤충이 알에서 부화해서 번데기가 되지 않고, 유충이 성충으로 변태하는 것 · 알 → 애벌레 → 성충으로의 3기(期)만을 구분할 수 있다. · 메뚜기, 흰개미, 반날개과의 곤충 등이 해당
과변태 (hypermetaboly)	· 곤충의 완전변태 중에서 다시 유충기의 초기와 후기에 체제의 변화가 일어나는 것을 말한다. · 기생성의 벌류와 부채벌레류 등에서 독립적으로 나타난다.

③ 해충의 분류

㉮ 분류학적 구분

• 나비목

– 나비와 나방류가 이에 속한다.

- 해충 중 가장 많은 종류가 포함되는 군(群)으로 대부분이 식엽성 해충이나 구과를 가해하는 잎말이나방과 명나방류, 수간의 형성층을 가해하는 박쥐나방과 유리나방 등 가해양식도 다양하다.
- 대표적인 식엽성 해충으로는 솔나방, 미국흰불나방, 짚시나방, 텐트나방 등이 있다.
- 구과해충으로는 백송애기잎말이나방, 솔알락명나방 등이 있다.

• 딱정벌레목
- 곤충의 여러 목 중에서 전세계적으로 가장 많은 종류가 기록되어 있다.
- 피해도 가장 심한 군으로 알려져 있다.
- 해충의 종류로는 식엽성 해충인 잎벌레와 풍뎅이류, 천공성 해충인 나무좀과 바구미, 하늘소류로 대별할 수 있다.
- 주요해충은 오리나무잎벌레, 소나무좀, 밤바구미, 소나무노랑점바구미, 포플러하늘소 등이 있다.

• 파리목
- 식엽성 해충인 굴파리류와 충영을 형성하는 혹파리류가 이에 속한다.
- 세계적으로 크게 문제가 되는 해충은 없으나, 우리나라의 경우 산림의 가장 중요한 해충으로 인식되고 있는 솔잎혹파리가 이에 속한다.

• 벌목
- 이 목에 속하는 해충으로는 잣나무넓적잎벌, 솔노랑잎벌, 솔잎벌 등 식엽성 해충인 잎벌류가 대표적이다.
- 기타 밤나무 눈에 충영을 만드는 밤나무혹벌이 있다.

• 매미목
- 흡수성(흡즙성) 해충인 진딧물류와 깍지벌레류로 대별되며 해충의 종류와 가해수종이 다양한 주요 해충군에 속한다.

• 응애류
- 분류학적으로는 곤충강에 속하지 않고 거미강 응애목에 속한다.
- 일반적으로 해충으로 취급하고 있으며, 잎응애류와 혹응애류로 대별된다.

강명	목명	분류	가해습성
곤충강	나비목	나방류	식엽성, 천공성
	노린재목	방패벌레류	흡즙성
	딱정벌레목	나무좀류, 하늘소류	천공성
		잎벌레류, 풍뎅이류	식엽성
		바구미류	식엽성, 천공성
	매미목	깍지벌레류, 꽃매미류, 진딧물류, 선녀벌레류	흡즙성
	벌목	잎벌류	식엽성
	벌목	혹벌류	충영형성
	파리목	혹파리류	충영형성
거미강	응애목	응애류	흡즙성, 충영형성

출처 : 신조경관리학(2016), 한국조경학회, 문운당, p.219.

㉯ 생태학적 분류

• 돌발해충

– 주기적으로, 대규모로 발생하는 해충 또는 평상시 별로 문제가 되지 않던 종류들이 어떤 이유로 인해 해충의 밀도를 억제하고 있던 요인들이 제거되거나 약화되어 비정상적으로 대규모로 발생하는 경우로서 매미나방, 텐트나방 등이 속한다.

• 2차 해충

– 특정 해충의 방제로 인해 곤충상이 파괴되면서 새로운 해충이 주요 해충화하는 경우로서 응애, 진딧물, 깍지벌레 등 미소흡수성 해충이 대표적이다.

• 비경제해충

– 수목을 가해는 하나 그 피해가 경미하여 방제의 필요성이 없는 해충으로 생태계를 구성하는 수많은 곤충류의 대부분이 여기에 속한다.

㉰ 가해습성에 따른 분류

가해습성	주요 해충(조경수 중심)
흡즙성	· 응애, 진딧물, 깍지벌레, 방패벌레, 꽃매미, 선녀벌레
천공성	· 소나무좀, 박쥐나방, 하늘소, 복숭아유리나방, 노랑점바구미, 광릉긴나무좀
식엽성	· 흰불나방, 회양목명나방, 잎벌류, 매미나방, 풍뎅이류, 느티나무벼룩바구미
충영형성	· 솔잎혹파리, 진딧물류, 혹응애, 큰팽나무이, 밤나무순혹벌
종실	· 도토리거위벌레, 밤바구미

㉣ 주요 해충의 천적.

가해습성	해충	천적
흡즙성	응애	· 무당벌레, 풀잠자리, 거미
	진딧물	· 무당벌레, 풀잠자리, 꽃등애류, 기생벌
	깍지벌레	· 무당벌레, 풀잠자리
천공성	소나무좀	· 개미붙이, 줄침노린재
식엽성	흰불나방	· 긴등기생파리, 송충알벌, 검정명주딱정벌레, 나방살이납작맵시벌
	독나방	· 긴등기생파리, 독나방긴허리고치벌, 재가슴기생파리, 독나방고치벌 등
	버즐재주나방	· 조류(밀화부리, 찌르레기 등)
	솔나방	· 조류(뻐꾸기, 꾀꼬리, 두견) · 주둥이노린재, 흰줄박이맵시벌, 흰무늬침노린재, 송충살이고치벌 등
	어스랭이나방	· 가죽나방살이고치벌, 황다리납작맵시벌 흰발목벼룩좀벌, 황말벌, 잠아기생파리
	잣나무넓적잎벌레	· 송충알벌, 벼룩파리, 스미스개미
	집시나방	· 기생충(송충알벌, 벼룩좀벌, 흰발목좀벌, 독나방고치벌, 맵시벌, 좀벌) · 포식충(명주딱정벌레, 풀색딱정벌레, 참노린재)
	텐트나방	· 각종 포식성 벌, 맵시벌, 고치벌, 좀벌
충영형성	밤나무혹벌	· 꼬리좀벌, 노랑꼬리좀벌, 배잘록왕꼬리좀벌, 상수리좀벌, 큰다리남색좀벌
	솔잎혹파리	· 솔잎혹파리, 혹파리등뿔먹좀벌, 혹파리살이먹좀벌
묘포해충	땅강아지	· 두더지, 딱정벌래
	복숭아명나방	· 먹수염납작맵시벌, 가시은주둥이벌

출처 : 조경기사·산업기사(2013), 이승원, 성안당, p.6-71.

④ 해충의 방제 방법

㉮ 화학적 방제

- 화학적 약품인 살충제를 사용하여 해충을 방제하는 방법이다.
- 장점은 효과가 빠르며, 쉽게 구할 수 있고 저장이 용이하다.
- 단점은 저항성 해충이 출현할 수 있으며, 천적 및 유용동물에 악영향을 줄 수 있고, 생물농축 현상을 초래하며, 해충 밀도의 급속한 회복과 잔류물에 의한 환경오염을 일으킬 수 있다.

㉯ 생물학적 방제

- 다른 생물을 이용하여 해충군의 밀도를 억제하는 방법이다(천적을 이용).
- 천적의 조건

– 단일 해충만을 숙주로 하는 단식성일 것

– 숙주의 생활사와 일치할 것
– 수주의 암컷을 공격할 것
– 환경적응력이 강할 것
– 분산력이 강할 것
– 증식력이 강할 것
• 장점은 영구적으로 효과를 볼 수 있고, 해충의 밀도가 낮아도 효과를 얻을 수 있어 환경저항성이 증대될 수 있다.

㉰ 내충성 이용방제
• 해충에 대한 식물의 저항성 강화와 내충성 품종 등을 이용하는 방법이다.
• 내충성 강화
– 식물의 생육환경을 개선하여 식물을 건강하게 유지시켜 해충의 발생 및 피해에 대한 내성을 강화하는 방법이다.
– 가지치기 등을 통해 밀생한 가지와 잎을 제거하면 통풍 및 일조 조건이 향상되어 병해충의 발생이 감소한다.
• 내충성 품종 이용
– 식물의 내충성이란 해충에 대한 식물체의 저항능력을 말한다.
– 선호성 : 식물의 형태·색채·화학적 물질에 의해 해충이 기주를 선택하는데 차이를 주는 것
– 항성 : 해충의 생육속도나 생존율 및 생식력을 약화시키는 것
– 내성 : 해충에 의해 같은 정도의 피해를 받았을 때 식물의 활력 정도에 따라 피해 정도가 다른 것
• 장점은 다른 생물에 악영향을 끼치지 않는다.

㉱ 생태적 방제
• 환경조건을 개선함으로써 해충의 발생과 피해를 줄이는 방법이다.
• 예방적 성격이 강하므로 해충의 피해가 발생하면 다른 방법을 함께 이용한다.
• 식재조건 개선
– 식재환경에 따라 해충의 증식 및 활동 양상에 차이가 발생한다.
– 수종이나 수령이 다양하면 해충 발생을 줄일 수 있다.
• 적정밀도 조절

- 밀도가 높으면 피압목(被壓木)이나 수세가 쇠약한 나무가 발생하며, 이는 해충을 유인하게 된다.
- 적정밀도 유지, 생육공간 확보, 불량목 제거, 전정, 비배관리 등으로 환경조건을 개선시켜 해충 발생을 방지한다.

㉯ 불임법 및 유전학적 이용 방제

- 불임법은 방사선을 이용하여 불임화시킨 해충을 방사하여 건전한 해충과의 교미를 통한 생식력 무력화 방법이다.
- 유전학적 이용 방제는 생식에 불리한 유전인자를 가진 개체를 해충집단에 넣어 교잡하도록 하여 다음 세대에 불임을 유발시켜 해충의 밀도를 낮추는 방법이다.

㉯ 성 페르몬 이용 방제

- 성 페르몬을 이용하여 유인된 해충을 구제하는 방법이다.

㉳ 기계적 방제

- 기계나 기구류를 이용하여 방제하는 방법이다.

㉴ 법적 방제

- 국제 검역과 국내 검역법을 제정하고 수출입 시 검사, 처리함으로써 국제간의 전염을 예방하는 방법이다.

⑤ 해충밀도 분류

구분	내용
경제적 피해수준	· 경제적 피해가 나타나는 최저밀도로 해충에 의한 피해액과 방제비가 같은 수준의 밀도
경제적 피해허용수준	· 경제적 피해수준에 도달하는 것을 억제하기 위하여 직접 방제수단을 써야하는 밀도수준으로 경제적 가해수준보다는 낮으며 방제수단을 쓸 수 있는 시간적 여유가 있어야 한다.
일반평형밀도	· 일반적인 환경조건하에서의 평균밀도

출처 : 조경기사·산업기사(2016), 이운진, 한솔아카데미, p.1150.

⑥ 해충 조사방법

조사방법	내용
공중포충망	· 멸구류 등을 채집하기 위한 방법으로 포충망을 일정횟수 왕복하여 밀도를 추정
유아등	· 단파장의 빛에 이끌리는 습성을 이용한 채집법으로 빠른 시간내에 가장 효율적인 채집 방법
점착트랙	· 끈끈이를 바른 표면에 비행하던 곤충이 달라붙는 방법으로 색깔이나 페로몬 등의 냄새가 특정 곤충의 유인력을 증가시키는 효과가 있음
황색수반	· 곤충들을 특정 색깔, 형태, 번쩍거리는 빛, 움직이는 모양 등의 자극으로 유인 · 노란색을 칠해놓은 평범한 그릇에 물을 담아놓는 방법
털어잡기	· 천이나 접시, 판 등을 밑에 깔아놓고 작물을 흔들거나 막대기 등으로 가지를 쳐서 떨어진 곤충을 조사하는 방법
당밀유인법	· 개미나 벌 등이 꿀에 모이는 습성을 이용한 방법 · 주로 밤에 활동하는 나방류를 채집하는 경우에 이용

출처 : 조경기사·산업기사(2016), 이윤진, 한솔아카데미, p.1150.

⑦ 해충의 종류

㉮ 응애

• 특징

– 응애류는 분류학적으로 곤충강에 속하지 않고, 거미강 응애목에 속하며, 꽁무니에서 거미줄 같은 것을 내어 잎과 줄기에 친다.

– 잎응애류와 혹응애류로 대별되는데, 잎응애는 몸길이가 0.5mm 이하로 매우 작아 육안으로 잘 보이지 않는다.

– 1세대가 15~20일로 짧고, 연 5~10회까지 빠른 속도로 번식한다.

– 응애는 덥고, 건조하며 먼지가 많은 환경을 좋아한다.

• 피해수종

– 침엽수(전나무, 소나무 등)

– 활엽수(벚나무, 사과나무 등)

• 피해특징

– 나무의 즙액을 빨아 먹으며, 잎에 황색반점을 만들고, 잎 전체가 황갈색으로 변한다.

– 침엽수와 활엽수에 폭넓게 기생하며, 즙액을 빨아먹는다.

– 피해를 받으면 수관에서 불규칙하게 황화현상이 나타나고, 생장이 감퇴되며, 수세가 약해지고 피해가 심하면 고사한다.

– 육안으로는 잘 보이지 않기 때문에 응애 피해를 다른 병으로 잘못 진단하는 경우가 있다.

• 천적

– 무당벌레, 풀잠자리, 거미 등이 있다.

• 방제

– 응애의 천적들은 응애보다 농약에 더 약하고, 숫자가 적기 때문에 자연적 생태균형을 유지하기 어렵다.

– 응애는 약제에 대한 저항성이 금방 생기므로 같은 약을 계속해서 사용하지 않는 것이 좋다.

– 응애 방제약 : 디코폴 수화제(켈센), 아크리나스린 액상수화제(총채탄), 가보치 수화제, 펜프로·테트라디폰 유제(알파인), 벤조메 유제(씨트라존), 테트라디폰 유제(테디온), 디코폴 유제(켈센), 아미트 유제(마이캇트), 다노톤 유제, 알리포 유제, 아카루짓 유제 등이 사용된다.

㉯ 진딧물

• 특징

– 진딧물은 몸길이가 3mm 이내(왕진딧물은 5mm)로 작지만 육안으로 잘 보인다.

– 다양한 색깔을 하고 있으며, 표면에 솜이나 왁스물질을 분비하는 경우도 있다.

– 번식이 매우 빨라서 최대로 연 24회까지 번식하기도 한다.

• 피해수종

– 침엽수와 활엽수에 광범위하게 피해를 준다.

• 피해특징

– 침입수와 활엽수에 광범위하게 피해를 주고 번식이 빠르다.

– 월동 난에서 부화한 유충이 수목의 줄기 및 가지에 기생하며 잎이 마르고, 수세가 약해진다.

– 즙액을 빨아먹고, 감로를 생산해 개미와 벌이 모여들어 2차로 그음을병을 유발한다.

– 잎, 꽃, 가지, 뿌리 등 다양한 장소에 기생한다.

– 피해를 받은 수목은 2차로 그을음병 및 각종 바이러스병을 유발시킨다.

• 천적

– 무당벌레, 풀잠자리, 꽃등애류, 기생벌 등이 있다.

• 방제

– 진딧물의 천적들은 숫자가 적기 때문에 자연적 생태균형을 유지하기 어렵다.

– 개미가 진딧물을 보살피므로 개미를 박멸하는 것이 중요하다.

– 진딧물 방제약 : 메타 유제, 데메톤에스메틸 유제, 포리스 유제, 마라톤 유제, 펜토 유제, 벤즈 유제, 마미드 액제 등이 사용된다.

㉰ 깍지벌레

• 특징

– 깍지벌레는 몸길이가 2~8mm로서 콩꼬투리 모양의 보호깍지로 쌓여 있고, 왁스물질을 분비하기도 한다.

– 알에서 막 깨어난 약충은 기어 다니지만 첫 번째 탈피 후 다리가 없어지면서 한자리에서만 사는 정착충으로 된다.

– 종에 따라 연 1~3회 번식한다.

• 피해수종

– 침엽수와 활엽수의 대부분의 수목에 피해를 준다.

• 피해특징

– 조경수목들에게 많이 피해를 주며, 주로 가지에 붙어 즙액을 빨아먹어 가지의 생장이 저해되고 수세가 약해진다.

– 깍지벌레의 분비물 때문에 2차적으로 그을음병이나 고약병 등을 유발시킨다.

• 천적

– 무당벌레, 풀잠자리 등이 있다.

• 방제

– 활경이 왕성한 나무에 급속히 퍼지므로 질소비료의 시비를 삼가는 것이 좋다.

– 봄철 약제 방제시에는 알에서 부화한 직후 깍지를 만들기 전(5월 하순~7월 중순)에 약제를 살포하여야 효과가 좋다.

– 깍지벌레 방제약으로는 메치온 유제, 디메토 유제, 메카밤 유제, 포스팜 유제(수간주사) 등이 사용된다.

㉱ 방패벌레

• 특징

– 성충의 몸길이가 4mm 이내 되는 작은 곤충으로 위에서 내려다보면 방패모양처럼 생겨서 붙여진 이름이다.

• 피해수종

– 활엽수(진달래, 철쭉, 벚나무, 배나무, 황매화, 물푸레나무 등)에 피해를 준다.

• 피해특징

– 활엽수 잎의 뒷면에서 즙액을 빨아먹는데, 응애 피해와 비슷하게 작은 주근깨 같은 반점이

무수히 생기고 잎이 황백색으로 탈색된다.
- 연 2회에서 5회까지 종에 따라 다르게 피해를 주며, 버즘나무, 물푸레나무에는 연 2회 가해한다.
- 잎 뒷면에 검은 벌레똥과 탈피각이 붙어 있어 쉽게 구별할 수 있다.
• 방제
- 약충이 발생하기 전(5월경)에 다수진 입제를 토양에 처리한다.
- 방패벌레 방제약 : 메프 유제, 파프 유제, 나크 수화제 등이 사용된다.

㉮ 복숭아유리나방
• 특징
- 유충은 23mm 내외의 연한 갈색이며, 성충은 15mm 정도로 별처럼 생겼다.
• 피해수종
- 복숭아나무, 벚나무, 자두나무, 사과나무, 배나무, 매실나무 등에 피해를 준다.
• 피해특징
- 줄기나 가지의 수피 밑부분을 유충이 가해한다.
- 수지 및 톱밥이 수피에 부착되어 미관은 저해한다.
- 수세가 약해지고 심하면 고사한다.
- 1년에 1회 발생하며, 유충으로 월동하고 4~7월에 유충의 활동이 활발하다.
• 방제
- 복숭아유리나방 방제약 : 피니트로티온(스미치온, 메프치온) 등을 8월에 수관살포 한다.

㉯ 노랑쐐기나방
• 특징
- 유충은 25mm 내외의 황곡색이며, 등에 담갈색의 넓은 무의가 있다.
• 피해수종
- 벚나무, 사과나무, 감나무, 매실나무, 대추나무, 단풍나무, 참나무류 등에 피해를 준다.
• 피해특징
- 식엽성 해충으로 잎을 식해하며, 유충 시기에 군서하며 성숙 후에는 분산한다.
- 1년에 2회 발생하며, 유충으로 월동하고 6월에 우화한다.
• 방제
- 노랑쐐기나방의 방제약으로는 클로르피리포스(더스반) 등을 피해 발생시 수관살포 한다.

㉳ 극동등애잎벌

• 특징

– 유충은 25mm 내외이며, 황록색으로 몸 전체에 검은 반점이 있다.

– 약제에 약한 해충이다.

• 피해수종

– 영산홍, 산철쭉, 진달래, 장미 등에 피해를 준다.

• 피해특징

– 5~9월 유충이 10여 마리씩 군서하며 잎을 식해한다.

– 개화를 불량하게 한다.

– 1년에 3~4회 발생한다.

– 땅속에서 유충으로 월동하며, 4월에 번데기로 있다가 5월에 우화한다.

• 방제

– 극동등애잎벌 방제약 : 페니트로티온(스미치온), 아세페이트(오트란, 아시트, 골게터)등을 6월 상순에 살포한다.

㉴ 회양목명나방

• 특징

– 유충은 35mm 내외이며 황록색이다.

• 피해수종

– 회양목에 피해를 준다.

• 피해특징

– 유충이 잎을 식해 한다.

– 1년에 2회 발생하며, 번데기로 월동하고, 4월부터 유충이 출현하며 6~8월에는 성충이 출현한다.

• 방제

– 회양목명나방 방제약 : 디플루벤주론(애버린), 플루페녹수론(카스케이트, 아롱이), 트리클로르폰(디프), 페니트로티온(스미치온) 등을 4~5월에 수관살포 한다.

㉵ 매미나방

• 특징

– 노숙유충은 흑자색으로 크기는 60mm 내외이며, 암컷 성충은 회백색으로 크기는

20~30mm이고 수컷 성충은 암컷보다 작다.

• 피해수목

– 매실나무, 감나무, 벚나무, 자작나무, 단풍나무, 배롱나무, 포플러, 소나무 등에 피해를 준다.

• 피해특징

– 잡식성 해충으로 유충이 잎을 가해한다.

– 1년에 1회 발생한다.

– 난괴상태로 월동하며, 4월 중순에 부화하고, 6~7월에 번데기로 변한다.

• 방제

– 매미나방 방제약 : 디플루벤주론(디밀린), 카바릴(세빈, 나크), 페니트로티온(스미치온) 등을 5월에 수관살포 한다.

㉵ 독나방

• 특징

– 노숙유충은 황색에 크기는 35mm 내외로 몸에 많은 돌기와 털이 있고, 검은색 반점이 있다.

• 피해수종

– 참나무류, 벚나무, 배롱나무, 대추나무, 매실나무, 감나무, 진달래, 철쭉류 등에 피해를 준다.

• 피해특징

– 유충이 군서하며 잎을 가해한다.

– 털에 독이 있다.

– 1년에 1회 발생하며, 유충으로 월동하고 4~5월에 활동을 시작한다.

• 방제

– 독나방 방제약 : 트리클로르폰(디프) 등을 4~5월에 수관살포 한다.

㉶ 소나무좀

• 특징

– 성충의 몸길이가 5mm 이하로 작은 곤충이며, 소나무의 3대 해충 중의 하나이다.

– 소나무좀은 소나무, 곰솔, 잣나무 등 소나무류에 기생한다.

– 수세가 약한 나무 또는 벌채한 나무에 많이 기생한다.

• 피해수종

– 소나무류(소나무, 곰솔, 잣나무 등)에 피해를 준다.

• 피해특징

– 연 1회 발생하지만 봄과 여름 2번에 걸쳐 가해한다.

– 소나무좀은 성충으로 월동하며, 봄에 쇠약목의 수피에 구멍을 뚫고 들어가 산란한다.

– 부화된 유충은 내수피를 파먹으면서 자라며, 이때 1차 피해를 준다.

– 성충으로 자란 후 여름동안 신초를 가해하여 2차적 피해를 준다.

• 천적

– 개미붙이, 줄침노린재 등이 있다.

• 방제

– 수세가 약한 나무를 주로 가해하기 때문에 수세를 강화시키는 것이 좋은 예방법이다.

– 수세가 쇠약한 나무는 미리 제거하고 벌근은 5월 이전에 수피를 벗겨 번식처를 없앤다.

– 1~2월중에 벌채된 소나무 원목을 1m 가량 잘라 2월말에 임내에 세워 유인산란을 시킨 후 5월중에 껍질을 벗겨 유충을 구제한다.

– 소나무좀 방제약 : 메프 유제, 다수진 유제 등이 사용된다.

㉪ 솔나방

• 특징

– 송충이와 애벌레가 솔잎을 갉아 먹으며, 가을에 잠복소를 설치하여 예방한다.

– 성충은 3~4mm 정도의 회색 또는 흑갈색이며 체색 변이가 많다.

– 어린 유충은 회황색에 불규칙한 무늬가 있다.

• 피해수종

– 소나무, 곰솔, 리기다소나무, 잣나무, 낙엽송 등에 피해를 준다.

• 피해특징

– 유충이 솔잎을 식해하여 가지만 남게 되며, 수세가 약해지고 피해가 지속되면 고사한다.

– 1년에 1회 발생하며, 유충으로 월동한다.

– 7~8월에 우화하고 수명은 9일 정도이며 솔잎에 산란한다.

• 방제

– 솔나방 방제약 : 페니트로티온(스미치온), 트리므론, 펜토에이트(파프, 엘산), 디플루벤주론(디말린) 등을 4~6월에 살포한다.

– 10월경에 잠복소를 설치 한 후 이른 봄에 제거하여 소각한다.

㉰ 하늘소

• 특징

– 하늘소는 성충의 몸길이가 15mm(향나무하늘소, 측백하늘소)에서 110mm(장수하늘소)까지 다양하다.

– 피해목에서 월동하며, 성충은 봄에 탈출하여 수세가 약한 나무뿐만 아니라 건전한 나무의 수피 밑에 산란한다.

– 측백하늘소(향나무하늘소)는 다른 하늘소와 달리 똥을 밖으로 배출하지 않기 때문에 발견하기 어렵다.

– 측백하늘소(향나무하늘소)는 연 1회 발생하며, 성충으로 피해목에 월동한다. 월동한 성충은 3~4월에 탈출하여 수피 속에 산란한다.

– 미끈이하늘소(참나무하늘소)는 2년에 1회 발생하며, 성충은 7~8월에 출현하여 수피 속에 산란한다.

– 안락하늘소 성충은 6~7월에 우화하며, 가해부위에서 탈출한 다음 수관으로 올라가 피해를 입힌다.

– 장수하늘소 성충은 6~7월에 나타나며, 수피에 구멍을 뚫고 산란, 유충이 목질부를 가해한다.

– 솔수염하늘소 성충은 20~30mm 정도의 황갈색에 얼룩무늬가 있으며, 성충은 재선충의 매개충으로 소나무를 감염시켜 고사시키며, 수피를 가해한다.

– 솔수염하늘소는 1년에 1회 발생하며, 유충으로 월동하고 5~7월에 우화한다.

• 피해수목

– 침엽수(소나무류, 측백나무, 향나무 등)과 활엽수(뽕나무, 버드나무, 밤나무, 물푸레나무 등)에 피해를 준다.

• 피해특징

– 피해가 가장 큰 향나무하늘소(측백하늘소)는 향나무류, 측백나무류, 편백, 삼나무 등에 피해를 준다.

– 안락하늘소는 단풍나무, 버즘나무, 튤립나무, 벚나무 외에 많은 활엽수를 가해한다.

• 방제

– 피해 받은 나무나 가지는 10~2월에 벌채하여 소각한다.

– 하늘소 방제약 : 메프 유제, 다수진 유제 등이 사용된다.

㉸ 흰불나방

• 특징

– 겨울철에 번데기 상태로 월동하고, 성충의 수명은 3~4일 정도다.

– 가로수와 정원수에 피해가 심하며 버즘나무, 포플러 등의 잎을 식해한다.

– 성충은 몸이 흰색이며, 야간에 불빛에 잘 모여서 붙여진 이름이다.

– 북미원산으로 유충은 잎을 가해하는데, 실을 토하여 잎을 싸고 그 속에서 군식하며, 엽육(葉肉)을 먹는다.

– 몇 개의 잎 또는 작은 가지를 거미줄 같은 것으로 감아 놓기 때문에 발견이 쉽다.

– 연 2회 발생하며, 수피 사이, 판자 틈, 지피물 밑, 잡초뿌리 근처 등에서 고치를 짓고 그 속에서 번데기로 월동한다.

– 1화기 유충은 5월 중순~6월 상순에, 2화기 유충은 7월 하순~8월 중순에 우화하여 산란하고, 약 7일 후 유충이 부화하기 시작하여 약 1~2개월간 가해한다.

– 1화기보다는 2화기에 피해가 심하다.

• 피해수목

– 활엽수(포플러, 버즘나무, 벚나무, 단풍나무 등)와 초본류에 피해를 준다.

• 피해특징

– 유충 한 마리가 100~150㎠의 잎을 섭식한다.

– 산림에서의 피해는 경미하나 도시 주변의 가로수나 정원수에 특히 피해가 심하다.

– 특히 포플러, 버즘나무, 벚나무, 단풍나무 등에 피해가 크다.

• 천적

– 긴등기생파리, 송충알벌, 검정명주딱정벌레, 나방살이납작맵시벌 등이 있다.

• 방제

– 8월 중순 피해목 수간에 잠복소를 설치하여 유인 살포한다.

– 1화기 유충은 6월 하순까지 집단생활을 하므로 흩어지기 전에 벌레집을 제거한다.

– 흰불나방 방제약 : 디프 수화제, 트리므론 수화제, 메프 수화제, 파프 수화제, 주론 수화제 등이 사용된다.

㉻ 솔잎혹파리

• 특징

– 성충의 몸길이가 2.5mm 이내의 아주 작은 파리이다.

– 소나무와 곰솔 등과 같은 2엽송에서 잎의 기부에 혹을 형성(연 1회 발생)하는 충영형성 해충이다.
– 유충은 솔잎 기부에서 수액을 빨아먹으면서 벌레혹(충영)을 형성하고 있다가 9~12월에 벌레혹에서 탈출하여 낙하(특히 비오는 날)하여 지피물 밑 또는 흙속으로 들어가 월동한다.
– 5월경 고치를 짓고 번데기로 되었다가 5월 중순~7월 중순에 날개가 달린 성충으로 우화한다.
– 우화최성기는 6월 상순이며, 성충은 1회 발생한다.
– 성충의 생존기간은 1~2개월이고, 대부분 우화 당일 산란하고 죽지만 알은 5~6일 후 부화하여 유충이 된다.
– 알에서 부화된 유충은 솔잎 기부로 내려가 수액을 빨아먹으면서 벌레혹(충영)을 형성한다.

• 피해수종

– 침엽수(소나무, 곰솔 등)에 피해를 준다.

• 피해특징

– 솔잎 속에 유충이 파고 들어가 솔잎 기부에 벌레혹(충영)을 만들고 수액을 빨아먹어 잎이 더 이상 자라지 못하고 다음해에 갈색낙엽으로 떨어지게 만든다.
– 5년 정도 연속피해를 받으면 피해목의 약 30% 가량이 죽는다.

• 천적

– 산솔새가 유충을 잡아먹으며, 천적으로는 먹좀벌(솔잎혹파리좀벌, 혹파리등뿔먹좀벌, 혹파리살이먹좀벌)이 있다.

• 방제

– 충체(蟲體)가 외부로 노출되어 있는 기간이 극히 제한되어 있어 일반 약제 살포로는 구제가 어려운 해충이다.
– 생물학적 방법으로 천적을 증식하여 살포한다.
– 간벌(間伐), 불량치수(不良稚樹) 및 하층식생(下層植生)을 제거하여 임내를 건조시킴으로서 솔잎혹파리 번식에 불리한 환경을 조성한다.
– 유충이 9월 하순~다음해 1월(최성기 11월 중순)에 벌레혹(충영)에서 탈출하여 월동을 위해 낙하기 때문에 9월 이전에 피해목을 벌목하여 태워 구제한다.
– 지면약제 살포는 월동유충기를 대상으로 유충낙하기인 11월 하순~12월 상순에 다수진 입제, 에토프 입제를 지면에 살포한다.
– 근부(根部)처리는 4월 하순~5월 하순에 침투성 약제인 테믹 입제나 카보푸란 입제를 근부에 처리한다. 테믹 입제는 토양을 오염시키므로 유의한다.
– 지면·수관살포는 5~6월 성충의 우화시기에 살충제인 메프 수화제(스미치온)를 1주일 간격

으로 지면과 수관에 살포한다.
- 수간주사는 유충가해기인 6~7월에 침투성 살충제인 다이지진(다이아톤) 유제, 다이메크론 유제, 오메톤 유제, 포스팜 액제 등을 수간주사 한다.

㉻ 밤나무혹벌
- 특징
- 성충의 몸길이가 3mm 내외로 광택이 있는 흑갈색이다.
- 유충은 유백색으로 체장은 2.5mm 정도이다.
- 연 1회 발생하며 눈(芽)의 조직 내에서 유충으로 월동한다.
- 피해수종
- 밤나무
- 피해특징
- 유충이 밤나무 눈에 기생하여 충영을 형성, 새순이 자라지 못하게 하여 결실을 저해한다.
- 밤나무 눈에 기생하면 직경 10~15mm의 벌레혹(충영)이 형성되므로 기생부위에 작은 잎이 총생(叢生)하며 신초가 자라지 못하고 개화, 결실이 되지 않는다.
- 천적
- 꼬리좀벌, 노랑꼬리좀벌, 배잘룩왕꼬리좀벌, 상수리좀벌, 큰다리남색좀벌 등이 있다.
- 방제
- 성충이 탈출하지 전에 벌레혹을 제거하여 소각한다.
- 내충성 품종으로 품종을 갱신하도록 한다.

㉻ 광릉긴나무좀
- 특징
- 성충은 암갈색으로 크기는 4~5mm 내외이며, 암컷 성충의 가슴등판에는 곰팡이를 가지고 있는 균낭이 5~11개 정도 있다.
- 피해수종
- 참나무류, 서어나무 등에 피해를 준다.
- 피해특징
- 참나무시들음병의 매개충으로 수목의 목질부에 구멍을 뚫어 피해를 준다.
- 구멍에 유충의 먹이가 되는 암브로시아균을 감염시킨다.

– 균의 증식으로 수분 이동이 차단되어 고사한다.
– 1년에 1회 발생하며 유충 또는 성충으로 월동하고 성충은 5~10월에 출현한다.
• 방제
– 피해가 심한 나무는 벌채 후 메타소디움 훈증제를 처리한다.
– 페니트로티온(메프치온)을 6월에 수관살포 한다.

㉻ 꽃매미
• 특징
– 성충 출현 시기는 7월 중순~11월 상순이며 산란수는 400~500(30개/난괴)개이다.
• 피해수종
– 포도나무 열매와 가죽나무를 해치는 해충이다.
• 피해특징
– 흡즙하여 고사시킨다.
– 감로를 배출해 그을음병을 유발시킨다.
– 1년에 1회 발생하며 알로 월동하고 탈피회수는 4회이며, 약충기간은 5월 하순에서 7월 중순이다.
• 방제
– 부화 초기에 델타메트린 유제(1%), 클로티아니딘 액상수화제(8%), 피니트로티온 유제(50%)를 살포한다.
– 어린 약충기(5월)에 이미다클로프리드 분산성액제(20%)를 사용하여 나무의 수간에 주사를 놓는다.

㉻ 솔껍질깍지벌레
• 특징
– 성충은 4월 상순에서 5월 중순에서 나타나 흰솜덩어리 속에 무더기로 산란한다.
– 부화약충은 5월 상순에서 6월 초순경 나타난다.
• 피해수종
– 소나무류에 피해를 준다.
• 피해특징
– 피해엽은 3월에서 5월경 갈색으로 변하고 가지가 고사된다.
– 피해가 진전되면 고사한다.
– 1년에 1회 발생하며 잎의 기부, 수피 틈 사이에서 약충태 월동한다.

• 방제

– 이미다클로프리드 수화제(8%) 2,000배액을 3월에 10일 간격으로 2~3회 줄기와 가지의 수피가 충분히 적셔지도록 살포한다.

– 침투성약제 나무주사는 12월에 티아메톡삼 분산성액제 또는 포스마이돈 액제 원액을 주입한다.

㉻ 느티나무벼룩바구미

• 특징

– 5월 하순에서 6월 상순에 대나무로 이주한다.

– 10월 중순에서 하순에 다시 느티나무로 이동한다.

• 피해수종

– 느티나무에 피해를 준다.

• 피해특징

– 벌레혹을 형성하여 수액을 흡즙하여 가해한다.

– 수피 틈에서 알로 월동한다.

– 4월 중순에 부화하며, 잎 뒷면에 기생한다.

• 방제

– 약충 발생초기인 4월 상순에서 중순에 이미다클로프리드 액상 수화제(8%) 2000배액을 살포한다.

– 비펜트린 유제 1000배액 10일 간격으로 2회 살포한다.

㉻ 소나무재선충

• 관련수종

– 소나무, 곰솔, 잣나무, 스트로브잣나무, 섬잣나무, 전나무, 낙엽송 등에 피해를 준다.

• 병징 및 표징의 특징

– 공생관계에 있는 솔수염하늘소의 몸에 기생하다가 솔수염하늘소의 성충이 소나무의 잎을 갉아 먹을 때 나무에 침입하는 재선충에 의해 소나무가 말라 죽는 병

– 재선충의 크기는 0.6~1mm이며, 실처럼 생긴 선충으로, 스스로 이동할 수 없어 매개충인 솔수염하늘소에 의해서만 이동이 가능

– 피매목은 통도조직이 손상되어 수분 및 양분 이동이 어려워져 초기에는 시들다가 고사한다.

• 방제

– 매개충의 확산 경로를 차단하기 위한 항공 및 지상 약제 살포

– 피해목은 조기 발견 후 제거하여 소각한다.
– 감염목은 외부 반출을 금지한다.
– 페니트로티온(스미치온), 티아클로프리드(칼립소), 아바멕틴(올스타, 로멕틴, 인덱스) 등을 수관살포하거나 수간주입 한다.

4) 농약

① 농약의 분류

㉮ 사용 목적 및 작용 특성에 따른 분류

구분	내용
살균제	· 병을 일으키는 곰팡이와 세균을 구제하기 위한 약제
살충제	· 해충을 구제하기 위한 약제
살비제	· 응애류를 선택적으로 살상시키는 약제 · 일반곤충에는 살충력이 없다.
살선충제	· 토양 및 식물에 기생하는 선충을 구제하는데 사용하는 약제
제초제	· 잡초의 방제를 위한 약제
식물생장조절제	· 식물의 생장을 촉진 또는 억제하기 위해 사용하는 약제
혼합제	· 사용 목적 및 특성에 따라 서로 다른 약제를 혼합하여 하나로 만든 약제
보조제	· 농약의 효력을 높이기 위해 사용하는 약제

출처 : 정원관리메뉴얼(2013), 권영휴 외, 푸른행복, p.193.

㉯ 주성분 조성에 따른 분류

구분	내용
유제(乳劑)	· 농약을 용제에 녹여 계면활성제를 가하여 제조한 것 · 조제가 편리하다. · 수화제보다 약효가 증진 · 유리병을 사용해야 한다.
수화제(水和劑)	· 물에 용해하지 않는 농약을 균일하게 희석하기 위해 화이트카본, 중량제 및 계면활성제와 혼합하여 제제로 만든 것
수용제(水溶劑)	· 수화제와 특성이 같다. · 농약주성분이 물에 대한 용해도가 높아 입상이나 정제를 만들어 사용하는 제제의 일종이다.
분제(粉劑)	· 중량제, 물리성 개량제, 분해 방지제 등과 함께 가루 형태로 만든 제제
입제(粒劑)	· 중량제, 점결제, 계면활성제를 혼합하여 입상으로 만든 약제

액제(液劑)	· 수용성의 액제상태의 약제로 가수분해의 우려가 없는 경우에 물에 녹여 계면활성제나 동결방지제를 첨가하여 제제
액상수화제(液狀水和劑)	· 수화제와 같은 약제로 물이나 용제에 잘 녹지 않는 것을 액상 형태로 제제하는 것
미립제(微粒劑)	· 살포시 입자의 비산을 방지하기 위해 개발된 제형으로 입도 범위는 75~200mesh
DL분제	· 100mesh 이하의 미립자가 멀리 날아가지 않게 중량제와 응집제를 첨가하여 개량한 분제
훈증제(燻蒸劑)	· 상온에서 쉽게 증발하여 그 가스가 병해충에 독작용을 하는 제형
정제(錠劑)	· 분제나 수화제와 같은 농약을 일정한 크기의 알약과 같이 만든 것
기타	· 연무제, 도포제, 훈연제, 캡슐제, 현탁제, 미탁제, 분산성액제, 입상수화제 등

② 농약의 사용방법

㉮ 농약 사용 시 주의사항

- 날씨 좋은 날에 살포하여야 빨리 고착된다. 비가 오거나 가뭄이 계속되는 경우는 약해가 나타나기 쉽고, 바람이 부는 날은 살포한 약제가 날아가기 쉬우므로 주의한다.
- 대부분의 농약은 다른 농약과 혼용하면 약해가 일어나거나 분해되어 효력이 없어질 수 있으므로 주의한다.
- 식물의 종류 및 품종, 생육상태, 기상 조건에 따라 약해가 발생할 수 있다.
- 같은 농약을 반복적으로 사용하면 해충에 저항성이 생겨 살충력이 저하된다.
- 천적과 방화 곤충이 활동하는 지역과 시기에는 농약 살포를 피하거나 주의해서 사용한다.

㉯ 농약의 조제법 중 살포제 희석법

- 배액 조제법

$$- \text{소요 농약량} = \frac{\text{단위면적당 사용량}}{\text{소요희석배수}}$$

- 퍼센트 조제법

$$- \text{희석에 쓸 물의 양} = \text{원액의 용량} \times \left(\frac{\text{원액의 농도}}{\text{희석할 농도}} - 1 \right) \times \text{원액의 비중}$$

- $$\text{ppm 조제법} = \frac{\text{추천농도}(ppm) \times \text{피처리물의 양}(kg) \times \text{비중}}{10{,}000{,}000} \times \frac{100}{\text{원액의 농도}}$$

㉰ 농약의 조제법 중 분제(粉劑)의 조제법

- 희석할 증량제의 중량 = 원분제의 중량 $\times \left(\frac{\text{원분제의 농도}}{\text{희석할 농도}} - 1 \right)$

㉱ 농약의 소요약량 계산식

- 소요약량 = $\frac{\text{총소요량}}{\text{희석배수}}$

근사미

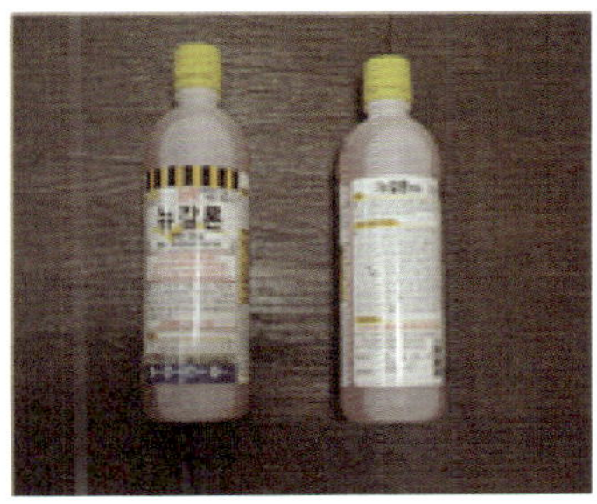

뉴갈론

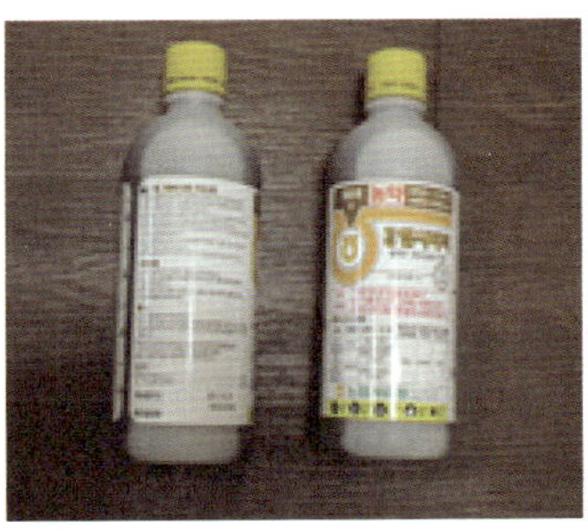

엠시피피

깍자바

아토닉

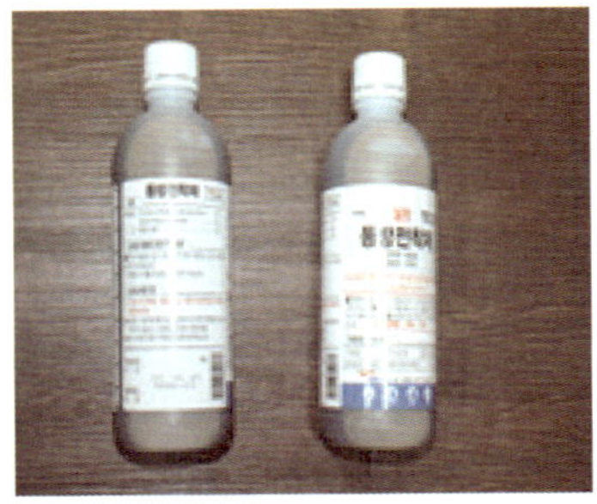

전착제

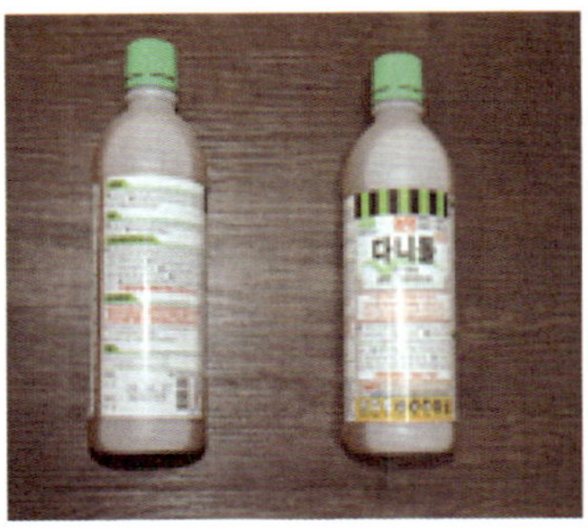

다니톨

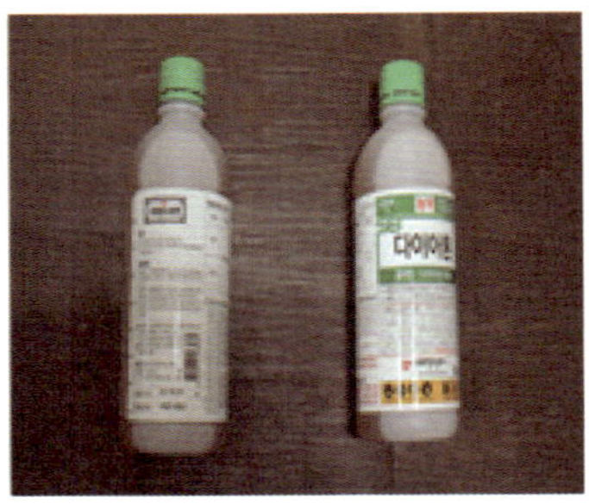

다이아톤

스미치온

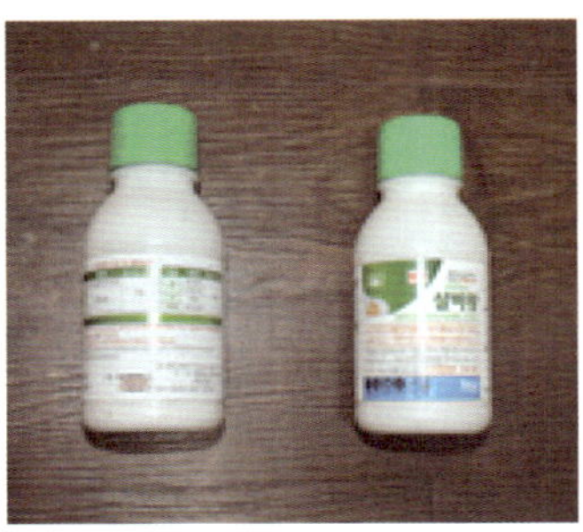

살비왕

다이센엠45

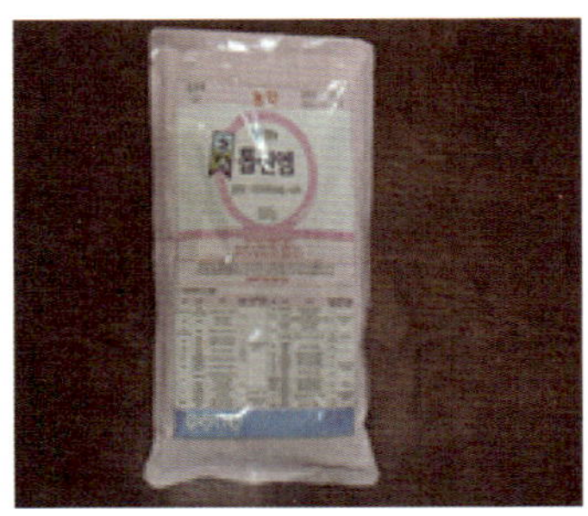

톱신엠

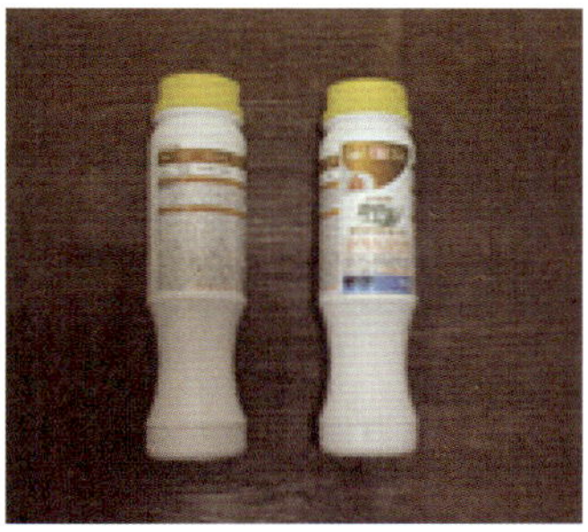

파란들

카운타

코니도

〈그림 30〉 조경수 병해충 예방 농약

3-7. 잔디관리

1) 잔디의 종류

구 분	난지형 잔디 (warm season turfgrass)	한지형 잔디 (cool season turfgrass)
주요 잔디 종류	· 한국잔디류(Zoysia grass) – 들잔디(Z. japonica) – 금잔디(Z. metrella) – 비로도잔디(Z. tenuifolia) – 갯잔디(Z. sinica) – 왕잔디(Z. macrostarchya) · 버뮤다그래스 – 커먼버뮤다그래스 – 개량버뮤다그래스 · 버팔로그래스 · 버하이아그래스 · 써니피드그래스 · 카펫그래스 · 씨소파스파름	• 블루그래스류 – 켄터키블루그래스 – 러프블루그래스 – 캐나다블루그래스 – 에뉴얼블루그래스 · 라이그래스류 – 퍼레니얼라이그래스 – 이탈리언라이그래스 · 페스큐 광엽페스큐 – 톨페스큐 – 개량종 터프타입 톨페스큐 세엽페스큐 – 크리핑레드페스큐 – 추잉페스큐 – 쉽페스큐 – 하드페스큐 · 벤트그래스 – 크리핑벤트그래스 – 코로니얼벤트그래스 – 벨벳벤트그래스 – 레드탑

출처 : 조경적산 및 실무연습(2017), 정용조, 한국조경신문, p.166.

2) 잔디의 특징

구분	난지형 잔디 (warm season turfgrass)	한지형 잔디 (cool season turfgrass)
일반적 특징	· 생육 적온 : 25~30℃ · 뿌리생육에 적합한 토양온도 : 24~29℃ · 낮게 자람 · 낮은 잔디 깎기에 잘 견딤 · 조직이 치밀하여 내답압성 · 저온에 엽색이 황변하고 동사 위험이 있음 · 병해보다는 충해에 약함 · 내음성이 약함 · 포복경, 지하경이 매우 약함	· 생육적온 : 15~20℃ · 뿌리생육에 적합한 토양온도 : 10~18℃ · 녹색이 진하고 녹색기간이 김 · 25℃이상시 하고 현상이 발생 · 내예지성에 약함 · 뿌리길이가 얕음 · 내한성이 강함 · 내건조성이 약함 · 내답압성이 약함 · 종자로 주로 번식 · 충해보다 병해가 큰 문제점
분 포	· 온난, 습윤, 온난 아습윤 온난 반건조지 기후 · 전이지대(transition zone)	· 한랭습윤기후 · 전이지대(한지와 난지가 함께하는 지역) · 온대~아한대
국내 녹색기간 (중부지방기준)	· 5개월(5~9월)	· 9개월(3월 중순~12월 중순)
원산지	· 아프리카, 남미, 아시아 지역	· 대부분의 유럽지역

출처 : 조경적산 및 실무연습(2017), 정용조, 한국조경신문, p.165~166.

3) 잔디생육형에 따른 잔디종류 및 초종현황

분류요인	종류	내용	잔디초종
생육형	주형 잔디 (bunch-type, B)	줄기생장이 분얼경으로만 자라는 잔디	톨 페스큐, 피레니얼라이그래스 등
	포복형 잔디 (stoloriferous-type, S)	줄기생장이 분얼경과 포복경에 의해 자라는 잔디	크리핑베트그래스, 세인트어거스틴그래스 등
	지하경 잔디 (rhizomatous-type, R)	줄기생장이 분얼경과 지하경에 의해 자라는 잔디	캔터키블루그래스
	포복/지하경 잔디 (S/R-type)	줄기생장이 분얼경, 포복경과 지하경에 의해 자라는 잔디	한국잔디, 버뮤다그래스 등

출처 : 김경남(2006).

4) 토양·관수·시비관리

① 토양

- 토성

– 사질양토가 잔디재배에 가장 좋으나 보수력 및 보비력면에서는 점질양토나 양토 쪽이 유리하다.

- 공극률

– 잔디의 양호한 생장을 위하여 필요한 토양의 최적 공극률은 38% 정도이다.

- pH

– 잔디의 종류에 따라 차이가 날 수 있으나 일반적으로 pH는 6.0~7.0 사이로 유지시켜 주는 것이 좋다.

- 양이온교환용량(Cation Exchange Capacity, CEC)

– 토양의 양이온교환용량은 건조 토양 100g이 갖는 치환성 양이온의 함량을 mg당량으로 표시한 것이다.

– 식물영양에 필요한 다량원소 및 미량원소를 유지할 수 있는 능력(meq/100g)이다.

– 배수나 통기가 적당할 때에는 양이온교환용량이 높을수록 식물의 생육에 유리한 토양이다.

– 잔디의 생육에는 최소한 15~20meq/100g 정도의 양이온교환용량이 되도록 보정해주는 것이 좋다.

– 토양의 유기물 함유량이 1% 증가할 때마다 양이온교환용량은 약 2meq/100g 정도 증가하는 것으로 알려져 있다.

② 관수

- 잔디에 필요한 최소의 양을 관수하여 항상 잔디 잎 및 표토층을 마른 상태로 유지시켜 줌으로써 병충해의 발생기회를 줄이고, 뿌리를 깊게 분포시켜 가뭄에 대처하는 능력을 향상시킨다.
- 같은 양의 물이라도 빈도를 줄이고 심층관수를 하는 것이 바람직하다.
- 가뭄시에는 잔디가 말라서 잎이 부스러지기 쉽고 토양이 딱딱하다. 따라서 토양의 투수율이 떨어지고, 손상된 잔디의 회복에도 장시간이 소요되므로 적절하게 이용을 제한할 필요가 있다.
- 관수의 분포를 고르게 하는 것이 좋다.
- 토양에 따라 투수율의 차이가 있으므로 동일한 양의 관수를 하여도 토양으로의 흡수가 불

균일하게 될 수 있다.

- 투수가 늦어지는 지역에는 토양전착제 등을 사용하거나 통기작업 등을 통해 투수성을 개선시킬 필요가 있다.
- 관수시간은 되도록 오전 6~9시를 택하되 한여름 고온기에 잔디가 심하게 건조한 경우에는 오후 5~8시 사이에 관수하고, 잦은 관수보다는 1회 관수 시 3~5cm 정도 깊이까지 젖도록 충분히 주어야 한다.
- 관수의 빈도는 기상조건, 토양조건, 관리요구도 등을 고려하여 정한다(표 참조).

구분	기준	1월	2월	3월	4월	5월	6월	7월	8월	9월	10월	11월	12월	연간
난지형 잔디	3~5cm/회				1	2	2	4	1	2				8
한지형 잔디	3~5cm/회			2	4	6	4	1	1	4	6	2		30

출처 : 조경관리매뉴얼(2013), 권영휴 외, 푸른행복, p.235.

- 관수 후 잔디가 젖어 있는 시간이 10~12시간 이상 경과되면 병충해가 발생할 수 있는 충분한 시간을 제공하게 되는 결과를 가져오므로 관수 후 10시간 이내에 잔디의 수분이 마를 수 있도록 관수시간을 조절하는 것이 좋다.
- 관수량은 잔디가 수분을 소모하는 양을 기준으로 정하는 것이 원칙이나 일반적으로 1일 8mm 정도 소모하는 것으로 보고, 이 양의 80% 정도를 관수량으로 본다.
- 여름철 고온 건조할 때 잔디 표면에 소량의 물을 분무하는 방법을 이용하는데, 이를 시린지(syringe)라 부른다.
- 시린지(syringe)는 온도를 낮추어 주면서 증산량을 줄여주고, 위조를 막아주며, 이슬을 제거하는 데 목적이 있다.

③ 시비

- 시비시기는 지상부와 지하부의 생육이 활발한 시기에 실시하되, 난지형 잔디는 하절기에, 한지형 잔디는 봄과 가을철에 집중시킨다.
- 시비량은 질소, 인산, 칼리성분이 복합된 비료를 1회 m^2당 10g씩 살포 한다.
- 시비는 가능하면 제초작업 후 비오기 직전에 실시하며 불가능시 시비 후 관수한다.
- 비료는 잔디 전면에 골고루 살포하며 시비 후 지엽에 부착된 비료를 제거하여 비료 피해를 피한다.
- 발병시에는 시비를 피한다.

- 한지형 잔디의 경우 고온에서의 시비는 피해를 촉발시킬 수 있으므로 가능한 한 시비를 하지 않는 것이 원칙이며, 생육부진이 예상되는 등 시비가 반드시 필요한 경우라면 농도를 약하게 액비(液肥)로 시비한다.

5) 잔디 깎기

① 목적 및 효과

- 줄기·잎의 치밀도를 높이고, 줄기의 형성을 촉진한다.
- 잔디의 잎과 포복경의 수를 증가시켜 잔디의 밀도를 높인다.
- 잔디면을 고르게 하여 경관을 아름답게 하며, 밑부분의 잎이 말라 죽는 것을 방지한다.
- 잡초와 병충해의 발생을 줄인다.

② 깎는 높이(예고, 刈高)

- 예고(刈高)는 토양표면에서 잔디가 잘려지는 부분까지의 높이를 말한다.
- 깎기 작업 전에 미리 칼날을 예리하게 만들어 잔디가 찢기지 않고 깨끗하게 절단될 수 있도록 한다.
- 잔디의 종류에 따라 생장습성이 다르므로 깎는 높이도 달라진다.
- 포복경 잔디는 짧게 깎으며, 직립형 잔디는 높게 깎는다.
- 잔디의 생리적 조건, 잔디의 이용목적, 잔디의 생육습성 등을 고려하여 결정한다.

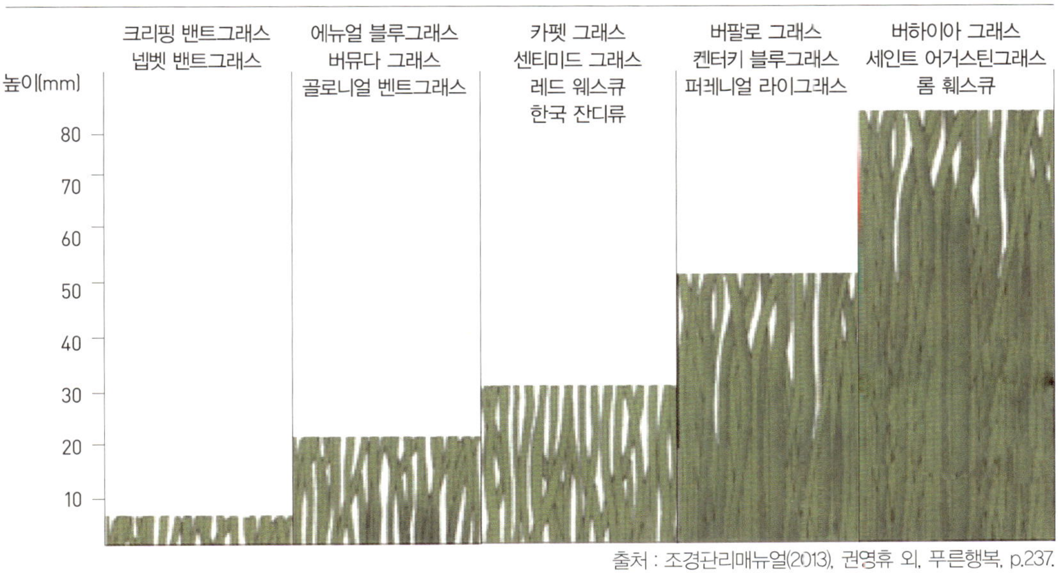

출처 : 조경관리매뉴얼(2013), 권영휴 외, 푸른행복, p.237.

〈그림 31〉 잔디종류별 깎는 높이

③ 깎는 시기

- 깎는 시기는 계절, 날씨, 잔디의 종류 및 생장률, 잔디의 사용 목적에 따라 다르다.
- 잔다가 왕성하게 자라는 시기에 조금씩 자주 깎아준다.
- 일반적으로 전체 높이의 30~40% 깎아서 원하는 높이를 유지할 수 있을 때가 좋다.
- 잔디가 젖었을 때와 이슬이 있는 이른 아침에는 깎지 않는다.

④ 횟수

- 잔디깎기의 횟수는 사용목적에 부합되도록 실시한다.
- 한국잔디류(들잔디 등 난지형 잔디)는 생육이 왕성한 6~8월에, 한지형 잔디는 5~6월과 9~10월경에 주로 깎아준다.
- 정원용 잔디일 경우 한국잔디류는 연 5회 이상, 한지형 잔디는 연 10회 이상 깎기를 표준으로 한다.
- 일반적으로 경기용 내의 잔디는 연 26~34회 정도 깎는 것이 적당하다.

⑤ 방법

- 잔디깎기 기계를 점검하고 잔디밭의 돌 등 잡물질을 제거한다.
- 잔디깎기 높이를 일정하게 유지하여 잔디의 높이에 단차가 생기지 않도록 한다.
- 골프장의 그린 또는 경기장의 잔디면 등을 깎을 때에는 깎는 방향을 교대로 바꾸어 줌으로써 잔디면에 계획된 다양한 문양이 나타날 수 있도록 유도한다.
- 키가 큰 잔디는 한 번에 깎지 말고 처음에는 높게 깎아주고 상태를 보아가면서 서서히 낮게 깎아준다.
- 잔디깎은 높이와 횟수는 규칙적으로 한다.
- 잔디깎는 기계는 여러 가지가 있으나 면적이 좁을 때에는 잔디깎기 가위나 수동식 예초기인 핸드모어(hand mower)를 사용하고, 운동장이나 공원 등 면적이 넓을 때에는 동력예초기인 로터리모어(rotary mower) 또는 엔진모어(engine mower)를 이용한다.

⑥ 잔디 깎기 시 주의사항

- 잔디를 깎기 전에 주변에 돌이나 나뭇가지 등 이물질을 제거하여 돌이 튕기거나 예초기 날이 부러지지 않도록 한다.
- 안전화, 장갑, 보호안경 등을 착용하고, 손과 발이 예초기 날 가까이 가지 않도록 한다.
- 사용 후에는 깨끗하게 건조시키고, 1년에 한 번 정도 정기 점검을 한다.

s⑦ **잔디깎기의 생리적 반응**

• 적절한 깎기

– 줄기·잎의 치밀도 증대, 줄기형성 촉진

– 미적·기능적 잔디면의 균일함 유지

– 엽폭의 감소 유도

– 지나친 북더기 잔디(thatch)의 축적 방지

– 단위면적당 엽록소 함량 증가

– 단위면적당 신초의 생장 증가

– 잡초 성장 억제 효과

• 과도한 깎기

– 탄수화물의 합성과 저장 저하

– 뿌리의 생장률과 총 생산량 감소

– 지하경의 생장 감소

〈그림 32〉 잔디깎기

6) 잔디의 갱신

① **의의**

• 갱신작업이란 잔디의 생육상태가 나빠졌을 때 그 잔디를 원래의 건전한 생태로 되돌리는 작업을 말한다.

② **갱신 시기**

- 한지형 잔디 : 초봄(3월) 또는 초가을(9월)
- 난지형 잔디 또는 한국잔디류 : 6월

③ 갱신작업을 피해야 하는 경우

- 기상여건이 고온·건조하여 잔디생육에 부적합할 때
- 병해·충해에 감염되었을 때
- 잡초의 발생이 왕성할 때
- 토양의 건조가 심할 때

④ 갱신방법

㉮ 코어링(coring)

- 단단해진 토양에 지름 0.5m, 깊이 2~5cm의 원통형으로 토양을 제거한 후 구멍을 허술하게 채워주는 작업이다.
- 물과 양분의 침투와 뿌리의 생육을 용이하게 해주기 위한 작업이다.

㉯ 슬라이싱(slicing)

- 칼로 토양을 배어주는 작업이다.
- 포복경, 지하경을 잘라줌으로써 잔디의 밀도를 높여주는 효과가 있다.

㉰ 스파이킹(spiking)

- 끝이 뾰족한 못과 같은 장비로 토양에 구멍을 내는 작업이다.
- 토양을 제거하지 않아 구멍의 하부가 부분적으로 고결(固結)될 수 있다. 그러나 상처가 비교적 적어 스트레스 기간에 이용하기도 한다.

㉱ 버티컬 모잉(vertical mowing)

- 토양의 표면까지 잔디만 잘라주어 태치(thatch)를 제거하고 밀도를 높여주는 작업이다.

㉲ 롤링(Rolling)

- 표면정리작업으로 균일하게 표면을 정리하여 부분적으로 습해와 건조의 해를 받지 않게 하는 목적 등 이용에 적합한 상태를 유지시켜 주는 작업이다.
- 종자 파종 후, 경기 중 떠오른 토양을 눌러 주는 것, 봄철에 들뜬 상태의 토양을 눌러줌으

로써 효과가 크다.

- 뗏장을 뜨는 기계를 사용하기 전에 이 작업을 하며, 토양이 잘 붙은 뗏장을 생산할 때도 다짐작업을 한다.

구분	갱신방법
잔디밭 표층(토양)의 통기성 갱신	· 코어링(coring), 슬라이싱(slicing), 스파이킹(spiking)
잔디 표면의 통기성 개선	· 레이킹(raking), 브러싱(brushing), 디태칭(dethaching)
태치(thatch) 제거	· 레이킹(raking), 디태칭(dethaching) · 버티커팅(verti-cutting)-버티컬 모잉(vertical mowing)
기타	· 배토 등에 의한 표토층 개량 · 석회 사용으로 토양산도 개선 · 용탈, 통풍 등 입지환경 개선

출처 : 조경기사·산업기사(2013), 이승원, 성안당, p.6-87.

6) 배토(培土)작업

① 의의

- 배토란 잔디의 포기 밑에 흙을 모아 북돋아주는 작업으로 잔디의 지하경이 새로 나와 잔디 지하경과 토양과의 분리현상이 일어나는 것을 막고 잔디면을 균일하고 평평하게 하기 위한 작업을 말한다.

② 목적

- 잔디의 요철부분을 평탄하게 함으로써 잔디의 질을 개량하고 잔디깎기를 용이하게 한다.
- 뗏밥은 태치(thatch)를 분해시켜 잔디뿌리가 원활하게 뻗을 수 있게 해준다.
- 잔디면의 높낮이를 조정하고, 잔디의 토양구조와 토질을 개량한다.
- 비료성분의 유실을 막고, 또한 비료 사용과 동시에 행하여지므로 잔디의 분얼과 생육을 촉진한다.
- 지하경과 토양의 분리를 막아 잔디질을 좋게 하고, 내한성을 증대시킨다.
- 추파시 배토를 통하여 한지형 잔디와 난지형 잔디의 교체식생을 가능하게 한다.
- 노화된 지하경을 배토 속에 묻고 새 지하경을 배토 위에 뻗게 함으로써 식생 교체를 가능하게 한다.

- 상토가 불량할 때 배토 사용으로 상토를 개량한다.

③ **배토의 조제**

- 배토는 원칙적으로 상토의 토양과 동일한 것을 사용한다.
- 배토는 세사 : 토양을 2s, 유기물(퇴비, 어박, 대두박)을 혼합하여 사용하는데 세사의 함량은 25~30% 정도가 되도록 하는 것이 좋고, 토양은 점토가 10~15% 정도 들어 있는 조사에 유기물이 함유되어 있는 것이 좋다.
- 배토사의 입자지름은 2mm 이하로, 최저 0.2mm 이상의 모래를 사용하여야 하며, 모든 배토는 5mm의 체로 쳐서 통과한 것을 사용하여야 한다.

④ **배토시기**

- 배토는 잔디의 생육이 왕성할 때 실시한다.
- 한지형 잔디는 봄·가을, 특히 가을에 생육이 왕성할 때 뗏밥을 준다.
- 난지형 잔디는 늦봄이나 초여름(5~6월)에 잔디의 생육이 왕성할 때 뗏밥을 준다.

⑤ **배토횟수**

- 태치(thatch)는 매년 지속적으로 축적되므로 적어도 연 1회 이상의 뗏밥주기를 실시한다.
- 뗏밥은 잔디의 생육이 왕성할 때 얇게 1~2회 정도 준다.
- 운동장이나 공원의 잔디밭 등과 같이 이용도가 높은 경우 연 2회 정도 뗏밥을 준다.

⑥ **배토량**

- 배토를 일시에 다량으로 사용하면 황화현상이 촉진될 뿐만 아니라 병해를 유발할 수 있다.
- 평떼와 줄떼로 영양번식을 한 경우는 다량 사용한다.
- 뗏밥의 두께는 2~4mm 정도로 주고, 다시 줄 때에는 15일이 지난 후에 주어야 하며, 봄철에 두껍게 한번에 주는 경우에는 5~10mm 정도로 준다.

7) 잔디의 잡초관리

① **일반사항**

- 잡초는 잔디와 빛, 수분, 양분, 생육공간 등을 경합하여 잔디의 생육을 저해하고, 잔디밭의 품질을 떨어뜨린다.

• 잡초를 제거하는 방법은 손이나 포크를 이용하여 뽑아내는 물리적 방법과 제초제를 이용하는 화학적 방법이 있다.

• 물리적 방법은 간단하지만 작업효율이 낮고, 화학적 방법은 비용과 시간을 절약할 수 있으나 약제에 의한 피해가 우려되며, 토양생태계에 영향을 줄 수 있으므로 주의해야 한다.

• 소규모 정원에서는 물리적 방법을 권하지만 필요 시 화학적 방법을 병행할 수 있다.

• 제초제를 이용할 때에는 제거하고자 하는 잡초가 일년생인지, 다년생인지, 화본과인지, 광엽잡초인지 등을 파악한 후 적합한 제초제를 선택하여 사용한다.

• 잔디에 발생하는 잡초

– 화본과 잡초 중 돌피, 뚝새풀 등은 봄에 발아하고, 바랭이, 강아지풀 등은 늦봄에서 여름에 걸쳐 발아한다.

– 포아풀류는 봄과 가을에 발아하는 한지형 잡초로서 바랭이와 더불어 큰 문제가 되고 있다.

– 광엽잡초 중 가장 문제가 되고 있는 것은 토끼풀(클로버, clover), 민들레, 쇠비름(돼지풀), 마디풀 등이 있으며, 특히 토끼풀은 지하부까지 전멸시켜야 하는 어려움이 있다.

구분	일년생잡초		다년성잡초	
	화본과	사초과, 광엽잡초	화본과	광엽잡초
봄잡초 (3~4월)	새포아풀, 돌피, 뚝새풀	방동사니, 명아주, 여뀌, 망초, 벌꽃, 주름잎		토기풀(클로버), 쑥, 민들레
여름잡초 (5~7월)	바랭이, 강아지풀	닭의장풀, 쇠비름깨풀, 중대가리풀, 애기땅빈대, 매듭풀	쥐꼬리새류	올챙이고랭이, 쇠뜨기, 질경이, 쑥부쟁이, 민들레

출처 : 정원관리매뉴얼(2013), 권영휴 외, 푸른행복, p.240.

② 제초방법

㉮ 물리적 방법

• 손, 포크를 이용하여 제거하기

– 잡초의 하부를 잡고 천천히 좌우로 흔들면서 당겨 뽑는다.

– 뿌리가 깊이 있는 잡초는 포크를 사용하여 뽑되, 뿌리가 남지 않도록 한다.

– 잡초 제거 후 구멍을 흙으로 다시 메우고, 훼손된 범위가 넓을 경우 잔디떼를 붙이거나 씨를 뿌린다.

㉯ 화학적 방법

• 소형분무기로 제초제 뿌리기

– 잡초가 많지 않을 경우, 특히 민들레처럼 로제트형일 경우나 토끼풀이 소규모로 퍼져 있을 경우에는 소형 분무기에 제초제를 담아서 잡초 위에 뿌린다.

• 가압식 분무기로 제초제 뿌리기

– 잔디밭 전체에 잡초가 많이 나 있는 경우에는 가압식 분무기로 잡초를 제거한다.

– 중복 살포가 되지 않도록 시간이 지나면 없어지는 색소를 섞어 사용하거나 말뚝과 줄을 이용하여 살포한 부분을 구획한다.

• 동력 분무기로 제초제 뿌리기

– 잔디밭의 규모가 클 경우 동력 분무기로 제초제를 살포하는 것이 효율적이다.

– 균일하게 살포하기 위하여 1회에 살포하지 않고 살포 방향을 교차하면서 여러 번에 걸쳐 나누어 살포한다.

③ 잡초 방제대책

㉮ 예방적 방법

• 잔디 생육에 가장 적합한 조건을 만들어 잡초에 대한 경쟁력을 강화시킨다.

㉯ 물리적 방법

• 잡초를 인력으로 제거한다.

㉰ 화학적 방법

• 제초제를 사용하여 방제한다.

제초제 종류	제초제명
발아전 제초제	· 시마진(시마네 수화제), 데브리놀(파미드 유제), 벤설라이드 유제(론파), 바이스업제(모다운) 등
광엽 제초제	· 디캄바 액제, 2,4D, 메코프로프액제(MCPP) 등
비선택적 제초제	· 근사미(글라신 액제), 피라코액제(그라목손) 등

8) 잔디의 병충해 관리

- 잔디의 병은 습한 환경조건에서 주로 곰팡이에 의해 발생한다.
- 잔디의 질병을 예방·치료하는 방법에는 재배적 방법과 화학적 방법이 있다.
- 잔디가 건강하게 자랄 수 있도록 적합한 환경을 제공하는 것이 가장 좋은 방제법이며, 화학적 방제법은 2차적인 방법이 되어야 한다.

① 잔디의 병해

〈그림 33〉 잔디제초(물리적 방법)

㉮ 라지패치(Large Patch)

- 발생잔디 : 한국잔디류 잔디
- 발생환경·원인

– 15℃ 전후(고온성병)의 기온에서 발생한다.

– 잦은 강우, 과습, 배수불량시 발생한다.

– 난지형 잔디에 잘 생긴다.

– 질소비료를 많이 사용할 때 발생한다.

- 특징

– 봄, 가을에 발생한다.

– 저온 다습한 환경에서 발병이 조장된다.

– 지하수가 나오거나 배수로 부근 물이 정체되는 장소에 많이 발생한다.

- 발병시기 및 병징

– 4~6월, 8~10월(봄, 가을 저온기의 강우시)에 발생한다.

– 발병 초기에는 붉은 갈색의 원형 병반을 형성하다 점차 잔디잎이 볏짚색으로 변한다.

- 방제법

– 연 1회 잔디 갱신 작업을 실시하여 통기성과 배수성이 좋도록 한다.

– 태치(thatch) 누적을 방지한다.

– 질소, 인산, 칼륨의 균형을 맞추어 시비한다.

– 잔디에 기계적 손상을 방지한다.

– 4월 이전에 규산질 비료를 1회 시용한다.

- 방제용 약제

– 메로닐·프로피코나졸 수화제, 이프로치람 수화제(로브티), 카프로 수화제(로브동), 지오판 수

화제(보람), 치람 수화제, 헥사코나졸 액상 수화제 등

㉯ 브라운패치(Brown Patch)

- 발생잔디 : 대부분의 잔디
- 발생환경·원인
  - 20~30℃ 정도의 기온에서 많이 발생한다.
  - 과습(야간 살수시), 태치(thatch) 축적시 발생한다.
  - 질소비료를 많이 사용했을 때 발생한다.
- 특징
  - 6~7월 또는 8~9월에 많이 발생한다.
  - 직경 30~50cm 정도의
  - 고온다습하고 산성인 토양에 많이 발생한다.
- 발병시기 및 병징
  - 6~9에 발생한다.
  - 발병 초기에는 수십 cm 내외의 연녹색의 둥근 원형이나 고리모양의 병반이 생기다가 점차 잎이 시들면서 갈변한다.
  - 고사된 잔디는 주저 앉지 않고 빳빳하게 말라 죽는다.
- 방제법
  - 배수체계를 개선한다.
  - 토양산도를 중성으로 교정한다.
  - 적절한 수준의 칼륨비료를 사용한다.
  - 과습을 피하기 위하여 저녁에 관수하지 않는다.
  - 이른 아침에 일찍 이슬을 제거한다.
  - 브라운패치 발생이 우려되는 환경에서는 잔디 깎는 횟수를 줄인다.
- 방제용 약제
  - 리프졸 수화제(트리후민), 메로닐 수화제(논사), 메로닐·프로피코나졸 수화제, 이프로 수화제(로브랄), 터부코나졸 유제(호리쿠어) 등

㉰ 피시움 블라이트(Pythiumblight)

- 발생잔디 : 한지형 잔디(벤트그래스에 특히 심하다)

• 발생환경·원인

– 18~20℃ 정도의 기온에서 발생한다.

– 초여름 잦은 비로 인하여 발생한다.

– 과습(야간 살수시)할 때 발생한다.

– 질소비료를 많이 사용했을 때 발생한다.

• 특징

– 병에 걸린 잎은 물에 잠긴 것처럼 땅에 붙어 있다.

– 가까이에서 냄새를 맡으면 특이한 냄새가 난다.

– 배수가 불량한 곳에 발생한다.

• 발병시기 및 병징

– 6~9월, 야간 온도가 18℃ 이상 환경에서 다발적으로 발생한다.

– 발병 초기에는 3~5cm 내외의 불규칙한 갈색 병반이 형성된다.

– 낮에 강한 햇빛과 온도에 의해 갑자기 갈변하여 주저앉는다.

– 솜털모양 균사가 형성된다.

• 방제점

– 배수가 잘 되도록 조성한다.

– 잔디의 뿌리까지 충분한 물이 공급되도록 관수한다.

– 태치(thatch)가 2cm 이상 집적되지 않도록 제거한다.

– 무덥고 습한 날은 잔디를 깎지 않는다.

• 방제용 약제

– 비타놀 수화제(안타), 옥시프로 수화제(산도핀-에이), 파모 액제(프리엔) 등

㉣ 옐로패치(Yellow Patch)

• 발병환경 및 원인

– 10~15℃ 정도의 기온에서 발생한다.

– 늦가을 찬비, 과습에서 발생한다.

– 질소비료를 많이 사용했을 때 발생한다.

• 발병시기 및 병징

– 10월 ~ 이듬해 4월, 10월 하순경 다발적으로 발생한다.

– 발병 초기에는 30cm 내외의 연노랑색의 고리모양 병반이 생기다가 점차 잔디잎이 붉은색으

로 변하고 최후에는 갈색으로 퇴색된다.

- 방제용 약제

– 리프졸 수화제(트리후민), 메로닐 수화제(논사), 메로닐·프로피코나졸 수화제, 이프로 수화제(로브랄), 터부코나졸 유제(호리쿠어) 등

㉤ 녹병

- 발생잔디 : 한국잔디류, 한진형 잔디
- 발병환경·원인

– 15~22℃ 정도의 기온에서 발생한다.
– 그늘지고 습한 조건에서 많이 발생한다.
– 영양결핍시 발생한다.
– 시비의 불균형으로 발생한다.
– 과도한 답압과 배수불량시 발생한다.

- 특징

– 잔디의 잎에 불규칙한 적갈색의 반점이 나타난다.
– 5~6월, 9월 중순~10월 하순 등 연 2회 발생한다.
– 17~22℃ 정도의 기온에서 습윤할 경우 발생하기 쉽다.
– 질소가 부족한 지역에서 발생하기 쉽다.
– 건조, 영양결핍, 낮은 깎기 높이 등 스트레스를 많이 받는 환경에서 발생하기 쉽다.

- 발병시기 및 병징

– 5~10월, 9월 하순에서 10월 상순에 발병률이 높다.
– 한국잔디에 흔히 발생한다.
– 잎이나 잎 끝에 등황색의 반점이 생기거나 엽맥에 불규칙한 적갈색의 반점이 형성되다 황갈색 가루, 즉 하포자(夏胞子) 또는 동포자(冬胞子)를 형성한다.

- 방제법

– 오전에 관수를 충분히 한다.
– 질소질 비료를 시용한다.

- 방제용 약제

– 다이센, 석회황합제, 디니코나졸 수화제(빈나리), 마이탄 수화제(시스텐), 터부코나졸 유제(호리쿠어), 헥사코나졸 액상수화제 등

㉯ 춘고병

• 발생잔디 : 난지형 잔디

• 특징

– 3~4월에 잔디 싹이 발생함과 동시에 직경 30~50cm의 불규칙한 병반이 단독 또는 여러 개 겹쳐서 발생하며, 심할 경우 그 부분은 완전히 고사한다.

– 태치(thatch) 축적이 심하고 잔디 깎는 빈도가 낮은 남향의 러프에서 많이 발생한다.

– 여름철 건조가 심하거나 배토량이 많을 때 발병하기 쉽다.

• 방제법

– 토양의 산도를 개선한다.

– 가을 배토는 되도록 일찍 실시하고 과다하지 않도록 한다.

– 태치(thatch)가 축적되지 않도록 한다.

– 건조한 지역이나 배수가 잘 되는 지역은 겨울에도 정기적으로 관수한다.

– 가을에 질소질 비료를 과다하게 살포하지 않는다.

㉰ 탄저병

• 발생잔디 : 벤트그래스

• 발병환경·원인

– 20~30℃ 정도의 기온에서 발생한다.

– 초여름 장마 전·후에 발생하기 쉽다.

– 고온다습한 환경에서 발생한다.

– 토양이 건조한 상태에서 잔디표면이 젖었거나 상대습도가 높은 경우에 잘 발생한다.

– 인(P), 칼륨(K) 결핍시 발생한다.

• 특징

– 토양이 건조한 상태에서 잔디잎 표면이 젖어 있거나 상대습도가 높으면 오래된 하엽부위가 쉽게 감염된다.

• 발병시기 및 병징

– 6~9월, 야간기온 20℃ 이상일 때 잘 발생한다.

– 발병 초기 증상은 잎이 연노란색을 띠고, 병이 진전함에 따라 하부 잎부터 적갈색으로 고사한다.

• 방제법

– 여름철에 엽면시비한다.

– 질소 : 인산 : 칼륨 = 1 : 2 : 3의 비율로 시용한다.

• 방제용 약제

– 만프로 수화제(다이렉스), 터부코나졸 유제(호리쿠어), 가벤다·가스신(고추탄) 등

㉳ 설부병

• 발생잔디 : 난지형 잔디, 한지형 잔디

• 발병환경·원인

– 0~10℃ 정도의 기온(저온성 병)에서 발생한다.

– 내한성이 강한 곰팡이에 의해 발생한다.

– 눈이 녹은 2~4월에 발생한다.

• 특징

– 잔디가 눈으로 덮인 채 계속해서 답압에 놓이게 되면 발생한다.

– 이른 봄에 노란색의 작은 패치가 나타난 후 갈색으로 변하면서 패치의 크기도 커진다.

– 공기의 흐름이 좋지 않거나 질소시비를 늦게 하면 병이 악화된다.

• 발병시기 및 병징

– 발병 초기의 병반은 회색이나 점차 갈색으로 변화하여 줄기와 잎이 고사한다.

– 줄기, 잎 등이 –4~15℃의 온도범위에서 썩는다.

• 방제법

– 눈이 한 곳에 쌓이지 않도록 재설작업을 실시하고 눈이 답압되지 않도록 한다.

– 배수체계를 개선한다.

– 잔디 휴면 전 6주간은 비료의 과다 사용을 피한다.

• 방제용 약제

– 세레산(수은제), 오서사이드(유기황제)

㉴ 훼어리링

• 발생잔디 : 대부분의 잔디

• 특징

– 20~40cm 정도의 병반이 장마기에 나타나며, 가끔 버섯도 함께 생긴다.

– 토양 중에 나무 조각이 썩으면서 발생하거나, 퇴비를 사용할 때 발생한다.

• 방제법

– 버섯을 물리적으로 제거한다.
– 토양 20cm 깊이까지 균이 서식하므로 흙을 파내고 새로운 흙을 채운 후 잔디떼를 다시 심는다.

㉷ 달라스팟(Dolla Spot)

• 발병환경·원인
– 15~20℃ 온도의 기온에서 발생한다.
– 건조한 토양에 발병하기 쉽다.
– 밤·낮의 기온차가 클 때 발병하기 쉽다.
– 과습하고 배수불량시 발병하기 쉽다.
– 질소비료 결핍시 발병하기 쉽다.

• 발병시기 및 병징
– 4~6월, 8~9월에 발병한다.
– 발병 초기에는 잎과 줄기에 담황갈색의 반점이 마치 동전처럼 무수히 나타나고 줄기와 잎이 고사한다.
– 이른 아침 병반 부위에 솜털모양 균사가 형성된다.

• 방제용 약제
– 다이센, 석회황합제, 디니코나졸 수화제(빈나리), 터부코나졸 유제(호리쿠어), 헥사코나졸 액상수화제 등

㉸ 푸사리움 패치(Fusarium Patch)

• 발생잔디 : 동양잔디

• 발병환경·원인
– 0~10℃ 정도의 기온(저온성 병)에서 발생한다.
– 습한 상태에서 많이 발병한다.
– 잔디의 생육이 늦을 때 발생한다.
– 질소비료를 많이 사용했을 때 발생한다.

• 발병시기 및 병징
– 이른봄에 많이 발생한다.
– 동양잔디에서 많이 발생한다.
– 병반이 30~50cm 정도로 원형상태의 황화현상이 나타난다.

• 방제용 약제

– 털산, 다이센 등

㉶ 입고병

• 발병환경·원인

– 여름철 고온 다습할 때, 일조·통풍이 불량할 때, 잔디가 도장되었을 때 많이 발생한다.

• 발병시기 및 병징

– 잎끝부터 황화되어 갈색으로 변한 후 심하면 시든다.

• 방제용 약제

– 메르크론, PCP수화제 등

② 잔디의 충해

㉮ 피해

• 뿌리에 피해를 주는 것

– 풍뎅이류와 애벌레, 바구미류, 왜콩풍뎅이류, 방아벌레류 등이 있다.

– 특히 풍뎅이류는 성충의 잠입과 탈출시 잔디밭을 손상시키고, 부화된 유충은 잔디뿌리를 식해한다.

• 잎과 줄기에 피해를 주는 것

– 명나방류, 멸강나방류, 거세미나방류 등의 애벌래

• 수액을 빨아먹어 피해를 주는 것

– 진딧물류, 긴노린재류, 응애류 등이 있다.

• 표토구조를 파괴하는 것

– 풍뎅이류, 벌, 개미 등이 있다.

㉯ 방제

• 그로메 유제(렐단) : 굼벵이, 멸강나방

• 그로메 입제(렐단) : 거세미나방

• 그로포주론 수화제(아무진) : 멸강나방

• 나크포사론 수화제(너미더) : 거세미나방, 멸강나방

• 델타린 유제(뎃시스) : 거세미나방

- 메프 유제(스미치온, 호리치온) : 굼벵이, 잔디밤나방
- 파라치온 유제(파라치온) : 굼벵이, 멸강나방
- 에토펜프록스 수화제(트레본) : 거세미나방
- 에토펜프록스·다수진 수화제(뚝심) : 멸강나방
- 에토프 입제(모캡) : 굼벵이
- 트랄로메스린 유제(트랄레이트) : 거세미나방
- 피리크로포스 수화제(스타렉스) : 거세미나방

㉰ 약제 사용시 유의사항

- 제초제와 섞는 물의 산도가 낮거나(pH 8~9 이상) 지나치게 센물(경수)은 약제의 침전을 가져올 수 있으므로 조심해야 한다.
- 탱크에서 섞은 후 가능하면 빨리 살포하는 것이 좋다. 어떤 약제는 물속에서 12시간 정도 지나면 약이 분해되어 약효가 떨어지는 것도 있다.
- 여러 가지 조제형의 약제를 혼합할 경우에는 수화제–가용성–분지–전착제–유제의 순서로 섞으며, 혼합할 때에는 지속적으로 저어주어야 한다.
- 강알카리성 약제는 산성약제와의 혼용을 피해야 한다.
- 일반적으로 가용성 약제가 불용성 약제보다 약해의 위험이 크다.
- 경엽처리 살균제, 살충제, 비료 또는 물을 필요로 하는 다른 약제들은 석어 쓰지 않는 것이 좋다. 살균이나 살충의 효과가 낮아질 수 있다.
- 제초제나 살균제의 처리는 기온이 5℃ 이상 30℃ 이하에서 시행하는 것이 좋다.

3–8. 초화류관리

1) 바람직한 토양조건

① 통기성

- 산소의 공급이 원활하여야 양분이 지상부로의 이동과 지상부로부터의 광합성 생산물의 뿌리로의 이동이 용이하다.

② 배수성

- 식물은 생육에 적당량의 수분은 필요하지만 지나친 토양수분의 축적을 막기 위해 배수성도 양호해야 한다.

③ **보수성**

- 어느 정도 양의 수분을 어느 정도의 기간 동안 보존할 수 있어야 한다.

④ **보비성**

- 토양 자체가 비료성분을 함유하고 있을 뿐만 아니라 비료를 주었을 때 그 양분을 용탈시키지 않고 오랫동안 간직할 수 있어야 한다.

⑤ **병충해·잡초방제**

- 밭 토양이나 유기물질 등은 자체 내에 많은 잡초종자, 병균, 해충 알 등을 내포하고 있을 가능성이 높기 때문에 토양을 분석하여 미리 방제하는 것이 좋다.

2) 비배관리

① **식물별 시비방법** : 비료의 요구도에 따라서 세 가지로 나눈다.

- 낮은 요구도 : 철쭉류, 프리뮬러, 동백, 글라디올러스, 치자나무, 기타 음지식물류
- 중간 요구도 : 아네모네, 시클라멘, 장미, 금어초, 작약 등
- 높은 요구도 : 수국, 카네이션, 국화, 제라늄, 포인세티아, 백합, 튤립 및 기타 양지식물류

3) 관수

① **관수시기**

- 어린 모종이나 꽃이 핀 식물을 이식하였을 때에는 초기에 뿌리가 해를 입는 경우가 많으므로, 약 2주 동안은 모종상이 건조하지 않도록 주의한다.
- 식물체가 완전히 활착을 하고 잘 자라게 되면 너무 자주 관수를 할 필요는 없고 위조현상을 보이기 직전에 관수한다.
- 숙근초의 경우는 비교적 위조현상이 보인 후에 관수를 실시하여도 곧 회복이 가능하나 일년생 초화류의 경우는 되도록 그 이전에 관수하는 것이 바람직하다.

- 가장 좋은 방법은 화단의 흙을 손으로 떠서 움켜 잡아보아 토양입자들이 모래덩이처럼 부서져 나가면 물을 주기 시작한다.
- 하루 중 관수의 시기는 봄이나 가을에는 오전 일찍 하는 것이 지나친 증발산에 의한 수분의 손실을 막을 수 있으므로 바람직하고, 한 번 관수할 때 물을 충분히 주도록 한다.

② 관수방법

- 수동관수

– 손으로 수도호스나 물뿌리개를 이용하여 물을 주는 방법이다.

- 스프링클러 관수

– 설치에 경비가 많이 드나 일단 설치 후에는 편리하게 이용할 수 있다.

- 점적관수

– 수도관에 연결된 호스가 식물체의 줄기근처로 지나가면서 작은 구멍을 통해서 소량의 물을 조금씩 내보든지 아니면 일정거리 떨어진 곳에 설치가 되어 원하는 때에 일정한 양의 물을 조금씩 흘러나오게 하는 방법이다.

- 분수호스 관수

– 폭이 5~10cm의 분수호스를 수도파이프에 연결하여 수도압에 의하여 물이 흘러나오게 하는 방법이다.

4) 배수

- 관수 못지 않게 초화류 재배관리에서 중요한 것이 배수시설이다.
- 수생식물이나 아이리스, 원추리, 칼라 등은 습한 환경에서도 잘 자라지만 대부분의 일반적인 초화류는 배수가 잘 되어야 한다.
- 습한 토양에서는 배수로를 만들고, 토양자체도 모래 등을 섞어 넣어 배수성을 향상시키는 것이 좋다.
- 화분에 심을 때에는 맨 밑에 자갈을 채워 배수층을 만들기도 하며, 옥상정원이나 가로변의 플랜터(planter)처럼 사면과 바닥이 콘크리트로 싸여 있는 경우에는 배수의 필요성이 더욱더 절실하여 맨 아래층에 자갈 등을 깔고 사방으로 배수공을 내어서 특별히 배수에 유의하여야 한다.

5) 월동관리

- 일년초들은 꽃이 핀 후 화단에 심었다가 꽃이 지면 바로 캐내기 때문에 월동이 문제가 되지 않는다.
- 숙근초, 구근류, 화목류 등은 노지에서 겨울을 맞이해야 하기 때문에 내한성이 약한 식물들에 대해서는 예방조치(월동대책)을 하여야 한다.
- 월동대책에는 화단조성 시 부지선택 고려, 보온막 설치, 내한성 식물 식재 등이 있다.

6) 병충해방제

① 병해

㉮ 곰팡이에 의한 병

- 흰가루병

– 어린잎과 줄기, 그리고 꽃에까지 흰가루가 덮이는 병으로 습한 상태에서 많이 발생한다.

– 장미, 다알리아, 아게라텀, 플록스, 버베나, 금어초, 과꽃 등에 피해가 심하다.

– 화단 주위의 대기가 습해지지 않도록 환기와 통풍에 신경을 쓰면 효과적이다.

– 발생시에는 병든 부분을 제거하여 태워 버리거나 파아람, 푸르겐, 트리후민, 해비치, 훼나리 등의 살균제를 가능하면 약제를 바꿔가며 살포해 준다.

- 그을음병

– 이른 봄부터 늦가을까지 깍지벌레나 진딧물의 분비물 위에 병원균이 발육하여 병을 일으킨다.

– 병원균이 기주의 표면을 덮고 있어 광합성 작용을 방해하여 식물의 영양조건을 해지게 된다.

– 심하지 않을 경우에는 잎에 물을 뿌려주어서 씻어주거나 닦아주고, 예방하고자 할 경우에는 유황제나 만코지 수화제를 뿌려주며, 통풍이나 채광에 유의한다.

- 녹병

– 다습하고 야간온도가 낮을 때에 발생하며 병원균은 바람이나 물에 의하여 이동한다.

– 병에 들게 되면 노랗거나 오렌지색 또는 적갈색의 사마귀 같은 것이 밑의 잎부터 나타나기 시작한다.

– 금어초가 대표적으로 피해가 크다.

– 아게라텀, 금잔화, 패랭이꽃, 국화 등에 잘 발생한다.

– 통풍이 잘되게 해 주고 되도록 이면 물이 식물체에 잘 튀지 않도록 하고, 농약으로는 지네브제 400~600배액이나 석회황합제 80~100배액을 전착제와 더불어 3~4회 10일 간격으로

엽면살포하면 방제효과가 있다.

– 농약을 살포할 때에는 잎의 뒤 부위에 약이 잘 묻도록 유의하여야 한다.

• 모잘록병

– 고온다습할 때 어린 식물체가 갑자기 고사하거나 뭉크러지는 현상으로 페튜니아, 베고니아, 칼라, 국화, 백합, 팬시, 포인세티아, 시클라멘, 동백 등에 잘 나타난다.

– 방제는 토양소독이나 종자소독을 실시하고, 심할 경우에는 베노밀 수화제 1000~1500배액이나 만코지 수화제 400~500배액을 살포한다.

• 시들음병

– 고온다습할 때 모잘록병 비슷하게 주로 잎과 줄기부분을 갑자기 고사시키는 것으로 과꽃, 백합, 수선화 등의 어린 묘에 주로 발생한다.

– 토양이나 종자소독으로 방제가능하다.

• 회색곰팡이병

– 꽃, 잎 및 어린줄기에서 회색균사와 분생포자를 형성하여 부패시키는 병이다.

– 공기습도가 높고 기온이 비교적 낮을 때 허약한 식물에서 많이 발생한다.

– 식물체에 상처가 있으면 잘 발생하고, 위로부터 발생하여 아래로 퍼지는 특징이 있다.

– 금어초, 백합, 베고니아, 시클라멘, 프리뮬러 등이 저항성에 강하다.

㉯ 세균에 의한 병

• 토양 중의 수분을 좋아하여 주로 토양 속이나 종자나 구근 등에 잠적해 있다가 병을 일으킨다.

• 프리뮬러, 스토크, 시클라멘, 붓꽃, 나리 등의 세균성무름병과 다알리아의 풋마름병과 글라디올러스의 목썩음병이 대표적인 세균병이다.

• 사용할 종자나 구근을 1000~2000배액의 농용마이신에 1~2시간 침지하였다가 파종하거나 식재하면 효과적이다.

• 화단에서 이러한 병의 증상이 나타나면 살균제의 효과가 약하므로 주위의 식물체까지 다 캐내어서 제거하는 것이 가장 바람직하다.

㉰ 바이러스에 의한 병

• 잎과 꽃잎에 줄무늬가 얼룩 등이 생기거나, 잎에 주름살이 생기거나 위축되는 현상이 나타난다.

• 백합, 글라디올러스, 튤립, 페튜니아, 카네이션, 국화 등에 나타난다.

• 바이러스병을 방제하기 위해서는 발병주(發病株)는 속히 제거하여야 하며, 무병주만을 심도

록 해야 한다.

- 가급적이면 종자번식에 의해 재배하도록 한다.
- 매개체인 진딧물을 방제한다.

② 충해

㉮ 진딧물

- 초화류나 화목류의 재배에 있어 가장 귀찮은 해충으로서 알 상태로 월동하고 봄·가을에 식물의 조직이 깨끗하고 연약할 때 그리고 건조할 때 잘 발생한다.
- 원추리, 금잔화, 시네라리아, 금계국, 코스모스, 패랭이꽃, 봉숭아, 매리골드, 한련화 등의 초화류와 무궁화, 장미 등의 화목류에 걸쳐 그 피해가 심하다.
- 알에서 부화하는 4~5월이나 산란 직후인 10~11월에 2~3회에 걸쳐서 피리모수화제나 아시트수화제 1000~1500배액을 뿌려주면 미리 예방할 수 있다.

㉯ 응애

- 눈에 겨우 보일 정도의 미세한 것으로 꽁무늬에서 거미줄 같은 것을 내어 잎과 어린줄기에 치며, 즙을 빨아먹으며 가해하여 잎의 엽록색을 백색으로 퇴화시켜 회록색의 잎을 만들었다가 후에는 갈색으로 고사시킨다.
- 습기를 싫어하며 주로 고온건조할 때 장미과, 국화과, 백합과의 주요 화훼작물에 피하를 준다.
- 디코폴수화제가 가장 방제효과가 좋다.

㉰ 깍지벌레

- 흰색의 작은 곤충으로 식물체와 연약한 부위에 모여서 즙을 빨아 먹는 것으로 솜같은 것을 피해부위에 형성시켜 그 안에 기거한다.
- 줄기와 잎 뒤에 기생하고 꿀을 분비하기도 하여 잎 아래쪽을 더럽힌다.
- 일반 살충제의 침투가 어려우므로 깍지벌레 전용약인 메티온유제(수프라사이드) 살포 등으로 방제를 해야 한다.
- 장미과에 속하는 화목류나 기타 많은 초화류에 많이 발생한다.

㉱ 나방류

- 애벌레일 때 잎이나 줄기를 갉아먹어서 큰 피해를 준다.
- 발생 초기에 다수진수화제, 말라티온유제 또는 나크수화제 등을 살포하여 구제한다.

• 나비류에는 멸강나방, 흰불나방, 배추잎나방 등 많은 종류가 있다.

7) 재배관리

① 1년 초화류

㉮ 추파일년초

• 가을에 심은 후 겨울동안 저온을 받아야 이른 봄 지상부가 잘 자라고 꽃도 잘 피게 된다.
• 동해를 막기 위해서는 보온을 하여야 한다.
• 비교적 비옥한 토양을 선호한다.
• 꽃이 지기 시작하면 여름부터 꽃이 피는 춘파일년초로 교체해준다.
• 종류 : 팬지(Viola tricolor hortensis), 페튜니아(Petunia hybrida), 프리뮬라(Primula SPP.), 금잔화(Calendula officinalis), 데이지(Bellis perennis), 시네라리아(Senecio cruentes), 색양배추(Brassica oleracea L. var. acephala) 등이 있다.

㉯ 춘파일년초

• 봄에 파종해서 여름부터 가을에 걸쳐 꽃이 피는 꽃들이다.
• 고온건조에 강하므로 여름철이라고 너무 물을 자주 주게 되면 오히려 뿌리가 상하게 된다.
• 종류 : 매리골드(Tagetes SPP.), 셀비어(Salvia splendens), 맨드라미(Celosia SPP.), 백일홍(Zinnia elegans), 아프리카봉선화(Impatiens walleriana), 채송화(Portulaca grandiflora), 코스모스(Cosmos bipinnatus), 아게라텀(Ageratum houstoniarum), 토레니아(Torenia fournieri) 등이 있다.

② 숙근초 및 구근류

㉮ 내한성 숙근초

• 종류 : 정원국화(Chrysanthemum morifolium), 비비추(Hosta longipes), 금계국(Coreopsis lanceolata), 원추리(Hemerocallis fulva), 붓꽃류(Iris SPP.), 플록스(Pholx SPP.), 에키나세아(Echinacea purpurea), 마가렛데이지(Argyranthemum frutescens), 바늘꽃(Gaura lindheimeri), 접시꽃(Althaea rosea), 헬레보러스(Helleborus SPP.) 등이 있다.

㉯ 비내한성 숙근초

• 종류 : 꽃베고니아(Begonia semperflorens), 제라늄(Pelargonium SPP.), 오스테오스페르

뭄(Osteospermum hybridum) 등이 있다.

㉰ 내한성 구근류

- 내한성이 있으므로 꽃이 지고 가을에 지상부 생육이 멎은 후 화단에 그대로 두어도 된다.
- 종류 : 나리(Lilium SPP.), 튤립(Tulipa hybrida), 수선(Narcissus SPP.), 무스카리(Muscari armeniacum) 등이 있다.

㉱ 비내한성 숙근초

- 내한성이 약하므로 가을에 지상부를 제거하고 구근을 캐내어 온실이나 실내에 저장하였다가 봄에 다시 심도록 한다.
- 종류에는 칸나(Canna generalis), 다알리아(Dahlia hybrida), 히야신스(Hyacinthus orientalis) 등이 있다.

㉲ 자생식물

- 최근 우리나라의 자생식물을 화단에 이용하는 경향이 높아지고 있다.
- 자생식물은 자연환경에의 적응성이나 식물체와 꽃의 크기나 색상이 육성종에 비하여 다소 떨어지기는 하나 우리나라를 잘 나타내는 상징성이 있어 꾸준히 개발되고 이용되고 있다.
- 종류 : 들국화(Chrysanthemum SPP.), 매발톱꽃(Aquilegia buergeriana var. oxysepala), 기린초(Sedum kamtschaticum), 둥글레(Polygonatum odoratum var. pluriflorum), 노루오줌(Astilbe rubra var. rubta), 부처꽃 등이 있다.

3-9. 비전염성관리

1) 기상적 요인

① 엽소

- 원인

– 여름철 지표면의 고열과 건물의 반사열, 그리고 환풍기의 뜨거운 바람 등 고온에 의해 잎의 가장자리부터 갈색으로 마르는 현상으로 여름철 고온이 지속되면서 일사량이 높을 경우 과다한 증산작용으로 인하여 탈수 상태에서 피해가 크다.

- 병징

- 잎의 가장자리부터 잎이 마르기 시작하여 갈색으로 말라가며(엽소 현상) 장마가 끝난 후 무덥고 건조한 날씨가 지속되면 장마기간 동안 저항성이 없던 잎에서 엽소 현상이 자주 관찰된다.
- 단풍나무, 층층나무, 물푸레나무, 칠엽수, 느릅나무, 주목, 잣나무, 자작나무 등에서 자주 발생한다.

• 방제

- 통풍을 도모하여 기온이 상승하는 것을 막아준다.

〈그림 34〉 엽소

- 토양을 포장하지 않고 잔디 식재 또는 멀칭으로 토양으로부터 복사열을 줄인다.
- 고층건물의 남향에는 잣나무, 전나무, 주목 등 고산수 수종을 식재하지 않는다.

② **피소**

• 원인

- 도로포장으로 인한 지열, 건물의 반사열, 지구온난화, 건물 강화유리 등 수피가 여름철 햇빛과 열에 의해 타서 형성층 조직이 죽어 벗겨지고, 그 속의 목부 조직이 노출되는 현상이다.
- 전에 밀식 재배하던 수목을 이식하여 단독으로 식재하면 이전에 그늘 속에 있던 수피 부분이 햇빛에 노출되어 피소현상이 잘 나타난다.

• 병징

- 수간의 남서쪽에서 수직 방향으로 불규칙하게 수피가 갈라지면서 괴사함으로써 수피가 지저분하게 된다.
- 피소현상으로 죽은 수피는 매우 불규칙하게 벗겨지고, 죽은 조직의 가장자리가 지저분하게 되어 새로운 유상조직이 자라 나오지 못한다. 이렇게 노출된 곳을 통해서 목재부후균이 침입하여 수간이 추가로 썩어서 큰 상처를 만들게 된다.
- 벚나무, 단풍나무, 목련, 매화나무, 물푸레나무 등 수피가 얇은 수종에서 잘 나타난다.

〈그림 35〉 피소

- 방제

– 지상 2m 이내에서 피소현상이 잘 나타나므로 수간을 볏짚이나 녹화마대 등으로 감싸준다.

– 이식 시 볏짚이나 녹화마대 등으로 감싸줌으로써 수피를 물리적인 충격으로부터 보호할 뿐만 아니라 이식 후에도 피소 현상을 방지할 수 있다.

– 어린 나무의 경우에는 흰 도포제나 수성페인트 등을 발라주거나 종이테이프 등으로 감싸준다. 흰도포제는 천공성 해충의 침입을 방지하는 기능도 있어 효과적이다.

– 노출된 검은색 토양은 피소 현상을 유발하는 원인이 되므로 토양을 유기물로 멀칭하면 효과가 있다.

– 상처를 아물게 하려면 수피 외과수술을 통해서 상처 부위를 타원형으로 도려내서 새로운 형성층 조직이 유상조직을 만들어 상처를 감싸도록 유도해야 한다.

– 관수작업이다. 토양 수분이 많아지면 증산작용을 촉진하여 수간에 물이 계속하여 위로 이동하면서 냉각 효과를 발휘하여 수피의 온도를 낮추게 된다.

③ 냉해

- 원인

– 냉해는 생육기간 중 주로 봄과 가을의 환절기에 낮은 온도에서 나타나는 저온 피해를 의미한다.

– 식물의 생육기간 중 주로 봄과 가을에 낮은 온도에서 나타나는 저온 피해, 온대지방에서는 주로 생식생장에 영향을 주므로 조경수에 있어서는 생장 둔화 정도의 피해가 나타난다.

- 병징

– 열대성 관상수는 냉해로 잎에서 엽록소가 파괴되어 백화(白化) 현상이 나타나면서 마른다.

– 이른 봄철 과수원에서는 북향에 있는 배나무와 사과나무의 꽃가루가 나르고 난 후 저온으

로 인해서 수정이 이루어지지 않아 낙과되는 경우가 대표적인 예다.

• 방제

– 봄과 가을철 개화 후 기온이 떨어지면 벌을 투입하거나 인공수분으로 수정을 촉진시켜 준다.

– 환절기에 열대성 관상수의 경우는 찬 공기에 노출되는 것을 방지하며, 찬물로 관수하지 말고, 토양에 열선을 깔아 열을 가하여 뿌리의 활성을 유지시켜 준다.

④ **동해**

• 원인

– 한겨울 빙점 이하에서 나타나는 식물의 피해를 말한다.

– 온도가 빙점 이하로 내려갈 때, 세포내에서 얼음결정이 형성되어 세포막을 파손시키기 때문에 동해를 입는다.

– 온도가 서서히 내려가서 얼음결정이 세포 밖에 생기더라도 원형질이 탈스 상애에서 견디지 못해 동해를 입는다.

– 식물이 순화되지 않은 상태에서 빙점 이하의 온도에 노출되거나, 순화된 식물이라도 빠른 속도로 빙점 이하의 온도에 노출되면 동해를 입는다.

• 병징

– 피해 증상은 엽육조직의 붕괴와 세포질의 응고현상이 나타난다.

– 상록활엽수의 경우 잎의 끝과 가장자리가 탈색되면서 투명해 보이다가 고사하면 갈색을 띠게 된다.

– 침엽수의 경우에는 잎 끝에서부터 갈색으로 변한다.

– 삼나무, 주목, 회양목 등은 녹색이 어두워지면서 붉은색을 띠는 현상을 보이다가 봄이 되면 다시 회복되기도 한다.

– 침엽수의 1~2년생 어린 묘목은 겨울철에는 잎이 적갈색을 띠다가 봄에 다시 녹색으로 되돌아온다.

– 남부지방에서 자라는 상록활엽수는 겨울철 동해를 입는 경우가 자주 발생한다.

– 동백나무와 차나무는 겨울철 저온으로 인하여 잎이 치명적으로 고사하거나 적갈색으로 변하지만, 변색된 잎은 봄이 되면 다시 정상적인 색깔로 되돌아온다.

– 구실잣밤나무, 메밀잣밤나무는 이듬해에 열매가 익는데, 월동 중에 열매가 동해를 받기도 한다.

• 방제

– 내한성을 고려한 수목을 선택한다.

- 북풍이 불지 않는 곳에 식재하거나 북풍에 노출되어 있을 경우 동절기에는 울타리로 북풍을 막아준다.
- 토양에 멀칭을 하거나 울타리 식재, 볏짚이나 녹화마대 등으로 밑동과 수간을 감싸준다.
- 낙엽 및 상록활엽수의 어린가지가 동해를 받았을 경우에는 5월말까지 기다린 후 가지가 죽은 것을 확인한 후 전정한다.

⑤ 서리(만상과 조상)

• 원인

- 서리 피해는 4~10월의 생육기간에 나타난다.
- 만상(늦서리)은 봄에 늦게 오는 서리에 의해서 수목이 피해를 받는 현상이다.
- 조상(첫서리)은 만상과는 달리 가을에 첫 번째 오는 서리에 의해서 나타나는 피해 현상이다.
- 초겨울 혹은 이른 봄에 습기가 많은 땅에 서리가 내리면서 표면의 흙이 위로 솟아오르는 현상, 서릿발에 의해 뿌리가 노출되면서 어린 식물은 말라 죽는 경우가 있다.

• 병징

- 만상의 경우 봄에 새로 나온 새순, 잎, 꽃이 하룻밤 사이에 시들어 마르며, 남쪽과 남서쪽 수관이 더 큰 피해를 입는다.
- 활엽수의 경우 잎이 검은색으로 변색되고, 침엽수의 경우 붉은색으로 변색되었다가 결국 말라죽는다.
- 목련, 튤립나무, 모과나무, 단풍나무, 철쭉, 영산홍, 주목, 낙엽송 등이 피해를 크게 입는다.

• 방제

- 조상(첫서리)의 피해를 막으려면 늦여름 시비를 자제하여 가을에 생장을 일찍 정지시킨다.
- 서리가 오기 전에 스프링클러로 안개비를 만들거나 연기를 발생시키거나 송풍기를 사용하면 소교목의 피해를 줄일 수 있다.
- 배수를 철저히 하고, 동절기에 노출된 땅은 멀칭을 해 준다.

⑥ 서릿발(상주)

• 원인

- 상주라고도 하며, 초겨울 혹은 이른 봄에 습기가 많은 땅에 서리가 내리면서 표면의 흙이 위로 솟아오르는 현상이다.
- 서릿발에 의해 뿌리가 노출되면서 어린 식물은 말라 죽는 경우가 있다.

• 방제

– 배수를 철저히 하고, 동절기에는 유기물로 만든 볏짚, 톱밥, 바크, 우드칩 등으로 멀칭을 실시하여 서릿발의 발생을 억제한다. 멀칭시에는 두께를 5cm 이내로 해야 한다.

⑦ 상열과 동계피소

• 원인 및 병징

– 상열은 겨울철 수간이 동결하는 과정에서 바깥쪽의 변재 부위가 안쪽에 단열되어 있는 심재 부위보다 더 심하게 수축함으로써 두 부위 간에 수축의 불균형으로 생기는 장력 때문에 종축(수직) 방향으로 갈라지는 현상이다.

– 상열이 나타나는 위치는 주로 낮에 햇빛에 의해서 온도가 올라가서 온도차가 더 많은 남서쪽 수간이며, 침엽수보다는 활엽수에서 더 자주 관찰된다.

– 동계피소는 겨울철에 수피가 어는 현상을 의미하며, 목질부가 수피로부터 이탈한다.

• 방제

– 수간을 볏짚이나 녹화마대 등으로 감싸거나 흰 페인트를 발라준다.

– 토양을 유기물로 만든 볏짚, 톱밥, 바크, 우드칩 등으로 멀칭한다.

⑧ 동계건조

• 원인

– 이른 봄 토양이 얼어 있어서 수분 흡수가 원활하지 못해서 상록수가 과다한 증산작용으로 인하여 말라 죽는 현상이다. 특히 잣나무 피해가 크다.

• 병징

– 동계건조의 증상은 피해 즉시 나타나지 않다가, 토양이 녹은 후 침엽수의 경우 수관 전체가 적갈색으로 변하거나 잎이 아래로 처지면서 결국 고사하게 된다.

• 방제

– 방풍림을 설치하여 증산작용을 최소화거나 토양의 배수 상태를 양호하게 유지하여 기온 상승시 해토가 빨리 되도록 유도한다.

– 증산억제제를 잎에 뿌려준다.

– 지표면의 멀칭을 임시로 걷어 내서 해토를 촉진시켜준다.

⑨ 풍해

• 원인

– 바람에 의해서 나타나는 물리적 및 생리적 피해를 의미하며, 강풍에 의한 피해는 활엽수보다는 인장강도가 약한 침엽수가 더 크다.

– 천근성이 심근성 수종보다 피해가 더 크다.

– 수관이 빽빽하거나, 아주 좁은 각도 혹은 아주 넓은 각도로 뻗은 가지, 병든 가지, 수간에 공동을 가지고 있는 경우 피해가 크다.

• 병징

– 강풍으로 나무가 뿌리째 뽑혀 넘어지거나, 줄기가 부러지고, 비스듬히 누워버린다. 잎이 갈기갈기 찢어지거나 헤어진 잎이 된다. 가지가 부러진 채 수관에 매달려 있다가 시간이 지나면서 부러진 잎과 가지가 말라 죽는다.

• 방제

– 평소에 가지치기를 주기적으로 실시한다.

– 위험한 가지를 미리 제거하고, 수관의 크기를 작게 유지한다.

– 가로수의 경우 3~5년 주기로 가지치기를 통하여 수형을 가다듬고 수관을 작게 유지함으로써 풍해를 줄일 수 있다.

– 소경목을 이식할 때 밑가지를 그대로 두어 밑동의 직경을 촉진시켜 2년 후 지주목을 제거하여 스스로 버틸 수 있도록 유도한다.

– 바람이 상습적으로 강한 곳에서는 심근성 수종을 선정하여 식재한다.

〈표 1〉 심근성과 천근성 수종

구분	수종명
심근성 수종 (조개분)	소나무, 해송, 리기다소나무, 전나무, 잣나무, 향나무, 은행나무, 태산목, 후박나무, 굴거리나무, 아왜나무, 먼나무, 목련, 팽나무, 느티나무, 회화나무, 모과나무, 가시나무 등
천근성 수종 (접시분)	낙우송, 낙엽송, 구상나무, 메타세콰이어, 독일가문비, 히말리아시다, 팔손이, 일본잎갈나무, 후박나무, 치자나무, 매화나무, 배롱나무, 자작나무, 양버들, 감나무, 마가목, 아카시나무, 오리나무, 무화과나무 등

출처 : 조경적산 및 실무연습(2017), 정용조, (주)한국조경신문,p.240.

⑩ 조풍과 해일

• 원인

– 조풍은 바닷가에서 소금을 함유한 바람이 불어와서 수목에게 피해를 주는 현상이다.

– 해일은 큰 너울이 바닷가를 뒤덮어 소금 피해를 주는 현상이다.

• 병징

– 조풍 피해는 넓은 지역에 걸쳐서 염해에 약한 수종의 수관 전체가 갈색으로 변하여 나타난다.

– 해일 피해는 바닷물이 침투한 곳에서만 나타나며, 침투한 바닷물의 양과 체류시간에 비례하여 피해를 준다.

• 방제

– 조풍 피해를 줄이는 방법은 물로 잎을 씻어주는 것이다.

– 토양 중에 있는 염분을 제거하고자 할 때에는 충분한 양의 물로 토양을 세척하고, 토양이 마른 후에 숯가루를 넣어서 소금을 흡착시킨다.

– 염해에 강한 수종을 식재한다.

〈표 2〉 내염성에 따른 수목의 분류

내염성	침엽수	활엽수
강함	곰솔, 낙우송, 노간주나무, 리기다소나무, 주목, 측백나무, 향나무 등	가중나무, 감탕나무, 굴거리나무, 녹나무, 느티나무, 능수버들, 동백나무, 때죽나무, 모감주나무, 무궁화, 벽오동, 사철나무, 식나무, 보리수, 아까시나무, 아왜나무, 양버들, 자귀나무, 주엽나무, 참나무류, 칠엽수, 팽나무, 후박나무, 회양목
약함	가문비나무, 낙엽송, 삼나무, 소나무, 스트로브잣나무, 은행나무, 전나무, 히말라야시다	가시나무, 개나리, 단풍나무류, 목련류, 벚나무, 피나무

출처 : 조경수 병해충 도감(2016), 나용준 외, 서울대학교출판문화원, p.482.

⑪ 설해와 우박

• 원인 및 병징

– 겨울철 눈이 나무 위에 쌓여서 생기는 피해와 눈사태로 인해서 나무가 매몰되는 피해를 의미한다.

– 눈이 많이 오는 지역에서 자라는 침엽수들은 수관에 눈이 많이 쌓일 경우 눈의 무게를 감당하지 못하여 가지가 부러지거나 나무 전체가 쓰러지는 피해를 입는다.

– 우박은 과수원과 채소 농장에 큰 피해를 주지만, 조경수의 경우 잎이 찢어지고 잔가지가 부러지거나 수피에 상처를 만드는 등 가벼운 피해를 준다.

• 방제

– 설해 피해를 적게 하는 방법은 침엽수의 수관이 너무 크거나 과밀한 경우 가지치기를 통해서 가지와 잎을 솎아준다.

– 쌓인 눈을 제거한다.

⑫ 일조량 부족

• 원인

– 그늘에서 일조량이 부족하면 마디와 마디 사이가 길어지는 절간생장이 촉진되어 햇빛에서 자란 나무보다 키가 더 크게 자라는 반면 직경 생장이 저조하여 줄기가 가늘어서 바람에 잘 넘어진다.

– 일조량 부족 시 잎의 양이 적고, 수관이 엉성하게 형성되어 속이 들여다보이므로 건강한 나무라 할 수 없으며, 그늘에서 자란 나무는 흰가루병에 잘 감염되며 내한성도 약해져서 결과적으로 내병성이 적어진다.

• 방제

– 그늘에서 잘 자라는 음수를 배식하여 일조량 부족을 극복한다.

⑬ 낙뢰

• 원인

– 홀로 자라거나, 가장자리에 있는 나무, 물가에서 자라는 나무는 낙뢰의 피해를 잘 받는다.

• 병징

– 전기가 수간을 타고 밑으로 땅속까지 들어간 통로를 따라서 수피가 깊게 파이거나 갈라진다.

– 겨울철 상열로 수피가 수직방향으로 갈라진 경우와 병징이 비슷하다. 상열은 주로 남서쪽 수간에서 관찰되며, 직경이 15~30cm 가량 되는 나무에서 주로 관찰되나, 낙뢰는 거목일수록 피해 확률이 높다.

– 낙뢰 피해는 나무 꼭대기에서 밑동으로 내려가면서 갈라진 수피의 폭이 넓어지는 것이 일반적인 증상이다. 낙뢰의 정도에 따라 수피만 얇게 타서 벗겨지는 경우와 목질부까지 깊게 갈라지면서 검게 타버리는 경우가 있다.

– 참나무류, 느릅나무, 소나무, 튤립나무, 포플러, 물푸레나무는 낙뢰 피해가 많고, 자작나무,

칠엽수는 피해가 적다.

- 방제

– 피뢰침을 설치하여 낙뢰로부터 보호할 필요가 있다.

– 낙뢰 피해를 받은 나무는 노출된 상처를 부직포나 비닐로 덮어서 건조를 막아 준다.

– 낙뢰가 떨어질 때 전기가 땅속까지 들어가기 때문에 뿌리까지 손상을 입어서 나무가 죽는 경우가 있으므로 2~3개월 동안 기다리면서 살아날 가능성을 관찰하는 것이 좋다.

– 상처가 자연적으로 치유되도록 유도하거나 특별 보호대상이 되는 나무는 외과수술로 상처를 보호한다.

2) 토양적 요인

① 건조

- 원인

– 증산작용에 의하여 수분을 잃으면 수분 부족 현상이 나타난다. 밤에 수분 상태가 좋으면 회복되는 것이 정상이다.

– 시들음 현상이 낮과 밤에 지속적으로 나타나면 건조 피해가 있다고 판단된다.

– 이식목에 많이 나타난다.

- 병징

– 활엽수의 경우 어린잎과 줄기에 시들음 현상(위조 현상)이 나타난다. 시들음은 잎이 가장자리부터 엽맥 사이 조직에서 갈색으로 고사하면서 말려들어 간다. 수목이 수분스트레스를 받으면 잎의 크기가 작아지고, 새가지 생장이 위축되어 엽면적(leaf area)이 감소하며, 가지 끝부터 서서히 죽어 내려온다.

– 침엽수의 경우 건조 피해가 초기에 잘 나타나지 않기 때문에 주의해야 한다. 소나무의 경우 건조에 대한 저항성이 커서 탈수 상태에 있더라도 초기에 잎이 쪼그라들고 녹색이 퇴색하여 연녹색으로 되는 후기 증상이 나타날 때에는 죽기 직전까지 도달한 상태라 할 수 있으며, 관수를 하더라도 나무가 회복되지 않는 경우가 대부분이다.

– 단풍나무, 칠엽수, 층층나무, 물푸레나무, 느릅나무 등은 건조피해를 잘 받는다.

– 건조 피해는 서서히 가지 끝에서 나타나기 때문에 줄기마름병이나 시들음병과 비슷한 증상을 보이므로 서로 구별하기 어려워 진단시 주의가 요구된다.

- 방제

– 관수를 실시한다. 관수 시 하층토까지 완전히 젖도록 충분히 관수한다.

– 점적관수를 설치한다.

〈그림 36〉 건조

② **과습**

• 원인

– 토양 중에 수분과 산소가 알맞은 비율이 되어야 뿌리가 정상으로 자랄 수 있다. 토양 중에 수분이 너무 많으면 과습하고, 배수가 불량한 토양이 되며, 산소 부족으로 인하여 뿌리가 제 기능을 못하게 된다. 일반적으로 활엽수가 침엽수보다 습한 토양에서 잘 견딘다.

• 병징

– 초기 증상은 엽병(잎자루)이 누렇게 변하면서 아래로 처지는 현상이 나타난다.

– 후기 병징은 수관 꼭대기에서부터 가지가 밑으로 죽어내려 오면서 수관이 축소되며, 보통 1년 이내로 죽게 된다.

– 과습이 장기간 진해되면 잎이 작아지고, 황화현상을 보이며 가지생장이 둔화된다. 더 진전되면 잎이 마르고 어린 가지가 고사하며, 겨울철 동해에도 약하다. 병에 대한 저항성이 낮아져서 병균에 의한 뿌리썩음병이 발생하고, 부정근(不正根)이 발생하기도 하고 결국 뿌리가 검은색으로 썩어 껍질이 벗겨진다.

– 활엽수의 경우 잎이 얇아지고, 가장자리가 붉게 변하다 괴사한다. 조기낙엽이 진다.

– 침엽수의 경우 잎 끝이 붉게 변하고 수관 하부에서부터 증상이 나타난다.

• 방제

– 토양이 침수되었을 때 5일 이내에 배수시켜 준다.

– 나무 주변에 새로운 건축물이 설치되거나 토양의 형상이 바뀌면 배수상태를 점검한다.

- 명거배수나 암거배수를 통해서 과습 상태를 제거한다.
- 물을 좋아하는 수종을 배식한다.

〈표 3〉 과습 토양에 대한 수종별 저항성

저항성	침엽수	활엽수
높음	낙우송	단풍나무류(은단풍, 네군도), 기국느릅나무, 물푸레나무, 버드나무류, 버즘나무류, 주엽나무 등
낮음	가문비나무, 서양측백나무, 주목, 소나무	노르웨이 단풍, 벚나무류, 아까시나무, 자작나무류, 층층나무 등

출처 : 조경수 병해충 도감(2016), 나용준 외, 서울대학교출판문화원, p.490.

③ 영양결핍

- 원인
- 토양 내 양분이 절대적으로 부족하거나 혹은 양분이 충분히 있더라도 수목이 흡수할 수 없는 형태로 존재하는 경우에 나타난다.
- 질소, 인산, 칼륨, 마그네슘은 체내 이동이 쉬운 이동성 원소(移動性 元素)로 부족할 경우 잎에서 어린잎으로 원소를 쉽게 이동시키기 때문에 그 부족 현상은 성숙 잎에서 먼저 나타난다.
- 칼슘, 철, 붕소는 체내 이동이 쉽게 되지 않는 부동성 원소(不動性 元素)로 어린잎과 가지, 열매에서 결핍현상이 먼저 나타난다.
- 황, 아연, 망간, 구리, 몰리브덴은 이동성이 중간 정도에 속하기 때문에 어린잎과 성숙 잎에서 동시에 결핍증세가 나타난다.
- 병징
- 가장 흔한 증상은 잎에 생기는 황화 현상, 괴사, 백화 현상, 작은 반점, 불규칙한 얼룩반점, 비틀림, 타죽음, 낙엽현상이 나타난다.
- 가지에서는 마디의 생장이 안 되어 잎이 촘촘히 붙어 있는 상태, 왜성형, 고사, 변색 현상 등이 나타난다.
- 열매에서는 기형, 변색, 왜소화가 현상이 나타난다.
- 잎에서는 황화 현상이 나타나는데 잎이 전체적으로 황색으로 되거나(질소, 인, 칼륨, 황 결핍), 가장자리가 변색하거나(마그네슘 결핍), 엽맥은 녹색을 유지하면서 엽맥 사이의 조직만 황색으로 되는(칼륨, 철, 망간 결핍) 등 다양한 증세가 나타난다.
- 방제

– 부족한 원소를 찾아내어 시비한다.

④ **극단적인 토양 산도**

• 원인

– 토양 입자에 흡착되어 있는 수소 이온 농도에 의해서 토양이 산성화되어 있는 정도를 나타낸다.

– 토양 산도는 식물생장에 큰 영향을 준다.

• 병징

– 토양의 산도가 극단적으로 치우치면 무기양분의 흡수 저하, 중금속에 의한 독성, 토양 미생물 활동 둔화 등에 의해 양분 결핍 현상과 중금속에 의한 독성 피해가 동시에 나타난다.

– 산성 토양에서는 인과 붕소의 결핍 현상이 나타난다.

– 알카리성 토양에서는 철 결핍 현상이 나타난다.

• 방제

– 산성 토양은 석회석이나 백운석으로 pH를 높여 준다.

– 알카리성 토양은 황이나 황산알루미늄을 사용하여 pH를 낮출 수 있다.

⑤ **중금속**

• 원인

– 암석의 풍화작용으로 생기는 것으로 인위적인 요인으로 발생하는 것이 더 많다.

– 중금속 중에서 수목의 생장에 피해를 줄 만큼 고농도로 존재하는 것에는 카드뮴(Cd), 납(Pb), 구리(Cu), 아연(Zn), 망간(Mn), 알루미늄(Al), 수은(Hg). 비소(As) 등으로 광산지역과 폐광지역에서 높게 나타난다. 이 중에서 구리(Cu), 아연(Zn), 망간(Mn)은 식물이 필수적으로 필요한 미량원소이지만 극히 적은 양만을 요구하며, 과다하게 토양에 존재할 경우 독성이 나타난다.

– 중금속의 피해는 엽록소 함량의 감소로 인한 광합성 방해, 탄수화물 대사의 불균형, 토양에서 흡수한 질산 이온의 단백질화 과정을 담당하는 질산환원효소의 불활성화, 이온 운반과 치환 방해 등을 유발한다.

• 병징

– 잎, 줄기, 뿌리의 모든 부위에서 나타난다.

– 잎의 황화 선상과 왜소화, 뒤틀림, 괴사, 조기 낙엽, 잎의 숫자 감소와 엽면적의 감소, 줄기 신장의 억제, 뿌리의 신장과 측근의 발달을 억제하여 수목의 생장이 극히 저조해진다.

– 중금속에 따라 증상에 차이는 있으나, 잎의 반점이 생기는 것은 공통적인 현상이다.

• 방제

– 오염된 토양을 들어내고 깨끗한 흙으로 객토 후 식재

– 광산지역과 같이 중금속의 농도가 높을 경우에는 활성탄을 함께 섞어서 중금속을 흡착시켜 준다.

– 중금속 내성식물을 식재한다.

3) 생물적 요인

① 만경식물과 착생식물

• 원인

– 만경식물, 이끼, 지의류는 기생식물이 아니지만 수목 생장에 지장을 줄 수 있다.

– 만경식물은 나무를 감고 올라가서 공간을 차지하고 햇빛을 차단하며, 물과 양분 이동을 방해함으로 피해를 준다.

– 이끼, 지의류는 다른 식물의 표면에 붙어서 자라는 착생식물로서 운시림과 같이 숲이 우거진 곳, 비가 자주 오는 곳, 공중습도가 높은 야외 온천, 물방울이 계속적으로 튀기는 폭포 근처에서 자라는 이끼류는 너무 왕성하게 자라서 나무에 피해를 준다.

• 병징

– 담쟁이덩굴, 칡, 다래는 수목의 수간을 타고 올라가 나무 전체를 덮어 광합성을 방해하고, 특히 칡과 다래의 경우는 수간을 감은 줄기가 굵어져 압박을 가해 수분과 양분 이동을 방해한다.

• 방제

– 만경류를 제거한다.

〈그림 37〉 담쟁이덩굴

② 동물

• 원인

– 다양한 동물들은 수목의 뿌리, 줄기, 잎 등에 피해를 준다.

- 병징

– 동물의 종류와 나무의 크기에 따라 다르게 나타난다.

– 설치류는 나무 밑동에 주로 피해를 주며, 어린나무의 경우에는 토끼와 사슴이 새순과 나무 껍질을 벗겨 먹는 피해가 나타난다.

– 곰에 의한 피해는 발톱 자국과 껍질이 크게 벗겨진다.

– 백로류와 왜가리류는 소나무와 참나무류에서 산성을 띤 배설물에 의해서 가지가 부분적으로 고사한다.

– 개에 의한 피해는 좁은 정원에서 개를 놓아서 기를 경우 발생하는데, 큰 개가 주기적으로 한 나무 밑에 방뇨할 경우 수개월 후에 잎이 고사하여 수관 전체가 갈색으로 변하다. 특히 작은 나무의 경위 쉽게 피해를 받는다.

- 방제

– 나무에 동물이 접근하지 못하도록 보호대나 울타리를 설치한다.

– 딱따구리가 줄기 주변을 돌아가면서 상처를 목질부 속까지 깊게 낼 경우에는 환상박피가 되어 이를 그대로 두면 줄기의 윗부분이 말라서 죽는다. 이런 경우에는 수피이식 수술에 의해서 위 아래로 단절된 수피를 서로 연결시켜 소생시킬 수 있다.

4) 인위적 요인

① 답압과 도로 포장

- 원인

– 인간이나 장비에 의해서 표토가 다져져서 견밀화되는 토양 경화 현상을 의미한다.

– 일반적으로 조경공사가 이루어지기 전에 토목공사가 실시되면서 중장비에 의해서 표토가 다져진다.

– 토양 답압이 진행되면 수분과 산소를 함유하는 토양 공극이 없어져서 수분과 산소가 부족하게 되고, 뿌리가 딱딱한 토양을 뚫고 나갈 수 없게 되어 양분도 부족하여 뿌리의 발달이 극히 저조해진다.

- 병징

– 토양 내 수분, 산소, 무기양분이 부족해져 척박한 토양에서 자라는 것 같은 증상을 보이며, 잎이 작아지고, 가지의 생장이 둔화되며, 장기적으로 지속될 경우 잎에 황화 현상이 나타난다. 또한 수관의 꼭대기부터 밑으로 내려오면서 가지가 고사하고 수관이 엉성해진다.

• 방제

– 토양 멀칭 방법을 사용한다.

– 천공법과 도랑설치 방법을 사용한다.

② **기계와 장비**

• 원인

– 자동차와 중장비에 의한 충돌사고, 잔디 깎는 기계, 예초기, 냉난방기, 부적절한 지주와 당김줄 설치, 굴착기에 의한 뿌리 손상, 수목을 의도적으로 파괴하는 행위 등으로 인하여 수피에 상처를 받는 경우가 자주 있다.

– 아스팔트 포장을 할 때 포장기계로부터 열기로 인해 인근에 있는 가로수가 피해를 입는 경우가 자주 있다.

• 병징

– 나무 밑동에 물리적 상처로 나타난다.

– 상처를 통해서 소나무의 경우 송진, 벚나무의 경우 검, 단풍나무의 경우 수액이 흘러나온다. 반복적으로 피해를 입히면 환상박피 현상으로 진전되어 나무가 말라 죽는다.

– 잔디 깎기 후 잘린 풀잎들이 주변에 있는 수목의 잎 위에 얹혀 있는 경우 나뭇잎의 광합성 작용을 방해하여 잎이 서서히 갈색으로 변하면서 죽게 된다.

• 방제

– 잔디 깎는 기계에 의한 피해를 줄이기 위하여 나무 밑동 주변에 플라스틱 파이프로 만든 수피보호대를 씌워서 보호한다.

– 나무 밑동 근처에는 잔디를 심지 말고 대신 유기물로 멀칭 하여 기계의 접근을 차단한다.

– 환풍기와 냉방기에 의한 피해는 더운 공기가 나무에 직접 닿지 않도록 바람의 방향을 위로 바꾸는 장치를 부착한다.

– 지하에 전선 등의 매설물을 설치할 경우 뿌리를 최소한으로 손상시키는 방법을 도입한다.

③ **심식**

• 원인

– 나무를 이식 할 때 예전에 나무가 묻혀 있던 깊이보다 더 깊게 심는 행위를 말한다.

– 어느 정도 깊이 심어야 심식에 해당하는 가는 토성에 따라 다르지만 일반적으로 15cm를 기

준으로 한다.

- 수목의 뿌리는 호흡을 하기 때문에 산소를 필요로 하며, 산소 공급이 원활한 토양의 표면 근처에 집중적으로 모여 있다. 특히 양분과 수분을 흡수하는 역할을 맡고 있는 세근(細根, 가는 뿌리)의 90% 가량이 표토 20cm 깊이에 모여 있어 심식이 되면 토양 내 산소 부족으로 인하여 뿌리의 호흡이 방해를 받아 고사하게 된다.
- 조경공사에서 절대 해서는 안 되는 것이 심식과 복토이다.

• 병징

- 뿌리 주변에 산소가 부족하면 뿌리 호흡이 방해되면서 뿌리의 발달이 둔화된다. 이로 인해 수분과 양분 흡수가 제대로 일어나지 않고 그 영향이 지상부에 미쳐서 가지 생장이 둔화되면서 잎이 작아지고 황화 현상이 나타난다. 더 진전되면 가지 끝이 서서히 말라 죽는다.
- 심식 피해는 매우 천천히 진행되어 식재 후 수년이 경과하여 증세가 서서히 나타나기 때문에 원인을 잘못 진단하는 경우가 대부분이다.
- 심식으로 인한 피해 증상은 뿌리 호흡을 방해하는 과습, 배수불량, 복토, 답압에서 나타나는 증상과 비슷하다.

• 방제

- 예전에 묻혀 있던 높이까지 표토를 제거한 후 배수처리 한다.

④ 휘감는 뿌리와 제한된 뿌리

• 원인

- 휘감는 뿌리는 나무 밑동 주변을 휘감으면서 자라는 뿌리를 의미한다.
- 묘목을 용기에 담아서 양묘할 경우 자주 볼 수 있다.
- 제한된 뿌리는 가로수로 심겨진 나무 중에서 식수대(植樹帶) 속에 오랫동안 갇혀 있는 동안 뿌리의 발달이 억제되어 뿌리가 기형으로 자라는 경우를 뜻한다.

• 병징

- 휘감는 뿌리는 나무 밑동을 휘감아서 밑동을 조이면서 직경이 굵어진다. 시간이 지나면서 더욱 압박하여 조직 속으로 파고 들어가서 수분과 양분의 이동을 방해한다.
- 밑동을 협착함으로써 잘록해지며, 센 바람에 쓰러지기도 하고, 수세가 전반적으로 약해져서 가을에 단풍이 먼저 들고 낙엽 시기도 빨라진다.

• 방제

- 휘감는 뿌리를 제거한다.

- 제한된 뿌리는 식수대를 헐고 더 크게 공간을 확보해 주어야 한다.

⑤ 복토와 석축

- 원인

- 한국에서 조경수의 여러 가지 피해 중에서 가장 흔하게 관찰되고 심각하게 나타나는 피해로서 가장 주의해야 할 항목이다.
- 복토는 이미 심겨져 있는 나무 위에 높이 15~20cm 이상 흙이나 콘크리트를 덮어 수목의 뿌리 호흡을 방해하는 현상을 말한다.
- 복토에 의한 피해는 심식에 의한 피해와 동일하다.
- 새마을 사업으로 마을마다 노거수 주변을 석축으로 쌓고 복토를 했거나 콘크리트로 포장하였다.

- 병징

- 토양 속에 산소 부족으로 인하여 뿌리의 활력이 나빠지면서 뿌리가 먼저 서서히 고사한 후 지상부에 증세가 매우 서서히 나타난다.
- 활엽수의 경우 초기 증상은 잎이 작아지고 새 가지의 길이가 짧아지는 등의 생장 감소 현상이 나타난다. 더 진전되면 수관의 맨 꼭대기에 있는 가지의 끝부분 잎의 황화 현상이 나타나면서 잎이 탈락하고, 밑으로 내려오면서 가지가 죽어가다 나무 전체가 완전히 말라 죽는다.
- 침엽수의 경우에는 초기 증상이 잘 나타나지 않아서 잎이 마르기 시작하면 이미 구제하기에 너무 늦는 경우가 대부분이다.

- 방제

- 복토된 것을 발견했을 때는 즉시 흙을 제거한 후 배수처리 한다.
- 나무 주변에 복토를 꼭 해야 할 경우에는 배수가 양호하도록 토양 표면을 바깥쪽으로 경사지게 정리하고, 나무 주변에 반경 60cm 이상의 빈공간을 두고 원형으로 돌을 쌓아 마른 우물(dry well)을 만들고, 물이 주변으로 빠지면서 뿌리에 산소와 수분이 공급되도록 한다.

⑥ 절토

- 원인

- 뿌리가 뻗고 있는 토양의 일부를 걷어 내거나 수직 방향으로 잘라내는 것을 뜻한다.
- 절토는 뿌리의 일부가 제거되기 때문에 복토 못지않게 나무에 큰 피해를 준다.
- 나무 주변의 모든 흙을 30cm 깊이로 제거한다면 잔뿌리가 모두 제거되어 나무가 살 수 없게 된다.

• 병징

– 수관의 한쪽 가장자리 부근에서 절토가 이루어지면 전체 뿌리의 15%가 제거되며, 수관폭 반경의 절반 부근에서 절토가 이루어지면 뿌리의 30%가 제거된다. 그 이상의 절토가 이루어지면 수관에 피해가 나타나기 시작한다. 뿌리가 잘린 쪽의 수관이 마르기 시작하여 가지가 고사한다.

• 방제

– 토목공사 시 나무 주변의 흙을 제거해야만 할 경우에는 수관 폭의 2/3만큼 원형으로 흙을 남겨 놓고 절토된 부분에 석축을 쌓아서 흙이 더 이상 무너지지 않도록 한다.

⑦ 대기오염

• 원인

– 대기 중에 있는 물질이 정상적인 농도 이상으로 존재할 때이며 과거에는 석탄 사용으로 인하여 아황산가스(SO_2)가 주요 대기오염물질이었으며, 최근 가장 큰 대기오염 물질은 오존(O_3)과 질소산화물(NOx)이다.

• 병징

– 활엽수의 경우 엽맥 사이 조직, 잎 가장자리, 잎 끝의 황화와 괴사, 주근깨 같은 반점 형성, 백화 현상, 조기낙엽 등의 증세가 나타난다.

– 침엽수의 경우 황화 현상, 잎 끝의 적갈색 변색과 괴사 현상이 나타난다.

• 방제

– 대기오염에 저항성 있는 수종을 식재한다.

– 분진이 기공을 막고 있으면 광합성을 방해함으로 잎을 주기적으로 물로 세척한다.

– 수목이 왕성하게 생장하고 있을 때에는 대기오염에 예민해지므로 생장억제제를 살포하여 생장을 둔화시키면 저항성을 높일 수 있다.

⑧ 농약과 비료

• 원인

– 농약과 비료 사용에 의하여 일어나는 약해는 제초제, 살충제, 생장조절제, 과다한 비료 사용 등에 의해서 일어난다.

– 농약을 권장 농도 이상으로 너무 진하게 사용하거나, 한 곳에 너무 많이 살포하거나, 바람에 의해서 이웃 나무로 농약이 비산되거나, 두 가지 이상의 농약을 함께 사용할 때에 생긴다.

- 병징

– 피해를 받은 수목은 잎의 말림, 뒤틀림, 기형, 왜소화, 변색, 황화 현상, 반점, 부분 괴사, 전체 고사, 낙엽 그리고 가지의 휨, 뒤틀림, 비대 등의 증세가 나타난다.

- 방제

– 농약이 뿌리로 흡착되어 피해를 일으킬 경우에는 토양 속에 활성탄을 집어넣어 농약을 흡착시켜 농약의 농도를 낮춘다. 활성탄 대신 부엽토나 완숙퇴비를 사용해도 된다.

– 적절하게 관수한다. 과다한 관수는 농약에 대한 저항력을 저하시킬 수도 있다.

– 농약 살포시 권장 농도를 지키고, 농약이 비산되지 않도록 살포하며, 연속하여 다른 농약을 사용할 때 용기와 호수를 깨끗하게 세척하여 사용한다.

– 농약 살포시 나무의 상태와 기상 조건을 참고하여야 한다. 일조량이 부족하거나 그늘에서 자라서 나무의 조직이 연약한 경우, 태풍이 지나간 직후 잎과 가지에 상처가 많을 때, 가뭄이 지속되어 탈수 현상이 이 있으면 약해를 많이 받는다.

⑨ 잘못된 가지치기(전정)

- 원인 및 병징

– 가지치기를 하면 상처가 생기는데, 나무에 상처가 생기면 나무는 부후균이 침입하게 된다.

– 가지치기시 가지터기(branch stub)를 길게 남길 경우 서서히 썩어 들어가며, 원줄기의 밑부분이 움푹 패이면서 커다란 구멍이 생긴다.

– 올바른 가지치기 방법은 가지터기(branch stub)를 남기지 않고 바짝 자르는 것이다.

- 방제

– 가지치기를 할 때 가지터기(branch stub)를 바짝 자르는 원칙을 지키면 가지치기로 인한 피해를 최소화 할 수 있다. 잘못된 가지치기를 발견하면 즉시 가지터기를 바짝 잘라서 바로 잡는다.

– 가지치기가 끝난 다음에는 노출된 형성층에 지오판도포제를 연 1회 이상 발라 준다.

– 굵은 가지를 자를 때에 한 번에 자르면 가지 밑부분이 찢어질 수 있으니 우선 가지의 무게를 제거한 후 폭이 좁은 전정톱으로 가지터기를 바짝 잘라준다.

⑩ 해빙염

- 원인

- 겨울철 빙판 길에 식염(염화나트륨, NaCl)이나 염화칼슘($CaCl_2$) 같은 해빙염(deicing salt)을 사용함으로써 주변에 있는 수목이 피해를 받게 된다.
- 해빙염 피해는 겨울에도 잎이 붙어 있는 상록수에서 피해가 더 크다.

• 병징

- 상록수의 경우에는 봄이 오기 전에 잎에 나타나지만, 낙엽수의 경우에는 봄에 새싹이 한참 자란 후에 나타난다.
- 침엽수의 경우에는 잎 끝에서부터 황화 현상이 오면서 갈색으로 변하여 심하면 낙엽이 진다.
- 낙엽수의 경우에는 봄에 새싹이 나오면서 잎이 어느 정도 자라다가 잎의 끝부분과 가장자리부터 황색으로 변하면서 갈색으로 되어 마르기 시작한다. 더 진전되면 눈이 형성되지 않고 가지가 고사한다.
- 침엽수와 활엽수 모두 잎에서 피해 부위와 건전 부위의 경계선이 뚜렷하게 나타난다.

• 방제

- 해빙염을 뿌리기 전에 나무가 심겨진 도로변의 토양을 비니로 덮어서 해빙염의 침투를 막는 것이 가장 바람직한 방법이다.
- 해빙염이 묻은 후에 비가 오지 않았다면 잎에 묻어 있는 해빙염을 물로 깨끗이 씻는 것이 가장 효과적이다.
- 상록수는 증산억제제를 살포한다.
- 내염성 수종을 식재한다.

⑪ 유해가스

• 원인

- 배수 불량지역, 쓰레기 매립지역, 도시가스 배관지역과 같이 토양 속에서 발생하는 가스에 의한 피해와 하수구의 맨홀이나 공업단지와 같이 지상부에서 발생하는 가스에 의한 피해 등으로 구분된다.

• 병징

- 서서히 수년에 걸쳐서 모든 나무에서 나타나는데, 뿌리가 청색을 띠면서 물에 젖은 것 같은 색깔을 나타내며, 뿌리의 발달이 저조해지면서 지상부의 생장이 불량해진다.
- 초기에는 가지가 엉성하고 잎이 작아지다가 더 진전되면 가지가 마르고 갈색으로 변한다.

• 방제

- 배기 파이프를 설치하여 메탄가스를 밖으로 배출시키고 산소 공급을 촉진시킨다.

– 아까시나무, 버드나무, 현사시나무 등은 자생할 만큼 저항성이 크다.

⑫ **세척제**

- 원인

– 건물의 외벽이나 유리창을 세척할 때 쓰는 세척제와 세탁기에서 배출되는 오수에는 수목 생장에 지장을 주는 성분이 들어 있다.

– 건물 외벽 청소는 원칙적으로 중성세제와 같이 중성을 띤 화학약품을 써야 하나, 묶은 때를 효과적으로 제거하기 위하여 산성 세척제를 쓰게 되는데 이 때 주변에서 자라는 조경수에 큰 피해를 준다.

- 병징

– 세척제가 나뭇잎에 묻어서 잎이 갈색으로 변하면서 피해를 입는다. 심할 경우 잎의 끝부분부터 갈색으로 변하면서 말라 죽는다.

– 이병조직과 건전조직의 경계선이 뚜렷하게 만들어지기 때문에 전염성 병에 의한 병징과 구별이 쉽게 된다.

- 방제

– 세척제를 중성세제를 사용해야 하며, 세제와 씻어낸 물이 나뭇잎에 닿지 않도록 주의한다.

– 세탁기의 오수는 수목으로부터 멀리 배수되도록 한다.

– 피해를 발견한 즉시 충분한 물로 세척해 준다.

⑬ **화재**

- 원인

– 화산, 지진, 산불, 낙뢰로 발생하는 불로 인하여 수목이 피해를 입는 경우이다.

– 수목의 잎은 섭씨 150℃ 이상 되는 고열이나 불꽃에 순간적으로 노출되더라도 피해를 입는다.

– 얇은 수피를 가진 백송, 오동나무, 배롱나무, 단풍나무 등은 불에 약하며, 두꺼운 수피를 가진 은행나무, 소나무, 참나무류 등은 불에 견디는 능력이 크다.

- 병징

– 불꽃이나 고열에 노출된 잎은 순간적으로 말라서 곧 갈색으로 퇴색하며, 가지는 서서히 말라 죽는다.

– 수피는 불꽃과 접촉하면 검게 숯으로 변하지만 접촉한 시간에 따라서 피해 정도가 다르다.

- 방제

– 불로 겉이 검게 그을린 부분이라도 수피 안쪽에 잠아(潛芽)가 살아남는 경우가 있으므로 몇

개월 기다린 후 완전히 죽은 부위가 판별되면 죽은 부위를 잘라낸다.

– 형성층이 노출되었을 때는 형성층 주변에 죽은 조직을 깨끗하게 없애버리고 지오판도포제를 바르고, 유상조직이 재생되기를 기다린다.

⑭ **접목불화합성**

- 원인

– 접목을 실시할 때 대목(臺木)의 장점을 살리기 위하여 서로 다른 수종을 사용하는 경우가 있다. 접수(椄穗)와 대목(臺木) 간에 서로 생리적으로 원활한 대사가 이뤄지지 못하는 경우를 말한다.

– 접목 부위에서 위아래 사부조직이 서로 제대로 연결되지 못해서 잎에서 만들어진 설탕이 사부를 타고 내려오면서 접목 부위에서 설탕이 정체되어 접수가 대목보다 빨리 자라서 생기는 현상이다.

– 접목불화합성은 대목과 접수의 수종이 일치하는 경우에도 일어난다.

- 병징

– 윗부분의 접수가 아랫부분의 대목보다 빨리 자라서 윗부분의 직경이 아랫부분의 직경보다 굵어지는 비대현상이 생길 때 이것을 대부(臺負)라 하고, 반대로 아랫부분이 더 굵어질 때 이것을 대승(臺勝)이라 한다. 이러한 증상은 접목 후 수년 혹은 수십 년이 경과한 후에도 지속되다가 증세가 심할 경우에는 접목 부위가 부러지기도 한다.

- 방제

– 접수와 대목의 수종을 일치시킨다.

3–10. 기타관리(멀칭, 지주목, 노거수)

1) 멀칭

① **개념**

- 멀칭이란 특정 재료를 사용하여 토양을 피복하거나 보호하여 식물의 생육을 도와주는 역할을 하는 재료를 말한다.
- 멀칭은 주로 양묘, 수목이식, 답압토양, 염분토양, 건조한 토양을 개선하고자 할 때 많이 사용된다.

② 멀칭재료

- 멀칭재료는 값이 싸고, 다루기 쉬우며, 투수성이 있어야 한다.
- 투수성은 가장 중요한 필수 구비조건이다.
- 멀칭재료는 입자가 너무 작으면 불리하다. 예를 들어 아주 잘게 파쇄한 볏짚이나 가는 톱밥은 쓰지 않는 것이 좋다
- 수피와 우드칩의 경우 길이 2cm 이상의 거친 것을 사용하는 것이 좋다.
- 모래의 경우 미세한 모래보다는 왕모래가 더 좋다.

③ 멀칭의 종류

구분	종류
유기질 재료	· 쌀겨, 옥수수속, 땅콩껍질, 볏짚, 잔디 깎은 풀, 솔잎, 솔방울, 톱밥, 나무껍질(바크), 우드칩, 펄프, 이탄이끼 등
광물질 재료	· 왕모래, 마사토, 돌조각, 자갈, 조약돌 등
합성재료	· 토목섬유, 폴리프로필렌 부직포, 폴리에틸렌 필름(비닐) 등

출처 : 조경기사·산업기사(2013), 이승원, 성안당, p.6-50.

④ 멀칭의 효과

- 잡초발생의 억제

– 멀칭은 잡초종자의 발아를 억제함과 동시에 광도(光度)를 부족하게 함으로써 잡초의 정상적인 생육을 어렵게 만든다.

- 토양수분 유지

– 멀칭은 지표면에서의 증발을 억제하고, 토양수분의 요구도가 매우 높은 잡초의 발생을 억제시킴으로써 수분의 유실을 방지한다.

- 표토유실 방지 및 수분손실 방지

– 멀칭은 빗방울이나 관수 등으로부터 충격을 완화시켜줌으로써 표토가 유실되는 것을 막아주고, 수분의 이동 속도를 느리게 해 줌으로써 수분이 토양 내로 충분히 침투할 수 있도록 한다.

- 토양의 비옥도 증진

– 멀칭재료가 부패되어 토양으로 환원되면 토양의 유기물함량이 증대됨으로서 토양의 비옥도를 증가시키게 된다.

– 멀칭은 미생물의 생육환경을 좋게 하여 유익한 토양미생물의 생장을 촉진한다.

- 토양구조 개선

– 멀칭재료는 시간이 경과되면서 서서히 부패되어 토양의 유기물함량 증대에 기여하므로 토양의 통기성 개선, 토양온도 및 습도를 적절하게 조절해주는 역할을 하고, 근계(根系)의 발달을 촉진시켜 준다.

• 시각적·환경적 개선

– 멀칭을 함으로써 다양한 질감과 색깔로 시각적인 개선효과가 있으며, 동시에 소음완화의 부수적인 효과도 기대할 수 있다.

• 토양의 성질 개선

– 토양이 다져지는 것을 방지하고, 토양의 입단화를 촉진하며, 공극률을 높임으로써 딱딱해지고 갈라지기 쉬운 토양의 성질을 개선한다.

• 염분농도 조절

– 멀칭은 지표면의 증발을 억제시켜 적절한 상태의 수분을 유지함으로써 염분의 농도를 희석하는데 기여한다.

• 토양온도 조절

– 멀칭을 함으로써 여름철에는 태양열을 반사시켜 온도의 상승을 억제하고, 겨울철에는 보온작용을 하여 토양이 동결되는 것을 완화해준다,

• 기타

– 멀칭은 태양열의 복사와 반사를 감소시켜 쾌적한 환경을 제공해주고, 병충해의 발생을 억제시키는데 기여한다.

⑤ 멀칭 방법

• 재료의 포설두께는 최소한 5cm로 덮되 최고 15cm가 넘지 않도록 하여야 한다. 너무 두껍

〈그림 38〉 멀칭

게 멀칭을 하면 공기유통이 잘 안 되고 토양이 과습해질 가능성이 크다.

- 교목의 경우에는 최소한 수관폭의 50% 이상으로 피복한다.
- 관목의 경우에는 주변을 수관폭의 100% 이상으로 피복한다.
- 군식시에는 가장자리 주간으로부터 식재수종의 수관폭만큼 피복한다.

2) 지주목 관리

① 개념

- 수목을 식재한 후 충분히 잘 다져도 태풍이나 돌풍에 의하여 흔들리거나 쓰러질 우려가 있으므로 수목을 고정시켜 주어야 한다.
- 특히 수고가 2m 이상의 교목류에는 수목뿌리의 활착을 도모하기 위하여 수목용 지주를 설치하여야 하며, 2m 미만의 교목이나 단독 식재하는 관목의 경우에도 필요에 따라 지주를 설치하여야 한다.

② 지주목 설치시 고려사항

- 주 풍향을 고려하여 바람에 쓰러지지 않게 한다.
- 지형적·지반관계도 고려하고, 경관적 측면에서도 아름답게 설치한다.
- 지주의 재료는 소정의 규격을 갖추도록 하여야 하고, 목재인 경우에는 내구성이 강한 것이나 판화, 페인트, 약물주입 등으로 방부 처리한 것을 사용한다.
- 튼튼하게 고정하고, 묶는 부위는 마대나 고무를 대어 수피손상을 방지한다.
- 지주의 하단은 10~20cm 정도 흙에 묻히도록 하여 흔들리지 않도록 한다.

③ 지주목 설치의 효과

- 수고(樹高) 생장에 도움을 준다.
- 바람에 의한 피해를 줄일 수 있다.
- 수간의 굵기가 균일하게 생육할 수 있도록 해준다.
- 이식된 수목의 조기 활착에 도움을 준다.
- 답압을 방지하고 수목을 보호한다.
- 교목의 경위 반드시 설치하는 것이 좋다.

④ 지주목 설치의 단점

- 지지된 부분의 수피(樹皮)가 벗겨지는 등 상처를 주기 쉽다.
- 목질부(木質部)의 생육이 원활하지 못하여 바람에 의해 부러질 수 있다.
- 미관이 좋지 못하고, 당김줄 등이 통행을 제한하고 활동에 방해가 된다.

3) 노거수 관리

① 상처치료

- 인위적 또는 자연적으로 나무에 상처가 생길 경우 즉시 치료를 해주어야 한다.
- 상처를 받은 나무는 절단면이나 수피의 상처를 통해 균류, 박테리아 또는 기생충들에 의해 감염되어 그 부위가 부패하기 쉽다.
- 유합조직(callus tissue)의 조기형성 및 상처치료제로는 오렌지 셸락(shellac), 아스팔템 페인트, 크레소트 페인트, 접목용 밀랍, 하우스 페인트, 라놀린 페인트, 수목용 페인트 등이 있다.

② 복토(覆土) 및 성토(盛土)

- 복토 또는 성토로 인하여 나무가 깊이 묻히게 된 경우 기존 수목을 보존하고 근계(根系)의 활동을 원활하게 해주기 위해 나무우물(Tree Well)을 설치한다.
- 나무우물(Tree Well)은 나무 둘레의 흙을 파 올린 다음 나무줄기를 가운데 두고 일정 넓이로 돌담을 쌓아 원래의 지표를 유지해준다.
- 돌담을 쌓을 때에는 뿌리의 호흡을 위해 반드시 메담쌓기(마른우물, dry wall)를 하여야 한다.

③ 절토대책(切土), soil cut)

- 수목 주변의 절토는 토양의 표면을 낮추는 것을 의미하는데 복토보다 더 많은 피해를 가져온다.
- 수관폭 내에 있는 모든 흙을 30cm 이상 제거할 경우 세근(細根)이 제거되어 수목은 고사하게 된다. 수목주변의 절토 작업은 해서는 안 된다.
- 한쪽방향의 절초

– 수관의 끝부분까지 절토하면 전체 뿌리의 15% 가량이 제거되며, 수관반경의 절반까지 들어와서 절토하면 전체 뿌리의 30% 가량이 제거되지만 수목은 살아갈 수 있다.

– 절토할 때에는 수관에 직각으로 하고, 석축을 쌓아서 수간폭의 흙이 보존되도록 한다.

• 주변절토

– 표토를 그대로 둔 상태에서는 수관반경의 1/3선까지 들어와서 절토하더라도 나무를 구제할 수 있다.

– 원추형으로 수관폭이 좁게 자라는 수목은 보다 넓게 흙을 남겨두어야 한다.

④ 공동처리(空胴, cavity)

• 공동처리 순서

– 부패부 제거 → 공동 내부 다듬기 → 버팀대 박기 → 살균 및 치료하기 → 공동충전 → 방수처리 → 표면경화처리 → 인공수피처리

• 살균제

– 포르말린, 크레오소트, 승홍, 콜타르, 에틸알코올 등이 사용된다.

– 70% 에틸알코올은 살균력이 좋고 사용 후 곧 증발해 버리므로 가장 효율적이다.

• 살충제

– 살충제는 침투성이 좋은 스메치온(200배액)과 훈증효과가 있는 다이아톤(100배액)을 혼합하여 사용한다.

– 엽면살포할 때보다 더 농축된 용액을 사용한다.

• 방부제

– 방부제는 유기화합물보다 무기화합물을 사용하는 것이 좋다.

– 황산동(10%)과 중크롬산칼륨(0.5%)을 섞어서 도포한다.

• 방수제

– 방수용 페인트, 니스, 셸락(shellac), 바세린, 파라핀, 접밀, 수지 등을 사용한다.

– 에폭시수지와 포화 폴리에스테르수지를 많이 한다.

• 공동충전재

– 부패된 줄기의 공동처리는 충전재료의 선택이 중요하다.

– 공동충전재는 합성수지, 콘크리트, 아스팔트 혼합물, 고무밀납 등이 사용된다.

– 비발포성 수지 : 에폭시수지, 불포화 에스테르수지, 우레탄고무 등이 있으며, 공동이 큰 노거수에 사용하기 어렵다.

– 우레탄고무는 외과수술용으로 가장 좋은 재료이므로 귀중한 문화재 등에 사용되고 있다.

– 불포화 에스테르수지는 공동충전 대신에 수술의 끝부분에서 방수용과 인공수피용으로 사용된다.

- 발포성 수지 : 폴리우레탄폼(polyurethane foam) 등이 사용되고 있다. 발포성 수지는 부피가 수십 배로 늘어나기 때문에 커다란 공동을 채울 때 유리하며, 공동의 구석까지 빈틈없이 채울 수 있는 장점이 있다.
- 발포성 수지의 장점은 경제적이고, 작업하기 쉬우나 단점은 강도가 약하다.
- 발포성 수지의 약제는 주제와 발포경화제가 있으며, 낮은 온도에서는 잘 반응하지 않으므로 20~30℃의 온도를 유지한 다음 사용하는 것이 좋다.

〈그림 39〉 노거수 전경

〈그림 40〉 노거수 공동 및 처리

실무연습문제

1 도장지(徒長枝), 윤생지(輪生枝), 평행지(平行枝), 대생지(對生枝)에 대하여 설명하시오.

2 조경식재유지관리 항목에 대하여 목적, 횟수, 시기, 방법에 대하여 기술하시오.

3 연간 조경식재유지관리 계획표를 작성하시오.

4 정지·전정의 필요성과 효과에 대하여 기술하시오.

5 정지·전정의 일반원칙에 대하여 기술하시오.

6 정지·전정의 요령 및 작업순서에 대하여 기술하시오.

7 계절별 정지·전정 및 유의사항, 특징에 대하여 기술하시오.

8 화목류의 전정시기에 대하여 기술하시오.

9 상록수, 낙엽수, 소나무, 등나무의 적심·적아 작업에 대하여 기술하시오.

10 아상(芽傷), 적아(摘芽), 적심(摘心), 단근(斷根)에 대하여 기술하시오.

11 식물생육에 필요한 다량원소와 미량원소는?

12 N, P, K, Ca, Mg, S 성분의 결핍증상에 대하여 기술하시오.

13 식물체 내에서는 극히 부동성이며 세포막을 강건하게 하고 단백질의 합성, 질소의 흡수 및 이용조장, 체내의 독극물질 중화, 분열조직의 생장과 뿌리털의 발육에 필수적인 성분은?

14 붕소(Br), 구리(Cu), 철(Fe), 망간(Mn), 몰리브덴(Mo), 아연(Zn) 성분의 결핍증상에 대하여 기술하시오.

15 꽃을 크게 하고 색깔을 아름답게 하며 결실을 좋게 하는 필수영양소는?

16 조경수목의 생육에 반드시 필요한 비료의 3요소는?

17 비료의 영양성분이 10-6-4로 표시된 의미는?

18 N : P_2O_5 : K_2O의 비가 5 : 3 : 2인 배합비료 300kg을 황산암모늄(N 20.0%), 과인산석회(P_2O_5 16.0%), 황산칼륨(K_2O 48.0%)을 원료로 제조할 경우 배합률은?

19 시비방법 중 천공시비에 대하여 기술하시오.

20 시비방법 중 측구시비에 대하여 기술하시오.

21 시비방법 중 표토시비에 대하여 기술하시오.

22 토양 내 시비방법 중 방사시비, 윤상시비, 전면시비, 점상시비, 선상시비에 대하여 그림으로 도식하시오.

23 아래 물음에 대하여 답하시오.

① 작은 나무들이 가깝게 식재된 경우의 시비방법은 :

② 교목이 넓은 간격으로 식재된 경우의 시비방법은 :

③ 경계선의 생울타리 시비방법은 :

24 수간 주변에 시비용 구덩이의 깊이는?

25 초화류의 시비방법에 대하여 기술하시오.

26 교목 500주가 심겨진 공원에 시비를 하고자 한다. 연평균 수목 시비율은 20%로 할 때 다음 표를 참조하여 시비를 위한 인건비를 산출하시오.

명칭	단위	수량
조경공	인	0.3
보통인부	인	2.8

〈표1〉 교목시비(100주당)

구분	금액(원)
조경공	50,000
보통인부	40,000

〈표2〉 인부의 노임단가

27 황산암모늄, 용성인비, 요소, 칠레초석 중 토양에 사용 후 분해되어 식물에 의하여 흡수된 뒤에 나타나는 생리적 반응 중 산성비료의 성질을 나타내는 것은?

28 화목류에 인산질 비료를 줄 경우 언제가 가장 좋은가?

29 식물의 생육에 필요한 양분의 검증방법 중 양분시험법에 대하여 기술하시오.

30 식물체의 부분 중 동(銅)의 독성에 가장 예민한 곳으로 피해가 가장 심한 부위는?

31 대표적인 광발아잡초와 암발아잡초를 쓰시오.

32 잡초의 방제방법 중 물리적 방제와 화학적 방제에 대하여 기술하시오.

33 잡초종자의 생태적 특성에 대하여 기술하시오.

34 저항성 잡초의 출현에 가장 큰 원인이 되는 것은?

35 대표적인 잔디밭의 잡초는?

36 비선택성 제초제에 대한 설명과 종류에 대하여 쓰시오.

37 제초제인 2,4-D의 특성에 대하여 기술하시오.

38 발아전 처리제초제는?

39 경엽처리 제초제는?

40 잡초의 여러 기관에서 작물의 발아나 생육을 억제하는 특정물질을 분비함으로써 피해를 일으키는 작용은?

41 관수방법에는 침수식, 도랑식, 스프링클러식 관수가 있는데 각각의 특징에 대하여 기술하시오.

42 조경공사 표준시방서상 수목의 관수횟수는 연간 몇 회를 기본으로 하는가?

43 관수시기 및 회수에 있어 봄·가을철, 여름철, 겨울철에 따라 다른데 각각의 특징에 대하여 기술하시오.

44 수종별 관수방법에 대하여 기술하시오.

45 흉고직경 15cm의 벚나무 500주와 23cm의 은행나무 400주를 인력으로 관수하고자 한다. 다음 표를 참조할 때 4명의 보통인부가 관수를 끝내기 위한 소요일수는?

〈표1〉 주당 인력관수

종 별	흉고직경(cm)	
	10~20미만	20~30미만
보통인부(인)	0.04	0.06

46 식물의 관수량을 결정하는 요소는?

47 한해(寒害) 현상에는 냉해(冷害)와 동해(凍害)가 있는데 각각의 특징에 대하여 기술하시오.

48 상해(霜害, frost injury) 현상에는 만상(晩霜, spring frost), 조상(早霜, autumn frost), 동상(冬霜, winter frost)이 있는데 각각의 특징에 대하여 기술하시오.

49 일소·피소(日燒·皮燒, sunscald)의 특징에 대하여 기술하시오.

50 엽소(葉燒, leaf scorch)의 특징에 대하여 기술하시오.

51 한해(寒害, drought injury)의 특징에 대하여 기술하시오.

52 상렬(霜裂, frost crack) 현상의 특징에 대하여 기술하시오.

53 냉해(冷害)를 받기 쉬운 조건에 대하여 쓰시오.

54 월동의 근본대책에 대하여 기술하시오.

55 피소(皮燒)에 취약한 수종은?

56 새 잎과 새 가지가 생장하기 시작한 후 수목을 이식하였다. 이런 경우에 지엽(枝葉)의 수분증발을 억제하여 활착을 도와주기 위해 처리하는 약제는?

57 크라우드카바(cloud civer)의 살포방법과 효과에 대하여 쓰시오.

58 경제적 가해수준(economic injury level)과 경제적 피해 허용밀도(economic threshold)란?

59 바이러스(virus)에 의한 수목에 발생하는 수병은?

60 마이코플라스마(mycoplasma)에 의한 병은?

61 세균(bacteria)에 의한 병은?

62 진균(眞菌, fungi)에는 자낭균(子囊菌)과 담자균(擔子菌)이 있는데 자낭균(子囊菌)에 의한 병은?

63 진균(眞菌, fungi)에는 자낭균(子囊菌)과 담자균(擔子菌)이 있는데 담자균(擔子菌)에 의한 병은?

64 선충(線蟲, nematode)에 의한 병은?

65 병환부 또는 죽은 지주체에 월동하는 것은?

66 종자에 붙어 월동하는 것은?

67 토양 중에 월동하는 것은?

68 균사, 균핵으로 가지에 붙어 월동하는 것은?

69 아래 물음에 답하시오.

① 잣나무의 털녹병 기주식물은 :

② 소나무의 혹병 기주식물은 :

③ 소나무의 잎녹병 기주식물은 :

④ 자작나무의 잎녹병 기주식물은 :

⑤ 잣나무의 잎녹병 기주식물은 :

⑥ 붉은별무늬병(적성병)의 기주식물은 :

⑦ 포플러의 녹병 기주식물은 :

70 대추나무 빗자루병의 방제에 쓰이는 약제는?

71 낙엽송 가지끝마름병(선고병)의 월동형태는?

72 소나무재선충에 대하여 기술하시오.

73 소나무 잎떨림병(엽진병, needle cast)의 1차 전염원은?

74 병원체가 여러 가지 방법으로 다른 지역이나 다른 식물체에 운반되는 것을 전반이라 하는데 아래 물음에 답하시오.

① 바람에 의한 전반은 :

② 물에 의한 전반은 :

③ 곤충·소동물에 의한 전반은 :

④ 종자에 의한 전반은 :

⑤ 묘목에 의한 전반은 :

⑥ 식물체 영양번식기관에 의한 전반은 :

⑦ 토양에 의한 전반은 :

⑧ 병든 뿌리와 접촉에 의한 전반은 :

⑨ 벌채 통나무·재목 내의 잠재에 의한 전반은 :

75 병징(炳徵, symptom)과 표징(標徵, sign)의 특징에 대하여 기술하시오.

76 식물병의 진단방법에 대하여 기술하시오.

77 분제(粉劑), 입제(粒劑), 액제(液劑), 수화제(水和劑) 및 수용제(水溶劑), 유제(乳劑), DL분제에 대하여 기술하시오.

78 보조제(補助制), 전착제(展着劑), 증량제(增量)劑), 용제((溶劑), 유화제(乳化劑), 협력제(協力劑)에 대하여 기술하시오.

79 수직저항성(垂直抵抗性)에 대하여 기술하시오.

80 그을음병의 병징 및 표징의 특징과 방제방법에 대하여 기술하시오.

81 흰가루병의 병징 및 표징의 특징과 방제방법에 대하여 기술하시오.

82 흰별무늬병의 병징 및 표징의 특징과 방제방법에 대하여 기술하시오.

83 붉은별무늬병의 병징 및 표징의 특징과 방제방법에 대하여 기술하시오.

84 빗자루병의 병징 및 표징의 특징과 방제방법에 대하여 기술하시오.

85 잎떨림병의 병징 및 표징의 특징과 방제방법에 대하여 기술하시오.

86 탄저병의 병징 및 표징의 특징과 방제방법에 대하여 기술하시오.

87 가지마름병의 병징 및 표징의 특징과 방제방법에 대하여 기술하시오.

88 잎마름병의 병징 및 표징의 특징과 방제방법에 대하여 기술하시오.

89 해충의 가해습성에 따른 분류 중 조경수의 주요해충에 대해 아래 물음에 답하시오.

① 흡즙성 해충은 :

② 천공성 해충은 :

③ 식엽성 해충은 :

④ 충영형성 해충은 :

⑤ 종실 해충은 :

90 주요 해충의 천적에 대해 아래 물음에 답하시오.

① 응애의 천적은 :

② 진딧물의 천적은 :

③ 깍지벌레의 천적은 :

④ 소나무좀의 천적은 :

⑤ 흰불나방의 천적은 :

⑥ 독나방의 천적은 :

⑦ 솔나방의 천적은 :

⑧ 집시나방의 천적은 :

⑨ 텐트나방의 천적은 :

⑩ 밤나무혹벌의 천적은 :

⑪ 솔잎혹파리의 천적은 :

⑫ 복숭아명나방의 천적은 :

91 회양목명나방의 특징과 효과적인 방제방법은?

92 솔나방의 특징과 효과적인 방제방법은?

93 솔잎혹파리의 특징과 효과적인 방제방법은?

94 소나무좀의 특징과 효과적인 방제방법은?

95 흰불나방의 특징과 효과적인 방제방법은?

96 수간주입방법에 대하여 기술하시오.

97 무궁화, 모과나무 등에 많이 피해를 주는 진딧물을 방제하기 위하여 어떤 농약을 살포하여야 하는가?

98 대표적인 살충제와 살균제 농약을 쓰시오.

99 곤충의 변태과정 중 완전변태에 대하여 기술하시오.

100 약제를 혼합할 때 조제순서를 쓰시오.

101 농약의 독성을 표시하는 단위 중 LD50이란?

102 농약잔류 허용기준 설정 시 결정요소는?

103 농약의 조제법 중 살포제의 희석법에 대하여 설명하시오.

104 80% 디프 수화제 원액을 0.02%로 희석하여 20ℓ의 용액을 만들려면 디프 수화제의 원액은 몇 cc인가?

105 파라치온 유제 50%를 0.08%로 희석하여 10a당 100ℓ를 살포하려고 할 때 소요약량은 몇 mℓ 인가?

106 붉은별무늬병 방제를 위해 살균제 마이틴수화제를 살포하고자 한다. 600배 액으로 만들고자 할 때 물 18ℓ에 원액을 몇 g 넣어야 하는가?

107 흰불나방 구제를 위해 100cc의 디프테렉스 50% 유제를 1,000배로 희석하고자 할 때 물의 양은 몇 ℓ인가?

108 30% 메프 유제(비중 1.0) 200cc를 0.06%의 살포액으로 만드는데 소요되는 물의 양은 몇 cc인가?

109 흰불나방 구제를 위하여 살충제 50% 유제를 0.05%(1,000배) 농도로 ha당 1,000ℓ를 살포하려면 ha당 소요되는 원액량은 몇 cc인가?

110 잔디깎기의 목적에 대하여 기술하시오.

111 잔디깎기 방법에 대하여 기술하시오.

112 잔디깎기의 효과에 대하여 기술하시오.

113 종류별 잔디깎기 높이와 일반적으로 경기장 내의 잔디깎기 및 정원용 잔디는 보통 몇 회 실시하는가?

114 축구경기장의 잔디깎기 높이는?

115 골프장에는 그린(green), 티그라운드(teeing ground), 페어웨이(fairway), 러프(rough) 지역이 있는데 각각의 잔디깎기 높이는?

116 잔디깎기 시 주의사항에 대하여 기술하시오.

117 잔디의 생육상태가 나빠졌을 때 그 잔디를 원래의 건전한 상태로 되돌리는 작업을 무엇이라 하는가?

118 한지형 잔디와 난지형 잔디의 잔디 갱신 시기는?

119 갱신작업을 피해야 하는 경우에 대하여 기술하시오.

120 잔디 갱신방법에 대하여 기술하시오.

121 아래 물음에 답하시오.

① 잔디밭 표층(토양)의 통기성을 갱신하는데 이용하는 갱신방법은 :

② 잔디 표면의 통기성을 갱신하는데 이용하는 갱신방법은 :

③ 태치(thatch)를 제거하는데 이용하는 갱신방법은 :

122 **아래 물음에 답하시오.**

① 단단해진 토양에 지름 0.5m, 깊이 2~5cm의 원통형으로 토양을 제거한 후 구멍을 허술하게 채워주는 작업은 :

② 칼로 토양을 베어주는 작업은 :

③ 끝이 뾰족한 못과 같은 장비로 토양에 구멍을 내는 작업은 :

④ 토양의 표면까지 잔디만 잘라주어 태치(thatch)를 제거하고 밀도를 높여주는 작업은 :

⑤ 눌러주는 작업으로 습해와 건조피해 예방, 종자 파종 후 봄철에 들뜬 상태의 토양을 안정화시키는데 효과가 있는 작업은 :

123 **배토작업(뗏밥주기)의 목적과 효과에 대하여 기술하시오.**

124 **배토작업(뗏밥주기)의 시기와 횟수, 배토량에 대하여 기술하시오.**

125 **잔디밭에 많이 발생하는 클로버 방제에 많이 사용되는 약제와 사용 시기는?**

126 **광엽잡초 중 식재관리상 제거가 바람직한 귀화식물은?**

127 **잔디의 주요병해에는 라지 패치(large patch), 브라운 패치(brown patch), 옐로 패치(yellow patch), 피시움블라이트(pythiumblight), 달러스폿(dolla spot), 녹병(rust), 푸사리움 패치(fusarium patch), 설부병(snow mold), 탄저병(anthracnose) 등이 있는데 각각의 특징에 대하여 기술하시오.**

128 **아래 물음에 답하시오.**

① 질소비료 과용시 발생하는 잔디병은 :

② 질소비료 결핍시 발생하는 잔디병은 :

③ 인(P),칼륨(K) 결핍시 발생하는 잔디병은 :

④ 그늘지고 다습한 잔디밭에 가장 잘 발생하는 병은 :

⑤ 한국잔디에 가장 잘 발생하는 고온성 병은 :

⑥ 한국잔디에 가장 잘 방생하는 저온성 병은 :

⑦ 한국잔디의 해충과 성충이 모두 큰 피해를 주는 것은 :

⑧ 잔디의 수액을 빨아먹어 피해를 주는 해충은 :

⑨ 잔디의 양호한 생장을 위하여 필요한 토양의 최적 공극률은 :

⑩ 서양잔디를 이용하여 종자 뿜어붙이기를 한 후 정상적인 유지관리를 하였을 때 피복완성까지의 표준시간은 얼마정도 소요 되는가 :

⑪ 토양산도(pH) 3.5~6.0 범위의 산성토양에서도 생육상태가 정상으로 유지되는 잔디는 :

129 잔디가 손상을 받은 후 회복되는 속도에 따라 아주빠름, 빠름, 중간, 늦음으로 구분할 수 있는데 각각 해당되는 품종을 쓰시오.

130 잔디의 시비관리에 대하여 기술하시오.

131 비전염성 관리에서 기상적 요인 중 엽소, 피소, 냉해, 동해에 대한 원인, 병징, 방제에 대하여 기술하시오.

132 비전염성 관리에서 토양적 요인 중 건조, 과습에 대한 원인, 병징, 방제에 대하여 기술하시오.

133 비전염성 관리에서 생물적 요인 중 만경식물과 착생식물, 동물에 대한 원인, 병징, 방제에 대하여 기술하시오.

134 비전염성 관리에서 인위적 요인 중 답압과 도로포장, 심식, 복토 및 석축, 절토, 대기오염, 잘못된 가지치기(전정), 해빙염에 대한 원인, 병징, 방제에 대하여 기술하시오.

135 멀칭의 재료와 효과, 방법에 대하여 기술하시오.

136 정원수에 거적이나 짚을 감아주는(잠복소 설치) 목적은?

137 잠복소 설치 방법에 대하여 기술하시오.

138 지주목 설치 시 고려사항에 대하여 기술하시오.

139 지주목 종류별 특징에 대하여 기술하시오.

140 지주목 설치 시 장·단점에 대하여 기술하시오.

141 박피된 통나무로 삼각 말목형 지주목을 설치하고자 한다. 교목 10주에 소요되는 목재의 재적(㎥)은 얼마인가?(단, 지주목 1개의 크기 : 말구직경 10cm, 길이 5m의 소경목이다.

142 수목당 3개의 당김줄이 설치될 경우 당김줄로 통행이 제한되는 원형 공간의 면적을 산정하려고 한다. 수목 근원부에서 당김줄 고정부위까지의 길이가 2m, 당김줄의 길이가 2.8m, 당김줄과 수간이 이루는 각도는 45°라면 당김줄에 의해 점유되는 원형 면적은?

143 나무우물(tree well)의 설치목적과 설치 시 유의사항에 대하여 기술하시오.

144 노거수(老巨樹) 관리에 있어서 공동(空胴, cavity)처리 방법에 대하여 기술하시오.

145 노거수(老巨樹) 관리요령에 대하여 기술하시오.

146 수목관리 계획 중 정기적으로 수행하는 작업은?

147 수목관리 계획 중 비정기적으로 수행하는 작업은?

05

조경유지관리 시방서

1 적용범위

- 유지관리라 함은 수목식재 및 화훼류와 잔디식재 공사의 준공 후 일정기간동안 시행되는 유지관리에 관한 일련의 모든 작업 공정을 포함하며 본 유지관리 시방은 유지관리 공사가 별도로 책정되었을 경우에 적용한다.

2 유지관리

2-1. 관수 및 배수

- 관수 및 배수라 함은 이식수목, 잔디 및 화훼류 등에 물주기와 물빼기 작업을 말한다.

1) 물받이

- 물받이는 수관폭의 1/3 정도 또는 뿌리분 크기보다 약간 넓게 하여 높이 10cm 정도 흙으로 물받이를 만들어서 물을 줄 때 물이 다른 곳으로 흐르지 않도록 한다.

2) 관수

- 관수는 지표면과 엽면관수로 구분하여 실시하되 토양의 건조시나 한발시에는 이식목에 계속 관수하여 수습을 유지하여야 하며 관수는 구름낀 날 외에는 일출일몰시를 원칙으로 한다.

3) 배수

- 식물의 생육에 지장을 초래하는 장소에는 지표면 배수 또는 심토층 배수 등의 방법을 활용하여 충분한 배수 작업을 하여야 한다.

2-2. 제초, 풀깎기 및 시비

- 제초란 함은 풀 뽑아 주기를 말하고, 풀깎기라 함은 잔디 깍아 주기 또는 풀베기를 말하며 시비라 함은 거름을 주는 것을 의미한다.

1) 제초

① 제초시기

- 제초 시기는 가급적 발생초기에 즉시 시행하여야 한다.

② 제초방법

- 제초는 인력 또는 약제를 사용하여 실시하되 잡초의 뿌리 및 지하경을 완전히 제거하여야 하며 제거된 잡초는 식재지 또는 잔디식재지역 밖으로 방출하여 처리하여야 한다.

2) 잔디깎기

- 들잔디는 잎의 길이가 3~6cm 이내가 되도록 수시로 실시하고 기타 잔디류는 식물의 생장에 지장을 주지 않는 범위에서 수시로 실시해야 한다.

3) 시비

- 시비는 기비와 추비로 구분하여 사용한다.

① 시비시기

- 기비는 늦가을 낙엽 후 10월 하순부터 11월 하순 땅 얼기 전까지, 또는 2월 하순부터 3월 하순의 잎 피기 전까지 사용하고, 추비는 수목 생장기인 4월부터 6월 하순까지 사용해야 한다.

② 시비방법

- 유기질 비료의 사용은 식재시 충분히 부숙된 비료를 식재구덩이에 넣어주고 식재된 수목에 사용할 경우에는 수목 지상부와 수관이 형성된 외곽부분에 거름 구덩이를 파서 사용한다.

③ 비료의 종류 및 시비량

- 비료의 종류 및 시비량은 각 수종별 또는 규격별로 다르다. 비종(肥種) 및 시비량은 설계도서, 유지관리계획서 또는 특별시방서에 명시한다.

2-3. 병충해 방제

- 수목 및 초화류의 병충해에 대한 대책으로는 병충해가 발병하기 전에 실시하는 예방과 발병 후에 실시하는 구제로 나누어 시행한다.

1) 예방

- 식재된 조경 식물은 환경을 정비하고 적정한 비배관리를 하여 건전하게 생육시켜 병충해를 받지 않도록 예방조치를 하여야 하며 예방을 위한 약제 살포를 하여야 한다.

2) 구제

- 병충해가 발병한 조경 식물은 초기에 약제 살포를 하여 조기구제토록 하여야 하고, 전염성이 강한 병에 이병 되었을 경우에는 지조를 잘라 내거나 심한 경우에는 굴취 소각하여야 한다.

3) 약제살포

- 병충해의 예방 및 구제를 위한 약제 살포는 살충제와 살균제를 사용하되 사용 약제, 살포량, 살포시기. 약제의 희석비율 등은 식물의 병충해 종류와 살포 목적에 따라 특별시방서 및 설계서에 명시하여 시행한다.

4) 수간주입

- 병충해에 걸려있는 나무나 수세가 쇠약한 나무에 수세를 회복하기 위하여 처리하는 방법으로서 주입 시기는 약액의 수간 주입은 수액이동이 활발한 5월초부터 9월말 사이에 하고, 증산 작용이 활발한 맑게 갠 날에 실시한다.

2-4. 월동작업

- 이식수목 및 초화류가 겨울철 환경에 적응할 수 있도록 월동에 필요한 제반 조치를 하여야 한다. 단 식물별로 필요한 조치는 상이하므로 설계도서 및 특별시방서에 명시하여 시행한다.

1) 줄기 싸주기

- 이식하고자 하는 나무가 밀식 상태에서 자랐거나 지하고가 높은 나무는 수분의 증산을 억제하고 태양의 직사광선으로부터 줄기의 피소 및 수피의 할렬을 보호하며 병충해의 침입을 방지하기 위한 조치로서 마포, 유지, 새끼 등을 이용하여 분지된 이하의 줄기를 싸주어야 하며 그해의 여름을 경과시킨다.

2) 뿌리덮개

- 관수한 수분과 토양 중 수분의 증발을 억제하고 잡초의 번무를 방지하기 위하여 뿌리 주위에 풀을 깎아 뿌리 부분을 덮어주거나 짚, 목쇄편, 왕겨 등을 덮어 준다.

3) 방풍

- 바람이 계속 부는 시기에 식재할 경우와 바람이 심한 지역에 식재할 경우에는 수분이 증발하지 않도록 방풍 조치나 줄기 및 가지를 줄기감기 요령에 의하여 처리한다.

4) 방한

- 동해의 우려가 있는 수종과 온난한 지역에서 생육 성장한 수목을 한냉지역에서 시공하였을 때 지형·지세로 보아 동해가 예상되는 장소에 식재한 수목은 기온이 5℃ 이하로 하강하면 다음과 같은 조치를 취하여야 한다.

가, 한냉기온에 의해 동해방지를 위한 짚 싸주기

나, 토양 동결로 인한 뿌리 동해를 방지를 위한 뿌리덮개

다, 관목류의 동해방지를 위한 방한덮개

라, 한풍해를 방지하기 위한 방풍조치

5) 뗏밥주기

- 잔디의 생육에 따라 지하경이 지표면에 노출되는 것을 막아주고, 잔디의 생육을 돕기 위하여 뗏밥을 주어야 한다.

① 뗏밥주는 시기

- 한지형 잔디는 봄, 가을에 난지형 잔디는 늦봄에서 초여름에 뗏밥을 준다.

② 뗏밥주는 회수

- 잔디의 생육이 왕성할 때 얇게 1~2회 준다.

③ 뗏밥 두께

• 뗏밥의 두께는 2~4mm 정도로 주고, 다시 줄 때에는 15일 지난 후에 주어야 하며 봄철에 두껍게 한 번에 주는 경우에는 5~10mm 정도 준다.

실무연습문제

1 관수 및 배수 작업의 시방서를 작성하시오.

2 제초, 풀깎기 및 시비 작업의 시방서를 작성하시오.

3 병충해 방제 작업의 시방서를 작성하시오.

4 월동작업의 시방서를 작성하시오.

06

조경시설물 유지관리

1 시설물 관리개요

1-1. 시설물의 유지관리 원칙

1) 유지관리의 목표와 기준

- 조경공간과 조경시설을 항상 깨끗하게 정돈된 상태로 유지한다.
- 경관미가 있는 공간과 시설을 조성·유지한다.
- 공간과 시설을 건강하고 안전한 환경조성에 기여할 수 있도록 유지관리한다.
- 미적 쾌적성을 유지하고, 즐거운 휴게·스포츠, 레크리에이션 기능을 유지함으로써 관리주체와 이용자간에 좋은 유대관계가 형성되도록 한다.

2) 유지관리와 시간, 인력, 장비, 재료의 경제성

- 시간절약

– 유지관리 공사나 작업은 접수 또는 발견되는 대로 최단시일내에 시행되도록 한다.

- 인력절약

– 인력의 과다배치로 인한 낭비를 줄이고, 부족으로 인한 부실한 작업이 되지 않도록 적정 인력을 배치하여야 한다.

- 장비의 효율적 이용

– 작업에 필요한 적절한 장비의 보유가 필요하며, 경제적으로 유지관리 작업을 시행하려면 기계화된 장비확보도 중요하다.

- 재료의 경제성

– 양질의 저렴한 재료를 적기에 공급하는 것이 유지관리의 공사비 절감에 필수적이다.

1-2. 관리개요

1) 유지관리 계획

① 계획의 조건

- 환경조건

  – 토양, 토질, 지형, 온도, 습도, 우량(雨量), 적설, 일조, 바람 등의 자연조건 및 대기오염, 이용빈도 등의 인적 조건에 따른 각종 영향을 고려한다.

- 시설조건

  – 관리대상 시설의 종류, 설치목적, 형태, 규모, 재질, 수량, 관리주체, 시설경과 등을 충분히 파악한다.

- 기타 조건

  – 규정(제도), 조직재정 등의 유지관리체계를 고려한다.

2) 유지관리 계획의 확립과 문서화

- 종합적이고 상세한 유지관리 계획을 확립하여 관리업무를 담당하는 부서에 비치하는 것이 필요하다.
- 관리계획 작성은 유지관리 담당자 전원의 협동과 협의에 의해서 이루어져야 한다.

3) 유지관리 목표와 우선순위에 입각한 작업일정 계획

- 작업 우선순위와 일정계획에는 항상 책임자의 가치판단이 개입된다.

4) 예방중심의 관리시책

- 모든 시설의 유지관리는 예방중심의 관리가 이루어져야 한다.

5) 유지관리 조직의 구성

- 효율적인 업무수행을 위해서는 유지관리 조직을 잘 구성할 필요가 있다.

2 포장관리

2-1. 토사 포장

1) 포장방법

- 바닥을 평탄하게 고른 후 자갈, 깬돌, 모래, 점토의 혼합물을 30~50cm 깔아 다진다.
- 노면자갈이 없을 때에는 풍화토 또는 왕사, 광산, 폐석, 쇄석 등을 사용한다.
- 노면자갈의 최대 굵기는 30~50mm 이하가 이상적이며, 노면 총 두께의 1/3 이하이다.
- 점토질은 5~10% 이하, 모래질은 15~30%, 자갈은 55~75% 정도가 좋다.

2) 점검 및 파손원인

- 강우에 의한 배수불량 및 지하수의 영향
- 기상변화에 의한 지반연약화
- 차량 통행량의 증가 및 중량화로 노면 약화와 지지력 부족

3) 개량 및 보수방법

<table>
<tr><th colspan="2">개량공법 및 보수방법</th><th>내용</th></tr>
<tr><td rowspan="3">개량공법</td><td>지반치환공법</td><td>· 지반토질을 동결심도 하부까지 모래질이나 자갈모래로 환토한다.</td></tr>
<tr><td>노면치환공법</td><td>· 노면을 자갈 등으로 보충함으로써 두께를 증가시켜 지지력을 보완한다.</td></tr>
<tr><td>배수처리공법</td><td>· 물의 침투를 방지하기 위하여 횡단구배를 유지하고, 측구배수 실시, 맹암거로 지하수를 낮추는 등의 조치를 취한다.</td></tr>
</table>

마사토(토사도) 보수방법	흙먼지 방지	· 살수처리 · 약품 및 역청재료의 혼합처리 등으로 흙먼지의 발생을 억제한다.
	노면 요철부위 처리	· 요철부위는 모래, 자갈 등으로 채워 잘 다진다.
	노면 안정성 유지	· 노면의 횡단경사는 3~5%로 유지하고 일정한 노면두께를 유지한다.
	동상 및 진창흙 방지	· 포장재료를 점토나 흙이 적은 모래 뜨는 자갈로 교환해주거나 배수시설을 보환하여 지하수위를 낮춘다.
	노면배수	· 배수가 불량한 지역에는 도로 양측에 폭 1m, 깊이 1m 정도의 측구를 설치하고, 노상층은 30cm 이상의 모래층을 만든다.

출처 : 조경기사·산업기사(2013), 이승원, 성안당, p.6–175.

2–2. 아스팔트 포장

1) 파손상태 및 원인

① 균열(龜裂)

- 아스팔트 혼합비가 나쁠 때
- 아스팔트량이 부족
- 노상(路床), 노체(路體)가 부적합하여 기층(基層)의 지지력이 부족
- 아스팔트 포장의 두께가 부족
- 절·성토 경계부위의 부동침하 또는 이음새 시공불량에 의한 종·횡단방향의 불균형

② 국부적 침하

- 기초 노체(路體)의 시공불량
- 노상(路床)의 지지력 부족 및 부동침하

③ 요철

- 노상 기층(基層) 및 보조기층의 지지력 부족
- 아스팔트의 과잉사용 및 장기간 동일한 위치에 차량통과 고정화
- 아스콘의 입도불량 및 공극률 부족

④ 표면연화

- 아스팔트량 과잉, 골재 입도불량, 아스팔트 침입도가 부적합한 역청재료 사용. 연질의 아스팔트 사용 및 택코트(tack coat) 과잉사용

⑤ 박리(剝離)

- 박리란 아스팔트 및 골재가 떨어져 나가는 현상을 말한다.
- 아스팔트 부족, 혼합물의 과열, 혼합물량 등 표층 자체의 품질불량

2) 보수방법

① 패칭공법

- 포장이 균열되었거나 국부적 침하, 부분적 박리에 적용한다.
- 파손된 아스팔트 포장을 사각형이 되도록 절단하여 때어 낸 후 보수를 실시한다.
- 가열혼합식 공법, 상온혼합식 공법, 침투식 공법 등이 있다.

② 표면처리공법

- 차량통행이 적고, 균일 정도 범위가 심각하지 않을 경우 훼손포장을 아스팔트와 골재 또는 아스팔트만으로 균열부분을 메우거나 덮어 씌워 재생한다.
- 임시적 포장재생방법이다.

③ 덧씌우기공법

- 균열·파손 장소를 택코트(tack coat)를 살포하고 아스팔트 포설작업과 동일한 작업순서로 부분보수를 한 뒤에 사용한다.
- 기존포장을 재생하거나 새포장으로 조성한다.

④ 메우기 공법

- 표층의 경미한 침하가 있는 경우 꺼진 곳을 되 메우는 공법이다.
- 파손된 부분을 수직으로 따내고 택코트(tack coat)를 실시한 다음 아스팔트 혼합물을 사용하여 꺼진 곳을 메운다.

⑤ 치환공법

- 노상이나 노체의 침하된 부분을 수직으로 파낸 다음 침하공극을 같은 골재로 메우고 충분히 다진 후 택코트(tack coat)를 살포하고 아스팔트 포설작업과 동일한 작업순서로 부분보수를 한다.

⑥ 파상의 요철에 의해 훼손된 부분의 보수

- 요철융기를 깎아내어 정리한 후 쇄석을 살포하고 롤러로 전압하여 골재가 아스팔트에 박히도록 한다.

⑦ 표면연화에 의해 파손된 부분의 보수

- 발생지역에 쇄석 또는 모래를 균등하게 살포한 후 롤러로 전압 한다.

⑧ 박리에 의해 파손된 부분의 보수

- 균열이 일어난 경우와 마찬가지로 패칭(patching)이나 덧씌우기 방법으로 처리한다.
- 국부적인 박리현상일 때는 메우기 공법으로 처리한다.

2-3. 시멘트 콘크리트 포장

1) 포장구조

① 보조기층이나 기층 위에 표층으로서 시멘트 콘크리트판을 시공한 포장으로 되어 있다.

② 줄눈

- 5~7m 간격으로 가로·세로, 수축·팽창 줄눈을 설치하여 온도변화, 함수량변화에 의한 파손을 방지한다.

③ 철망

- 종류에는 철근을 넣지 않고 무근(無筋)으로 하는 경우와 철근을 삽입하는 경우가 있는데, 철근을 삽입하는 경우는 지름 6mm 철망을 많이 쓴다.

2) 파손원인

① 콘크리트 또는 슬래브 자체의 결함에 따른 원인

- 슬립바(slipbar), 타이바(tiebar)를 사용하지 않아 균열이 발생
- 세로줄눈, 가로줄눈 설계나 시공이 부적합하여 수축에 의한 균열이나 융기현상이 발생
- 시공시 물·시멘트비, 다짐, 양생 등의 결함에 의해 발생

② 노상(路床) 또는 보조기층의 결함에 따른 원인

- 노상 또는 보조기층의 지지력 부족에 의한 균열 및 침하가 발생
- 배수시설 불충분으로 노상이 연약화된 경우에 발생
- 겨울철에 동결융해로 인하여 지지력이 부족한 경우에 발생

3) 파손형태

- 균열
- 융기현상(blow-up)
- 보조기층의 펌핑(pumping)에 의한 침하 및 국부적 침하
- 줄눈에 의한 단차(faulting)현상
- 콘크리트 표면의 박리현상
- 마모에 의한 바퀴자국

4) 보수방법

- 콘크리트 양생시 온도가 4℃ 이하로 떨어지면 경화가 진행되지 않으니 유의하여야 한다.

① 충전법

- 균열부위의 낡은 충전재(줄눈재료)를 제거하고 접착재(프라이머)를 살포한 후 새로운 충전재(새로운 줄눈재료)를 주입한다.
- 겨울철에는 포장 슬래브가 수축되어 줄눈이 커질 수 있으므로 작업을 삼가는 것이 좋다.

② 메우기 공법

- 균열부를 청소한 다음 아스팔트 유제(乳劑)를 도포한다.
- 균열이 심한 곳은 굵은 모래를 섞은 아스팔트 모르타르 등으로 메운다.

③ 덧씌우기 공법

- 전면적으로 파손될 염려가 있을 경우에 사용한다.

④ 모르타르 주입법

- 포장판과 기층과의 공극을 메워 포장판을 원래 상태로 들어올림으로써 기층의 지지력을 회복시키는 방법
- 슬래브에 구멍을 내고 그 구멍으로 재료를 주입하여 공극을 채운다.
- 주입재료로는 아스팔트, 시멘트 등이 있다.

⑤ 패칭(patching)

- 파손이 심하여 보수가 불가능할 때 사용한다.
- 넓은 면적은 시공기계의 활동이 원활하여 시공이 용이하다.

⑥ 표면실링법

- 균열폭이 0.3mm 미만일 때 표면실링공법 및 초저점도 수지 저압주입공법을 사용한다.

⑦ 콘크리트 슬래브 꺼짐

- 노상이나 노반의 결함부위와 표면의 균열부위로 우수가 들어감으로써 노반이 파손되었을 때 슬래브 꺼짐 현상이 생긴다.
- 초기에는 주입공법으로 예방이 가능하며, 정도가 심한 곳은 메우기 또는 패칭공법으로 보수한다.

⑧ 박리(剝離)

- 콘크리트 포장면은 저온(−5℃)이 장기간 지속되었을 때 갈라 떨어지는 경우가 발생한다.
- 심하지 않는 박리의 경우에는 시멘트풀(cement paste)을 바른다.
- 심한 박리인 경우에는 시멘트 모르타르를 바른다.

2-4. 블록 포장

1) 포장구조

① 모래층만 4cm 정도 균일하게 깔고 그 위에 평판블록을 부설한다. 그러나 노상상태가 불량

한 경우, 무거운 물건의 운반하거나 보도이용자가 빈번한 곳에는 6cm 정도의 쇄석층을 추가로 설치한다.

② 평판과 이음새 폭은 3~5mm이며, 보통은 5mm 폭으로 한다.

③ 블록포장의 장점은 다른 포장에 비해 특별한 장비가 없어도 유지관리가 용이하다.

2) 파손형태와 원인

① 블록 모서리 파손

- 제품 자체의 강도 부족이나 무거운 하중의 물건을 운반할 때 발생

② 블록 자체 파손

- 제품생산과정의 불량이 원인

③ 요철, 단차, 만곡

- 지반 자체가 연약하거나 노반의 쇄석 및 안전 모래층의 시공이 잘못 되었을 때 발생

3) 보수방법

- 보수 및 시공순서 : 보수위치 결정 → 블록제거 → 모래층 보수 → 기계 전압 → 모래층 수평 고르기 후 블록 깔기 → 이음새에 고운모래 포설 → 다짐
- 파손된 블록이나 침하된 블록은 걷어낸 다음 재사용할 것은 분리한다.
- 현저한 침하로 노반층까지 영향이 있을 때에는 모래층을 걷어내고 노반층 재료를 보충하여 6cm 정도 노반이 되도록 한다.
- 노반층이나 모래층은 부설한 다음 반드시 검팩트(compacter), 래머(rammer) 등으로 기계 전압을 하여야 한다.
- 모래층은 수평고르기를 한 후 블록을 기존 형태로 깔아 나간다. 여유 모래량의 두께는 5mm 정도가 적당하다.
- 블록 설치 후 가는 모래가 블록 이음새에 들어가도록 한다.

3 배수관리

3-1. 배수시설의 구조

1) 표면배수 : 지표면에 흐르는 물이나 인접하는 지역에서 원지내로 유입되는 물을 처리

① 측구

- 표면배수의 일종으로 다른 배수시설로 물이나 우수를 이동시키는 배수시설을 말한다.
- 종류 ; 토사측구, 잔디측구, 돌 및 블록쌓기 측구, 콘크리트 측구 등
- 형태 : L형, U형, V형, 반원형, 사다리꼴 등

② 빗물받이

- 도로의 측면 배수구에 30~50cm 간격으로 배치한 원형 또는 직사각형의 콘크리트 용기, 바닥에 토사저장부가 있고 빗물은 여기로부터 하수 부착관을 경우하여 하수 본관으로 들어간다.
- 측구 등에서 흘러나오는 빗물을 하수본관으로 흘려보내기 위하여 측구에 설치하는 시설로써 상부에는 빗물을 잘 흐르게 하고 교통이 안전을 위해 구멍이 있는 뚜껑을 설치한다.

〈그림 41〉 빗물받이

③ **집수구·맨홀**

- 정기적으로 청소나 점검이 필요하다.

2) 지하배수

① **암거배수시설**

- 배수관거에 의해 지표수를 지하로 처리하는 시설

② **유공관(有孔管)**

- 심토층에서 용출되는 물이나 지표수가 지하로 침투되는 물을 차단하여 배수를 처리하기 위해 사용되는 관

③ **맹암거(盲暗渠)**

- 모래·자갈층으로 구성된 지하수 배수시설

3) 비탈면 배수

① **비탈면 어깨 배수구**

- 비탈면 인접지역에서 흘러들어오는 것을 차단하는 배수시설
- 종류 : 토사·소일시멘트(soilcement)·콘크리트 제품 측구 등

② **종배수구**

- 비탈면 자체의 배수를 흘러내리게 하는 배수시설
- 종류 : 콘크리트 U형구, 반원 흄관, 철근 콘크리트관, 도관(陶管), 돌·떼붙임 수로 등

③ **비탈면 횡배수(소단배수구)**

- 비탈면 소단(小段)에 가로로 받아 종배수구에 연결하는 배수시설이다.
- 종류 : 소일시멘트구, 콘크리트 U형구 등

3-2. 배수시설의 점검

- 부지 배수시설의 배수상황 점검

- 측구, 집수구, 맨홀 등의 토사 퇴적 상태 점검
- 노면 및 노견부 배수시설의 상황
- 지하 배수시설의 물빠짐 상태 점검
- 각 배수시설의 파손 및 결함 상태 점검
- 배수시설의 내부 및 유수구의 토사, 먼지, 오니, 잡석 등의 퇴적 상태 점검
- 비탈면 배수시설의 배수상태 및 주위로부터 유입하는 지표수나 토사유출 상태 점검

3-3. 배수시설의 보수

1) 표면배수시설의 보수

① 측구

- 정기적인 점검과 청소를 실시하여 막히지 않도록 주의한다.
- 토사측구는 단면 및 저면구배를 일정하게 유지 하고, 유수에 의한 침식이나 퇴적이 현저한 지점은 콘크리트 측구로 개조한다.
- 콘크리트 U형 측구는 국부적으로 침하되는 경우가 많고, 연결 이음새에 결함이 많아 중점 점검한다.
- 콘크리트 측구는 침하되거나 파손된 부분을 떼어내어 지반 다짐 후 교체한다.

② 집수구 맨홀

- 정기적인 청소와 점검이 필요하다.
- 지반이 침하되어 집수구가 솟아올라 물의 유입이 원활하지 않은 곳은 주위 지반을 토사로 높이거나 집수구를 절단하여 낮추어준다.
- 집수구나 맨홀이 주변 지반보다 높거나 낮은 경우에는 즉시 조정하여 조치하여야 한다.

③ 배수관 구거(溝渠)

- 먼지나 오니 등으로 인하여 단면이 좁아지지 않게 한다.
- 누수(漏水) 및 체수(滯水)가 발견될 경우 원인을 조사하여 즉시 보수한다.
- 관거나 구거의 유출구에 구멍이 뚫렸거나 이음새 균열이 발생하였을 경우에는 신속하게 보수해야 한다.

2) 지하배수시설의 보수

- 지하 배수시설의 설치년도, 배치위치 등을 명시한 도면을 별도로 작성해둔다.
- 유출구는 항상 점검 대상이 된다.
- 지하 배수시설을 재설치할 때에는 기존의 위치보다 다른 위치에 설치하는 것이 더 효과적이고 경제적일 때가 있다.
- 지하배수가 불충분하다고 판단될 때에는 새로운 지하 배수시설을 설치하는 것이 좋다.

3) 비탈면 배수시설

- 비탈면 종단배수를 U형 콘크리트 제품으로 설치시 지반의 부등침하로 구거(溝渠)의 이음새가 떨어져서 어긋나게 되는 경우에는 즉시 재설치하도록 한다.
- 비탈면 어깨 배수구는 종배수구와 접속시 하자발생의 우려가 있으므로 자주 관찰하여 파손부위가 있으면 즉시 보수하여야 한다.
- 비탈면 구배가 급할 때는 경사를 완화시켜 주거나 성비탈면에 소단을 설치하여 준다.
- 비탈면 밖에 배수구를 설치하거나 유도시설을 설치하여 준다.

〈그림 42〉 비탈면 배수로

4 편익 및 휴게시설 관리

4-1. 벤치 및 야외탁자

1) 재료

- 목재, 철재, 콘크리트재, 합성수지재, 도기재, 석재 등으로 구분된다.

2) 재료별 장·단점

재료	장점	단점
목재	• 감촉이 부드럽다. • 열전도열이 낮아 사계절 이용하기 용이하다. • 수리가 용이하다. • 무늬가 아름답다.	• 파손되기 쉽다. • 부패되기 쉽다. • 병충해 피해를 받기 쉽다. • 불에 약하다.
철재	• 튼튼하다. • 가공하기 쉽고 내구성이 좋다. • 무게가 있어 안정감이 있다.	• 시각적·촉각적으로 찬 느낌을 준다. • 기온에 민감하고 녹슬기 쉽다
콘크리트재	• 자유로운 형태조작이 가능하다. • 표면처리를 다양하게 할 수 있다. • 내구성이 좋다. • 제작비가 저렴하다. • 유지관리가 용이하다.	• 감촉이 딱딱하다. • 파손된 부분이 있을 경우 보기가 좋지 않다. • 알칼리성 성분이 스며나와 미관상 좋지 않다.
합성수지재	• 성형가공되기 때문에 자유로운 디자인이 가능하다. • 제작된 제품은 색체가 쉽게 변하지 않는다.	• 파손되면 보수가 곤란하다. • 높은 강도가 요구된다.
도기재	• 색채와 무늬가 아름답다. • 쉽게 더러워지지 않는다. • 변화 있는 형태의 창조가 가능하다.	• 파손되면 부분보수가 곤란하다.
석재	• 외관이 아름답고 견고하다. • 내구성이 좋다. • 유지관리가 용이하다.	• 제작 및 운반이 곤란하다 • 값이 비싸고 감촉이 딱딱하다.

출처 : 조경기사·산업기사(2013), 이승원, 성안당, p.6-188.

3) 목재의 유지관리 및 보수

① 인위적 파손

- 주요원인

– 고의로 물리적인 힘을 가한 경우

– 사용에 의한 손상

- 보수방법

– 파손부분 교체 및 보수

② 온도와 습도에 의한 파손

- 주요원인

– 건조 불충분

– 목재에 남아 있는 수액으로 부패

- 보수방법

– 파손부분 제거 및 보수·교체

③ 균류에 의한 피해

- 주요원인

– 균의 분비물이 목질을 녹여서 풀어지게 하고 균은 이를 양분으로 섭취하여 목재가 부패

– 온도 20~30℃, 함수율 20% 이상, 습도 90% 이상일 때 균의 피해가 크다.

- 보수방법

– 유상 방균제(타르, 크레오소트유 등) 살포

– 유용성 방균제(유기은화합물, 클로로페놀류 등) 살포

– 수용성 방부제(CCA, FCAP 등) 살포

④ 충류에 의한 피해

- 주요원인

– 습윤한 목재는 충류에 의한 피해를 받기 쉽다.

– 건조재 가해 충류 : 가루나무좀과, 개나무좀과, 빗살수염벌레과, 하늘소과

– 습윤재 가해 충류 : 흰개미류(종류에 따라 건조제도 가해)

• 보수방법

– 유기염소계, 유기인 계통의 방충제 살포

〈그림 43〉 목재데크 파손

4) 철재의 유지관리 및 보수

① 인위적 파손

• 주요원인

– 물리적인 힘에 의한 뒤틀림, 휘어짐, 닳아서 손상

– 용접부분의 파열·볼트나 연결부분이 부러짐·나사풀림

• 보수방법

– 나무망치로 원상복구

– 부분절단 후 교체

② 부식

• 주요원인

– 녹이 생긴다.

– 염분, 아황산가스 등에 의한 부식

• 보수방법

– 샌드페이퍼로 닦아 낸 후 도장

– 부분절단 후 교체

〈그림 44〉 철재 부식

5) 석재의 유지관리 및 보수

① 파손

- 보수방법

– 접착부위를 알코올로 표면을 세척한 후 접착제(에폭시계, 아크릴계 등)로 접착한다.

– 24시간 정도 고무로프로 견고하게 고정한다.

– 접착이 완료된 후 노출부위는 메틸에틸계톤(MEX)으로 닦아내고 면다듬질 한다.

– 접착제는 반드시 7℃ 이상(대기상온)에서 사용하여야 한다.

② 균열

- 보수방법

– 균열폭이 작은 경우(0.2mm 이하)에는 표면실링(sealing)공법으로 보수한다.

– 균열폭이 큰 경우에는 고무압식 주입공법으로 보수한다.

〈그림 45〉 석재

4-2. 휴지통

1) 배치 및 관리

- 투입구 높이는 60~75cm가 바람직하다.
- 벤치 2~4개소마다 1개를 설치한다.
- 원로에는 30~60m에 1개를 설치한다.
- 수거빈도는 휴지통의 크기와 개수에 의해 결정되며, 사용빈도가 낮은 곳은 주 3~4회 수거하고, 주말·휴일 등 사용빈도가 높은 때에는 일 2~3회 수거한다.

2) 휴지통의 재료와 점검항목

① 철재

- 용접 등의 접합부분
- 충격에 의해 비틀리거나 파손된 부분
- 부식된 부분

② 목재

- 접합부분
- 갈라진 부분
- 파손된 부분
- 부패된 부분

③ 콘크리트재

- 파손된 부분
- 갈라진 부분
- 금이 간 부분
- 침하된 부분

④ 합성수지재

- 갈라진 부분
- 파손된 부분
- 변형된 부분

⑤ 기타

- 도장이 벗겨진 부분
- 퇴색된 곳
- 담뱃불이나 화재 등으로 파손된 부분

4-3. 음수대

1) 배치

- 녹지에 접한 포장부위에 배치한다.

2) 재료

- 본체 : 철근 콘크리트재, 블록재, 합성수지재, 철재, 석재, 도기재 등
- 마감 : 모르타르, 인조석연마, 타일붙임, 돌붙임, 페인트 칠, 콘크리트 치장 및 면가공 등

3) 구조 및 규격

- 성인, 어린이, 장애인 등 이용자의 신체특성을 고려하여 적정 높이로 설계하되, 하나의 설계대상공간에는 최소한 모든 이용자가 이용 가능하도록 설계한다.
- 겨울철 동파를 막기 위한 보온용 설비와 퇴수용 설비를 반영한다.
- 배수구는 청소하기 쉬운 구조와 형태로 설계한다.
- 지수전과 제수밸브 등 필요 시설을 적정 위치에 제기능을 충족시키도록 설계한다.

4) 음수대 점검항목

구 분		점검항목
계통별	급수관	• 매설장소의 누수, 함몰, 지반침하 등 이상유무 • 제수변 내의 퇴수용 밸브, 게이트밸브 등 개폐의 작동상태 확인 • 제수변의 파손유무 • 제수변 내부의 토사유입 유무
	배수관	• 맨홀의 오물 및 물고임 등 점검 • 배수관 내의 오수 흐름상태, 함몰상태, 드레인 상태 등 확인
재료별	철재	• 용접 등의 접합부, 충격에 의해 비틀린 곳, 파손 및 부식된 곳
	콘크리트재	• 금이 간 곳, 파손된 곳, 침하된 곳
	도기재 및 블록재	• 금이 간 곳, 파손된 곳, 침하된 곳

5) 유지관리

① 전반적인 관리

- 배수구가 낙엽이나 오물 등에 의해 막힐 경우 오수가 넘치게 되므로 제거한다.
- 음수대가 파손된 경우 교체하거나 다시 설치한다.
- 음수대 받침대은 물때나 손때, 먼지 등이 묻어 불결해지기 쉬우므로 정기적으로 청소하고 파손시 즉시 교체한다.
- 겨울철에는 동파 등으로 파손될 우려가 있으므로 게이트밸브를 잠그고 물을 뺀다.

② 인조석 바르기

- 바탕면은 인조석이 잘 부착되도록 면을 거칠게 한 후 물축임을 한다.
- 바를 때의 두께는 6mm 이하로 누르면서 바른다.
- 초벌바름 후 충분한 시간이 경과한 후 재벌 및 정벌바름을 한다.
- 바름면의 두께는 일정하게, 바람 또는 직사광선 등의 급속한 건조는 피하고, 동절기는 보온 양생하며 진동을 피한다.

③ 석재타일 바르기

- 연결철물과 붙임돌을 고정한다.
- 붙임돌의 두께가 3cm 이상일 때에는 석재의 상하, 좌우 맞댐 사이의 촉이나 꺽쇠 등으로 연결하고 모르타르를 붙이지만 3cm 미만일 때에는 모르타르로만 붙여도 가능하다.
- 석재뒷면을 돌높이의 1/3~1/4 정도의 높이까지 1 : 2 배합 모르타르를 비벼넣으며 순차적으로 붙여나간다.

④ 테라조 바르기

- 인조석 바르기와 유사하나 약간 굵은 종석(대리석, 경질쇄석)을 쓴다.
- 백시멘트에 착색재를 넣어 바르고 경화 후에는 갈기작업을 한다.
- 정벌바름 후 충분히 경화한 다음 갈기를 한다.(손갈기 : 3일, 기계갈기 : 7일)

⑤ 타일붙이기

- 현장붙임 : 콘크리트나 모르타르면에 타일을 붙여나가는 공법
- 타일거푸집 선붙임 : 콘크리트 타설용 거푸집에 타일을 미리 가붙임하여 놓고 본체 보수공사가 완료된 후에 타일붙임면이 마감되는 공법으로 현장붙임공법보다 공기 단축이 가능하다.

4-4. 표지판

1) 표지판의 유형

① 유도표지

- 개별단위의 시설물이나 목표물의 방향 또는 위치에 관한 정보를 제공하여 목적하는 시설

또는 방향으로 유도하는 안내표지시설

- 문자나 기호를 디자인하여 도안화 하는 것으로, 표지판이 위치한 장소의 지명과 다음 대상지 및 주요 시설물이 위치한 장소의 방향, 거리 등이 표시된다.

② 안내표지

- 탐방이 주가 되는 대상지에 대한 관광, 이용시설 및 방법에 대한 안내표지시설
- 탐방 대상지의 위치, 거리, 소요시간, 방향 등이 종합적으로 기재된다.

③ 해설표지

- 단위시설물에 대한 정보를 방문객에게 전달하고자 하는 목적으로 사용하는 표지시설물로 개별단위시설의 자세한 정보를 담고 있는 안내표지시설
- 문화재나 역사적 유물에 대한 배경, 가치, 중요성을 설명하여 그 대상물에 대한 지식을 강조하고, 효율적인 관광 유도 및 교육적인 효과를 강조한다.

④ 종합안내표지

- 공공주택단지, 공원 등 비교적 일정한 구획을 지니고 있는 단지 안에서 지역권 정보를 종합적으로 안내하기 위한 안내표지시설

⑤ 도로표지

- 도로상의 위치를 지정하고 여행자의 편의를 위해 설치하는 시설로서 일반적으로 교통안내 등 일반도로표지와 더불어 각종 시설물의 안내표지시설과 병행하여 사용하기도 한다.

2) 표지판의 재료

① 재료선정 기준

- 안내표지시설의 재료는 내구성, 유지관리성, 경제성, 시공성, 미관성, 친환경성 등 다양한 평가항목을 고려하여 종합적으로 판단·선정한다.
- 철재, 목재, 합성수지, 시트 등 각 재료의 특성과 요구도 및 기능성을 조화시켜 선정한다.
- 크기와 구조 등 표지시설의 형태를 구체화하고 내용을 충실히 전달할 수 있는 재료로 선정한다.
- 내구성 있는 재질을 사용하거나 내구성 있는 표면마감방법으로 설계한다.

② 재료별 특징

재료	가공상태	특징
목재	• 자연상태 또는 인공상태 • 자연과 인공의 복합	• 자연환경과 조화를 이루기 쉽다. • 내구성이 약하다.
석재	• 자연상태 또는 인공상태 • 자연과 인공이 복합	• 자연환경과 조화를 이루기 쉽다. • 내구성이 강하다. • 가공이 어렵고, 용도가 제한적이다.
금속재	• 인공상태	• 내구성이 강하고, 주조성이 좋다. • 가공 및 조립이 용이하다. • 도장할 경우 벗겨질 우려가 있다. • 법랑은 내구성이 강하고 아름다우나 충격에 약하며, 깨어졌을 때는 보수가 곤란하므르 교체하여야 한다. • 알루미늄은 가볍고 녹슬지 않으나 해수에 취약하다.
콘크리트재	• 인공상태 • 자연모방 변형 가능	• 다양한 형태의 제작이 용이하다. • 목재의 결이나 표피의 효과를 낼 수도 있다. • 목재나 석재에 비해 미관상 뒤떨어진다. • 설치시에는 자연적인 배경과 조화를 고려하여야 한다.
합성수지재	• 인공상태	• 내구성이 약하다. • 문자판이나 지주로 사용하기 어렵다.

출처 : 조경기사·산업기사(2013), 이승원, 성안당, p.6-192.

3) 표지판의 유지관리

① 전반적인 유지관리

- 포장도로나 공원 등의 표지판은 월 1회, 비포장도로는 월 2회 청소를 실시한다.
- 재도장은 2~3년에 1회 실시한다.
- 강관이나 강판의 청소시 보통세제를 사용한다.

② 청소

- 세척할 때에는 보통세제를 사용하도록 하고, 포장도로나 공원 등의 표지판은 월 1회, 비포장도로의 표지판은 월 2회 정도 청소한다.

③ 도장

- 도장이 퇴색된 곳은 재도장한다.

- 재도장은 2~3년에 1회 실시한다.

③ 기타

- 방향이 틀어져 있거나 넘어진 것, 넘어지려고 하는 것은 바로잡는다.
- 볼트, 너트가 느슨한 것은 잘 조이고, 부품이 마모되었거나 녹이 심하게 든 것은 교체한다.
- 글자·사인·그림 등이 손상되었거나 외부환경의 영향을 받아 잘 보이지 않거나 희미하게 보일 경우에는 보수한다.

4-5. 유희시설

1) 전반적인 관리

- 해안의 염분, 대기오염이 현저한 지역에서는 철재, 알루미늄 등의 재료에 강력한 방청처리를 하여야 하며, 가급적 스테인리스 제품을 사용한다.
- 사용재료에 균열발생 등 파손 우려가 있거나 파손된 시설물은 사용하지 못하도록 보호조치를 한다.
- 파손된 시설물은 즉시 보수하여야 하며, 방치해서는 안 된다.
- 바닥모래는 굵은 모래로 충분히 건조된 것을 사용한다.
- 놀이터 내에 물고임이 없도록 모래면을 평탄하게 고른다.

2) 보수 및 교체

① 철재

- 도장이 벗겨진 곳은 방청처리 후 유성페인트를 칠하며, 파손이 현저한 경우에는 교체한다.
- 볼트, 너트 등이 풀려 있을 경우에는 잘 조여 주고, 오래된 부품은 새로운 제품으로 교체한다.
- 회전부분에는 정기적으로 구리스를 주입하며, 베어링이 마모되었을 경우에는 교체한다.
- 철재부와 기초 콘크리트 부재와의 접합부분이 흔들릴 경우에는 기초 콘크리트를 재 타설한다.

② 목재

- 정기적으로 도색하고, 도장이 벗겨진 부분은 즉시 방부처리 한다.
- 벌어진 곳이나 갈라진 곳은 조기에 발견하여 부분보수 또는 전면 교체한다.

- 연결부분(볼트, 너트 등)은 잘 조여 준다.
- 목재와 기초콘크리트 부재와의 접합부분은 부패하기 쉬우므로 점검을 통하여 상태가 불량한 경우에는 부분보수 또는 전면 교체한다.

③ 콘크리트

- 구조물의 자체 침하나 균열이 발생한 경우에는 보수·개수한다.
- 부분보수를 할 경우 파손부분을 요철로 깎아내고 물로 씻어낸 후 원설계와 같은 배합비로 콘크리트를 타설한다.
- 보수면의 도장은 3주 이상 충분히 건조한 후 칠한다.
- 3년에 1회 정도 재도장한다.
- 콘크리트 기초가 노출되어 있으면 위험하므로 성토나 모래채움 등으로 보수를 한다.

④ 합성수지

- 합성수지는 성형이 용이하고, 마모되기 쉬우며, 자외선이나 온도에 따라 변화가 쉽다.
- 힘이 가해지는 시설에 대해서는 비틀림, 휨에 의하여 강도가 저하되므로 교체한다.
- 금(벌어짐)이 생긴 경우에는 보수가 곤란하며, 부분보수 또는 전면 교체한다.

5 놀이시설관리

5-1. 놀이시설의 유형

- 단위놀이시설
  - 모래밭, 미끄럼대, 그네, 시소, 회전시설, 정글짐, 기어오르기, 놀이벽, 도섭지 등
- 복합놀이시설
- 주제형 놀이시설
  - 모험놀이시설, 전통놀이시설, 감성놀이시설, 조형놀이시설, 학습놀이시설, 기성제품 놀이시설, 동력놀이시설 등

5-2. 놀이시설 관리의 특성

- 어린이는 신체조건, 인지능력, 행동양식 등이 성인과 달라서 위험에 대한 예측과 대처 능력이 부족하기 때문에 어린이들이 사용하는 모든 제품은 어린이제품 안전 특별법에 따라 제조·유통되어야 한다.
- 어린이 놀이기구는 어린이제품 안전특별법에 따른 안전기준을 충족해야 한다.
- 어린이놀이시설의 안전한 유지관리를 위하여 어린이놀이시설을 관리·감독하는 행정기관의 장(교육장 또는 특별자치도지사, 시장, 군수, 구청장)은 관련법에 따라 어린이놀이시설이 제 기능을 유지하도록 관리해야 한다.
- 어린이놀이시설의 소유자로서 관리책임이 있는 자, 어린이놀이시설의 관리자로 규정된 자, 계약에 의하여 어린리놀이시설의 관리책임을 진 자 등의 관리주체는 관련법에 따라 어린이놀이시설이 제 기능을 유지하도록 관리해야 한다.

5-3. 놀이시설의 점검과 조사

1) 안전점검의 항목

- 어린이놀이시설의 연결 상태, 노후 정도, 변형상태, 청결상태
- 어린이놀이시설의 안전수칙 등의 표시상태
- 부대시설의 파손상태 및 위험물질의 존재 여부

2) 안전점검의 방법

- 어린이 놀이시설의 관리주체는 검검항목에 대하여 다음 각 목의 기준에 따라 구분하여 안전점검을 한 뒤, 그 결과를 안전점검 실시대장에 기록하여야 한다.

– 양호 : 어린이놀이시설의 이용자에게 위해·위험을 발생시킬 요소가 없는 경우

– 주의 : 어린이놀이시설의 이용자에게 위해·위험을 발생시킬 요소는 발견할 수 없으나 어린이 놀이기구와 부분품의 제조업체가 정한 사용연한이 지난 경우

– 수리 필요 : 어린이놀이시설의 이용자에게 위해·위험을 발생시킬 요소가 되는 틈, 헐거움, 날카로움 등이 생길 가능성이 있거나, 어린이놀이시설이 더럽거나 안전 관련표시가 훼손된 경우

– 이용금지 : 어린이놀이시설의 이용자에게 위해·위험을 발생시킬 수 있는 틈, 헐거움, 날카로움 등이 있거나 위해가 발생한 경우

5-4. 놀이시설의 관리

1) 관리 개요

- 관리주체는 설치된 어린이놀이시설의 기능 및 안전성 유지를 위하여 어린이놀이시설 안전관리법에서 정하는 주기(월 1회 이상)·방법 및 절차 등에 따라 당해 어린이놀이시설에 대한 안전점검을 실시하여야 한다.
- 최초의 정기시설검사는 설치검사의 유효기간이 끝나기 1개월 전까지 신청서류를 갖추어 안전검사기관에 제출하여야 하며, 이후의 정기시설검사는 현 정기시설검사의 유효기간이 끝나기 1개월 전까지 신청서류를 갖추어 안전검사기관에 제출해야 한다.
- 관리주체는 어린이놀이시설의 안전관리에 관련된 업무를 담당하는 안전관리자로 하여금 어린이놀이시설 안전관리지원기관에서 실시하는 어린이놀이시설의 안전관리에 관한 교육(안

전교육)을 받도록 하여야 한다.

- 관리주체는 안전점검 결과 해당 어린이놀이시설이 어린이에게 위해를 가할 우려가 있다고 판단되는 경우에는 그 이용을 금지하고 1개월 이내에 안전검사기관에 안전진단을 신청하여야 한다.
- 관리주체는 어린이놀이시설 관리법에 따른 설치검사와 정기시설검사에서 합격되었음을 사용자가 알 수 있도록 표시하여야 한다.
- 관리주체는 정기시설검사를 받지 아니하였거나 정기시설검사에 불합격된 어린이놀이시설을 이용하도록 하여서는 안 된다.
- 놀이시설의 내구 연한은 주변 시설과 조화를 이룰 수 있도록 설정하며, 시설특성상 부득이한 경우에는 교체시기를 유지관리지침에 반영한다.
- 놀이터의 모래밭은 입자가 굵은 모래가 유지되도록 관리하며, 낙엽이나 개똥 등 이물질을 자주 치워서 모래가 깨끗하도록 관리하여야 한다.

〈그림 46〉 놀이시설

〈표 4〉 어린이놀이시설 설치검사 및 정기시설검사 표시의 기준과 방법

<table>
<tr><td colspan="5">설치검사 및 정기시설검사에 대한 표시</td></tr>
<tr><td>설치검사번호</td><td colspan="4"></td></tr>
<tr><td>시설명</td><td colspan="4"></td></tr>
<tr><td>시설소재지</td><td colspan="4"></td></tr>
<tr><td>검사자</td><td colspan="4"></td></tr>
<tr><td>검사기관</td><td></td><td></td><td></td><td></td></tr>
<tr><td>유효기간</td><td colspan="4"></td></tr>
<tr><td rowspan="2">정기시설검사
합격여부</td><td>1차</td><td>2차</td><td>3차</td><td>4차</td></tr>
<tr><td></td><td></td><td></td><td></td></tr>
<tr><td colspan="5">년 월 일

안전검사기관장 (인)</td></tr>
</table>

출처 : 신조경관리학(2016), 한국조경학회, 문운당, p. 535.

[주] 1) 표시의 도안 크기는 어린이놀이시설의 크기에 따라 조정할 수 있다.
2) 표시의 글자색은 검정색을 원칙으로 한다.
3) 표시는 어린이놀이시설 이용자가 잘 볼 수 있도록 어린이놀이시설 내의 적절한 장소에 설치 또는 부착하거나 인쇄·각인 등의 방법으로 표시하여야 한다.

2) 보수

- 놀이시설이 안전하고 쾌적하게 제 기능을 충분히 다할 수 있도록 부품의 공급·조달과 사후서비스 등에 이르기까지 검토하여 보수한다.
- 놀이터에 놀이터이용과 관련된 안전수칙을 포함하여 사용인원, 사용연령, 관리주체 연락처, 사후관리 연락처 등 유지관리 및 안전관리에 필요한 사항을 포함한 이용안내판이 제대로 설치되어 있는지를 확인하고, 훼손되었거나 안내판이 오염되었으면 즉시 보수하여야 한다.
- 놀이공간에는 내구성 있는 포장재를 선정하며, 각 시설의 표면은 오염이 되지 않고 청소하기 쉬운 마감방법으로 보수한다.

3) 교체

- 파손이 심하여 어린이의 안전이 우려되거나, 안전점검 결과 해당 어린이놀이시설이 어린이에게 위험할 수 있다고 판단되는 경우에는 안전진단을 실시한다.
- 안전진단결과 교체가 필요하면 곧바로 교체한다.

6 운동시설관리

6-1. 운동시설의 유형

- 운동시설은 육상경기장, 축구장, 테니스장, 배구장, 농구장, 야구장, 핸드볼장, 배드민턴장, 게이트볼장, 롤러스케이트장, 씨름장, 체력단련장, 수영장, 풋살장, 족구장 등 이용자들의 운동에 필요한 시설과 체력단련에 필요한 시설이다.

6-2. 운동시설 관리의 특성

- 이용자들이 체력단련과 건강을 위하여 운동하는 공간과 시설이며, 운동 및 체력단련시설의 갈래에 따라 다양한 공간(축구장에서 씨름장까지)과 다양한 시설(인공암벽에서 몸일으키기까지), 다양한 바닥포장(탄성포장 등) 그리고 기계설비, 전기설비가 복합적으로 구성되는 특징을 가진다.
- 사계절 내내 이용자들에게 많이 이용되는 공간과 시설이어서 관리에 주의해야 한다.

6-3. 운동시설의 관리

1) 관리 개요

- 체력단련시설의 경우 이용 빈도가 매우 높고 안전사고 위험성 등을 감안해 내구성이 높고 유지보수가 쉬운 시설로 보수하여야 하며, 특히 각 시설의 부품별 교환주기를 파악하여 파손되기 전에 즉시 교체할 수 있도록 준비하여야 한다.
- 운동장의 트랙에는 관리용 차량이 출입할 수 있는 출입구가 1개소 이상 필요하며, 창고와 모래저장고 등은 유지관리를 위하여 경기장 바깥으로부터 출입이 가능한지 확인하고 차량

동선을 확보해야 한다.

2) 보수

- 고정용 운동시설은 녹이 슬지 않도록 보호해야 하며 도장부분이 훼손되거나 벗겨짐이 없는지 확인하고 전용 덧칠보수재로 일정 기간마다 도색하여야 한다.
- 비가 올 때에 운동종목별 운동장의 포장면 표면에 빗물이 어떻게 고이는지 상태를 검사하여 물이 고이는 곳은 표면높이를 조정해야 한다.
- 운동공간의 조명시설은 일정한 조도를 유지하고 눈부심이 없도록 간접조명 방식을 사용하여야 하며, 전구를 교체하거나 등기구를 청소하기 쉽도록 보수하고, 공에 맞아도 파손되지 않는 등기구를 사용하여야 한다.

3) 교체

- 파손이 심하여 이용자의 안전이 우려되거나, 이용자에게 위해를 가할 우려가 있다고 판단되는 경우에는 이용을 중지시키고 세밀히 진단한 다음 교체가 필요하면, 즉시 교체한다.

〈그림 47〉 운동시설

7 옹벽관리

7-1. 옹벽의 유형 및 구조

1) 중력식 옹벽

- 옹벽 자체의 중력에 의해서 토압에 저항하는 것으로 돌쌓기 또는 무근콘크리트가 사용된다.
- 자중으로 토압에 저항하는 형식이다.
- 높이 4m 이하에 이용된다.
- 무근 콘크리트 옹벽 또는 돌이나 벽돌을 이용한 조적식 옹벽이 이에 속한다.
- 부피와 무게가 크므로 기초 지반이 견고하여야 한다.

2) 켄틸레버식 옹벽

- 철근콘크리트로 단면의 형상에 따라 역 T형과 L형으로 나누어진다.
- 역 T형 옹벽은 옹벽의 높이가 약간 높은 경우에 이용되며 저판(底板)과 종벽(縱壁)으로 된 철근 콘크리트 옹벽이다.
- L자형 옹벽은 역 T형과 비슷하나 안정성이 더 요구되거나 높은 옹벽에 적용되며, 저판이 길기 때문에 저판상의 성토가 자중으로 간주되어 안정되고 경제성이 높다.
- 높이 6m까지 이용된다.
- 저판의 깊이는 동결 깊이보다 커야 하며 최소 1m 이상이어야 한다.

3) 부축벽식 옹벽

- 역 T형 옹벽에 수직벽과 직교된 밑판 위에 일정한 간격으로 부벽을 설치한 것
- 안정성을 중시한 철근 콘크리트 옹벽으로서 저판과 종벽, 부벽으로 되어 있다.
- 역 T자형보다 높은 옹벽이 요구될 때 사용된다.

• 높이 7m까지 이용된다.

4) 돌쌓기 옹벽

• 일반 자연석이나 잡석, 견치석 등을 사용하여 메쌓기나 찰쌓기에 의해 시공된다.

• 메쌓기는 비탈면에서 용수가 심할 때 또는 뒷면 토압이 적을 때 적용하고, 찰쌓기는 메쌓기보다 뒷면 토압을 많이 받을 때 적용하는 것이 좋다.

5) 블록 옹벽

• 돌쌓기 대신에 콘크리트 블록을 사용한 것으로 돌쌓기보다 중량이 가볍기 때문에 비탈면 구배를 높이거나 뒤채움 두께를 두텁게 할 필요가 있다.

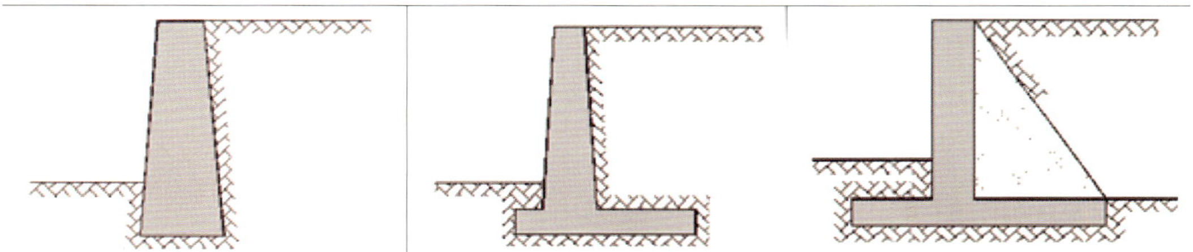

중력식	캔틸레버	부축벽

출처 : 조경적산 및 실무연습(2017), 정용조, 한국조경신문, p.237.

〈그림 48〉 옹벽의 종류

7-2. 옹벽의 안정조건

1) 안정성 3대 검토요소

• 활동에 대한 검토

• 전도에 대한 검토

• 침하에 대한 검토

2) 역학적 3대 검토요소

• 지지력

• 모멘트

- 미끄러짐

7-3. 옹벽의 파손 및 유형

1) 파손형태 및 원인

- 침하 및 부등침하
- 이음새의 어긋남
- 경사 및 이동
- 균열 및 세굴

2) 옹벽의 변화상태 원인

- 지반의 침하
- 지반의 이동
- 설계·시공의 부적당
- 기초의 강도 저하
- 지반의 지지력 저하
- 하중의 증대

3) 옹벽을 재설치하여야 하는 경우

- 대규모 붕괴로 인하여 지형이 변경된 경우
- 옹벽의 노화 또는 대규모 파손으로 보수나 보강이 불가능한 경우
- 보강에 많은 비용이 들고, 보수하더라도 안전성을 신뢰할 수 없는 경우

7-4. 옹벽의 보수공법

1) PC 앵커공법

- 기존지반의 암질(岩質)이 좋을 때 PC(Prestressed Concrete) 앵커로 넘어짐을 방지하는 공법

2) 부벽식(扶壁式) 콘크리트 옹벽공법

- 기존지반이 암반(岩盤)이고, 기초가 침하될 우려가 없을 때 옹벽 전면에 부벽식 콘크리트 옹벽

을 설치하여 넘어짐을 방지하는 공법

3) 말뚝에 의한 압성토(壓盛土)공법

- 옹벽이 활동을 일으킬 때 옹벽 전면에 수평으로 암(岩)을 파서 압성토하여 무너짐을 방지하는 공법

4) 그라우팅(Grouting)공법

- 콘크리트 옹벽이 앞으로 넘어질 우려가 있을 때 옹벽을 블링·굴착 후 채움재를 넣어 옹벽 뒷면의 지하수를 배수 구멍에 유도시켜 토압(土壓)을 경감시키고 무너짐을 방지하는 공법

8 비탈면관리

8-1. 비탈면 보호시설공법

1) 적용공법

① 식생공법

- 식생에 의한 비탈면 표층부의 안정을 도모한다.
- 주로 토양이나 풍화토로 된 곳으로 붕괴 우려가 적은 비탈면에 적용
- 종자 뿜어붙이기공, 식생매트공, 평떼붙이기공, 식생띠공, 줄떼붙이기공, 식생판공, 식생자루공, 식생구멍공(식생혈공) 등

② 구조물에 의한 보호공법

- 식생공이 부적당한 곳으로 풍화, 용수(湧水) 등에 의해 붕괴 우려가 있는 곳에 적용
- 모르타르 및 콘크리트 뿜어붙이기공, 콘크리트판 설치공, 콘크리트 격자블록공, 돌망태공, 편책공, 돌붙임 및 블록붙임공 등

③ 낙석공법

- 낙석방지망은 자갈 섞인 토사, 풍화암 등 작은 낙석이 있는 곳에 설치
- 낙석방지책공·낙석방지망공은 큰 낙석이 예상되는 암절석(岩切石) 비탈면의 절리(節理)가 광범위하게 많은 암석이나 균열이 많은 암석비탈면 등에 부분적인 낙석방지를 위하여 설치

④ 배수공법

- 우수 또는 용수(湧水)에 의하여 세굴(洗掘)이나 표층 무너짐이 많은 곳은 식생공과 콘크리트 격자블록공을 병행하여 적용

2) 식생공 공종별 시공방법

공종	시공방법
종자 (식생기반재) 뿜어붙이기공	• 식생조성이 어려운 암절토 등의 사면에 전면적인 식생조성을 위하여 종자, 비료, 토양재료(종비토) 등을 혼합한 식생녹화기반재를 만들어 취부장치를 통해 비탈면에 분사하는 방법 • 네트 • 망 등의 기초공을 함께 사용하면 급경사 비탈면에도 재료의 접착성이 우수하여 양호한 녹화를 기대할 수 있다. • 압축공기를 사용하여 모르타르건(Mortar-gun)으로 뿜어붙이는 방법 – 종자, 비료, 토양 등에 물을 첨가 하여 곤죽상태로 압축공기로 뿜어 붙임 – 절토 비탈면, 급구배 장소에 시공 가능 • 수압에 의한 펌프식 기계파종기로 살포하는 방법 – 종자, 비료, 파이버(Fiber) 등을 물과 혼합하여 압력수로 살포 – 절 • 성토 비탈면, 비교적 낮은 장소, 완만한 구배 비탈면에 적합
지하경 뿜어붙이기공 (Spring Spray)	• 식물의 지상경이나 지하경 등의 영양체를 발근촉진 • 병충해 저항 처리 등 특수처리를 한 후 종자 대신 투입하여 분사하는 공법 • 잔디류, 돌나물, 좀씀바귀 등 자생초본식물이 이용되며, 넓은 면적을 녹화하는데 적합한 공법
식생매트공	• 종자, 비료 등을 부착하여 만든 매트(Mat)를 비탈면 전면에 피복하여 녹화하는 공법 • 매트의 보호효과로 인하여 여름이나 겨울에도 시공이 가능하며, 시공 직후 법면 효과를 볼 수 있다. • 매트재료 : 부직포, 직물, 종이, 짚, 가마니, 펠트(Felt) 등 • 성토지역에 적합한 공법
평떼붙이기공	• 평떼의 잔디를 비탈면 전면에 붙이고 1장당 2개의 떼꽂이로 고정하는 방법 – 절 • 성토 비탈면 모두 시공이 가능하고, 침식되기 쉬운 토질에 적합
식생띠공	• 종자, 비료 등을 부착한 띠모양의 직물포나 종이류를 수평상으로 일정한 간격마다 삽입하는 공법으로 피복효과가 빠르다. • 줄떼재료 : 직물포, 종이, 짚, 합성수지망 등을 조합 사용한다.
줄떼붙이기공	• 성토비탈면에 줄떼를 수평형으로 심고 다지는 공법 – 평떼의 경우 풍화토 같은 절토 비탈면에는 적용하기 곤란하지만 줄떼는 골을 파서 심기 때문에 쉽게 착생되는 장점이 있다.
식생판공	• 종자와 비료를 흙에 혼합하여 만든 판상(板狀)의 표면에 종자를 붙여 놓은 종자판을 비탈면에 띠모양이나 점상(點狀)으로 깔아 붙이는 공법
식생자루공	• 종자와 비료와 흙을 혼합하여 자루망(Net)에 넣고 비탈면에 수평으로 판 도랑 속에 넣어 붙이는 공법으로 유실이 적은 장점이 있다.
식생구멍공 (식생혈공)	• 비탈면에 일정한 간격으로 구멍을 파고 종자, 비료, 흙을 혼합한 것을 구멍에 채워 넣는 공법으로 비료의 유실이 적고, 효과가 지속된다.

3) 구조물 공종별 시공방법

공종	시공방법
돌망태공	• 돌망태를 이용하여 비탈면 표층부, 용수(湧水)처리, 표면배수 등에 이용되는 공법 • 비탈면에 용수(湧水)가 있어 토사가 유실될 우려가 있는 지역, 흙이 무너진 곳을 복구한 지역, 해동(解冬)에 의해 비탈면이 흘러내릴 우려가 있는 지역 등에 시공
낙석방지망공 및 낙석방지책공	• 철망과 합성섬유로 된 망을 비탈면에 덮어씌우는 공법 • 경암으로 된 절토 비탈면, 식생공으로 처리하려는 연암 또는 자갈 섞인 토사 비탈면, 우수 때 세굴(洗掘)되어 암편 및 자갈이 떨어질 우려가 있는 곳에 시공
편책공법	• 비탈면에 나무말뚝을 박고 나뭇가지, 대나무, 아연, 철망 등을 뒤편에 붙인 뒤 흙을 채워 넣는 공법 • 나무말뚝의 길이 : 80~150cm, 간격 : 50~90cm, 편책간격 : 1.5~3.0m 정도가 일반적 • 식생이 비탈면에 충분히 활착하여 생육되기까지 토양 유실을 방지하기 위해 일시적으로 사용하는 공법
돌붙임 및 블록붙임공	• 콘크리트 뒤채움 후 호박돌, 견치석, 콘크리트 블록을 비탈면(1:1.5)에 붙이는 공법 • 비탈면 풍화 및 침식방지, 경사가 1:1.0 이상의 완만한 구배로서 접착력이 없는 토양, 식생이 곤란한 풍화토나 점토 등에 시공 • 비탈면의 직고가 3m 이상이면 적용하기 곤란, 원활한 배수를 위해 조약돌, 깬자갈 등을 채워 넣는다.
콘크리트 격자블록공	• 콘크리트 격자 블록을 비탈면에 설치하고 말뚝 또는 철근 앵커(Anchor)를 박는 공법 • 용수(湧水)가 있는 절토 비탈면, 표준구배보다 급한 성토비탈면, 식생이 적당하지 않고 표면이 무너질 우려가 있는 지역에 시공 • 경사가 1:0.8 이하의 완만한 비탈면에 시공
모르타르 및 콘크리트 뿜어붙이기공	• 철망을 비탈면에 포설하고 앵커(Anchor)로 고정한 후 모르타르를 뿜어붙이는 공법 • 비탈면에 용수(容手)가 없고, 붕괴 우려가 없는 비탈면 지역, 낙석이 예상되는 지역, 식생이 부적당한 지역에 시공
콘크리트판 설치공	• 비탈면에 철근 콘크리트판을 부착하는 공법 • 암(岩)의 절리(節理)가 많은 지역으로 콘크리트 블록 격자공이나 모르타르 뿜어붙이기 공법으로는 부적합하다고 판단되는 경우에 시공 • 1:1.5 정도의 구배에는 무근콘크리트로 1:1.0 정도의 구배에는 철근콘크리트로 한다.

8-2. 비탈면 보수 및 유지관리

1) 식생공 유지관리

- 한지형 잔디를 종자 뿜어붙이기공법으로 전면파종을 실시한 경우 피복완성까지의 표준기간은 2~3개월이며, 기타 공법으로 파종한 경우에는 3~6개월이 소요된다.
- 들잔디를 줄떼심기 공법으로 시공한 경우는 피복완성까지의 표준기간이 1년(12개월) 정도 소요된다.
- 식생시공 후부터 전면피복 완성까지 식생안정에 세심한 관리가 필요하다.

① 연간 1회 이상 기비 및 추비 실시

- 화학비료를 시비하거나 액비(液肥)를 약한 농도로 여러 번 엽면시비 한다.

② 잡초제거 및 풀베기 작업

- 토양침식을 방지하기 위해 10cm 이상의 초장을 유지한다.

③ 관수 및 병충해 방제 실시

- 가뭄이 심할 때에는 주기적으로 관수를 실시하여야 하며, 병충해 방제를 위해 수시로 예찰을 실시하고 방제한다.

④ 상단부관리 중점

- 비탈면 식생은 하단부 보다는 비탈 어깨부분의 상태가 나빠지기 쉬우므로 상단부 관리에 중점을 둔다.

2) 구조물에 의한 비탈면보호공 유지관리

- 파괴원인은 비탈면 자체의 노후화와 비탈면 자체의 변형 등이 주된 원인
- 지표수, 지하수의 처리가 불량하면 비탈면의 파괴가 일어나는 경우가 많다.
- 비탈면 배수공의 기능유지는 높은 성토 비탈면이나 큰 절토 비탈면에서 중요하며, 배수시설이 흙의 붕괴, 낙석, 잡초 등에 의해 매몰되는 경우가 없도록 하여야 한다.

공종	유지관리 항목
돌망태공	• 토사에 의해 돌망태망 막힘 • 철선의 부식
낙석 방지망공 및 방지책공	• 방지망공 : 망이나 로프(Rope)의 절단, 낙석 또는 토사의 퇴적, 앵커(Anchor) 일부의 헐거움 • 방지책공 : 방책기둥의 굴곡, 낙석 또는 토사퇴적, 기초부의 풍화 및 붕괴
편책공법	• 퇴적토사의 중량에 의한 손상 • 말뚝이나 편책의 부식과 무너짐
돌붙임 및 블록 붙임공	• 호박돌이나 잡석의 국부적 빠짐 • 지진이나 풍화에 의한 돌붙임 전체의 파손 • 뒤채움토사의 유실 • 보호공의 무너짐과 꺼짐 • 보호공의 삐져나옴과 균열 • 용수(湧水)의 상황 및 처리
콘크리트 격자블록공	• 격자 내의 연결부 헐거움 및 꺼짐 • 격자 뒷면의 토사유실 • 격자 삐져나옴
모르타르 및 콘크리트 뿜어붙이기공	• 균열 • 용수(湧水)나 침투수의 상황 및 처리 • 삐져나온 것 또는 마모 손상
콘크리트판 설치공	• 균열 • 미끄러져 움직임 • 침하

9 급 · 관수 및 수경시설관리

9-1. 급수시설관리

1) 급수시설의 점검

① 관부설

- 작업 시작 전에는 현장조사 후 지하매설물 유무를 반드시 확인한다.
- 관을 부설하기 전에는 관체를 검사하고 균열이나 기타 결함이 없는가를 확인해야 한다.
- 관을 부설할 때에는 원칙적으로 높은 곳으로 향하여 부설하고 소켓이 있는 관은 소켓이 높은 곳으로 향하도록 배관하여야 한다.
- 매일 부설작업이 완료된 뒤에는 관내에 토사, 오수 등이 유입하지 않도록 나무마개 등으로 관 끝을 막아야 하며 관내에 헝겊, 공구류 등을 두지 않도록 한다.

② 관보호 및 밸브설치

- 도로 횡단구간, 암거 횡단구간 등은 적절하나 관보호를 실시해야 한다.
- 기존관과 연결공사의 경우 단수시간 등에 영향을 받으므로 사전에 충분한 조사와 준비해야 한다.
- 밸브를 설치할 때에는 정확하게 중심내기를 하고 견고히 설치해야 한다.
- 밸브 설치 후 밸브실 내를 청소하고 개도계 등의 기름을 닦아내도록 한다.

③ 통수

- 관로에 물을 채우기 전 관로의 전 연장에 걸쳐 관내를 깨끗이 청소해야 한다.
- 이음부에 이물질의 유무, 도장상태 등을 조사하고 마지막으로 잔존물이 없는지 확인하여야 한다.

2) 급수시설의 유지관리

- 급수를 필요로 하는 장소의 급수 전에 대해서는 일정한 압력과 사용상 필요한 수량을 유지하기 위하여 물탱크 등의 적정한 용량과 급수펌프의 성능이 정상이 되도록 관리한다.
- 급수방법에 따라 수도법에 준하는 안전위생을 확보해야 한다.
- 배관계통 및 각종 기구의 누수, 파손 등의 정기적인 점검 및 보수를 실시한다.
- 물탱크의 정기적인 청소 및 점검을 실시한다.
- 정기적인 수질검사를 실시한다.
- 사용수량의 확인, 수도미터기의 점검을 실시한다.

9-2. 관수시설관리

1) 일반적인 관수시설의 점검

- 녹지의 면적, 식재의 특성을 고려하여 점적관수, 스프링클러, 팝업 스프레이 등 용량이 적정한지 설치 점검한다.
- 사용용수는 상수와 우수 등을 사용하며, 우수를 사용하더라도 우수공급이 원활하지 않을 경우를 대비하여 상수를 사용할 수 있도록 해야 한다.
- 우수 사용시 반드시 필터장치를 설치하여 살수노즐이 막히지 않도록 한다.
- 관수시설 계획에 에너지의 효율성을 고려하고 원활한 급수를 위하여 충분한 수량을 확보하며, 용량에 맞는 저류조를 설치한다.
- 가압배관에 일정한 압력이 가해질 수 있도록 가압펌프와 자동급수시스템을 갖추어야 하며, 메인 배관에는 배수밸브와 자동에어벤트를 적절히 설치하여 동파를 방지하고 용수의 흐름이 원활한지 점검한다.

2) 주요 관수시설의 설치

① 스프링클러 설치

- 스프링클러의 몸체는 충격흡수가 가능한 PE, STS, 황동 등을 사용하여 녹슬지 않도록 한다.
- 회전기어 드라이브는 진공 포장되어 물줄기로부터 고립시켜 고장이 없는 것으로 한다.
- 밸브-인-헤드는 헤드에서 수동으로 작동시킬 수 있어야 한다.

- 자동압력조절장치에 의해 큰 압력 차이에도 조절이 가능하여 균일한 살수가 가능해야 한다.

② 통제기 설치

- 위성통제기는 중앙컴퓨터와 함께 사용되지만 독립적으로도 사용 가능하여야 하며, 현장에서 수동으로 살수작동이 가능해야 한다.
- 통제기의 상자는 플라스틱으로 만들어져 오랜 시간 동안 햇빛에 의해 변색되지 않아야 하고 부식이 없어야 한다.
- 위성통제기는 낙뢰나 큰 전압에 견딜 수 있도록 보호기능이 설계되어야 한다.
- 낙뢰보호기능 스위치가 항상 열려 있어 낙뢰가 발생하더라도 파손을 막아야 한다.

③ 자동제어 전선공사

- 지중전선로 전선은 케이블을 사용하고, 관로식 또는 암거식, 직접 매설식에 의해 설치한다.
- 지중선로의 최소 매설깊이는 60cm 이상으로 한다.
- 직매를 하는 케이블은 돌 등의 돌출물이 케이블에 손상을 주지 않도록 모래 등으로 매설한 후 케이블의 상·하·측면은 지반토로 되메우기를 한다.

3) 관수시설의 유지관리

- 관수계통 및 각종 기구의 정기적인 청소를 실시한다.
- 저류조의 정기적인 청소를 실시한다.
- 우수 사용시 정기적인 필터점검으로 살수노즐이 막히지 않도록 한다.
- 원활한 급수를 위하여 충분한 수량을 확보하고, 일정한 압력을 유지하기 위하여 적정한 급수펌프의 성능이 정상이 되도록 한다.

9-3. 수경시설관리

1) 수경시설 관리의 특성

- 물의 주요 소재로 사용하는 공간과 시설이며, 수경시설의 갈래에 따라 다양한 구조물(콘크리트, 합성수지 등)과 기계설비, 전기설비, 수목과 화훼가 복합적으로 구성되는 특징을 가진다.
- 주로 여름철의 이용자들에게 많이 이용되는 시설이나 겨울철에는 동파방지를 위해 이용이

중지되며, 이에 따라서 시설작동기간이 매우 긴 이용의 계절적 특징을 가지므로 유지관리와 이용관리에 어려움이 많다.

2) 수경시설의 점검과 조사

- 수경시설은 안정성·경관성·기능성을 목적으로 운전전 점검, 월점검 또는 장기운전 후의 운전시 점검, 3년차 점검 및 정비 등의 보수관리를 기준으로 하되 다른 법규에 규정이 있는 것은 그 법규를 따른다.
- 수경시설별 관리책임자를 선정하고, 정비일지에 점검 및 정비의 실시내용을 기록하고 정리하며, 정기적인 점검 및 정비를 고려해야 하는 설비는 다음과 같다.

– 수중조명기구 : 케이블상태, 누전상태, 램프단선상태, 기구의 누수상태
– 수중펌프 : 전류계 지침에 의한 부하상태, 절연저항, 모터의 봉수, 케이블 상태
– 육상펌프 : 펌프의 부하상태, 축수부, 카플링, 볼트, 너트, 누수, 모터의 절연저항
– 정수설비 : 여과재, 배관과 밸브, 물의 상태
– 소독시설 : 소독소재의 상태, 배관과 밸브, 소독농도 및 강도

- 수경시설 제어반 점검기준과 분수 점검항목은 아래 표를 참고하기 바란다.

항목	점검내용	일상점검	정기점검
몸체	• 도장, 손상, 문의 개폐, 열쇠, 문의 패킹	1회/주	1회/년
제어반면	• 전압, 전류계, 표시등, 스위치동작	1회/주	1회/년
제어반내	• 단자의 흔들림, 배선의 변색, 환기장치	1회/주	1회/년
타이머	• 사각수정, 동작 확인	1회/주	1회/년
누전차단기	• 동작확인	1회/주	1회/년
모터보호계전기	• 동작확인, 설정치 확인	1회/주	1회/년
경보회로	• 동작확인	1회/주	1회/년
절연	• 절연측정		1회/년

출처 : 신조경관리학(2016), 한국조경학회, 문운당, p.535.

〈표 5〉 제어반 점검기준

〈표 6〉 분수 점검항목

항목	점검내용	일상점검	정기점검
펌프	• 부하상태, 절연저항, 케이블상태, 소음 및 진동, 누수발생, 볼트 • 너트 조임 상태, 모터의 봉수	1회/주	1회/3개월
노즐	• 노즐의 상태(이음매, 막힘, 변형)	1회/주	1회/6개월
수중등	• 누전, 파손, 램프의 절연저항, 동작상태	1회/주	1회/년
피팅류	• 조임 상태, 누수, 파손	1회/주	1회/년

출처 : 신조경관리학(2016), 한국조경학회, 문운당, p.535.

3) 수경시설의 관리

① 관리개요

- 수경시설이 정상적으로 작동되기 위해서는 구성부품인 전기설비와 기계설비가 제 기능을 하고 있어야 하기 때문에 주기적으로 점검하여 각 기기의 작동 여부를 확인하여야 한다.
- 수경시설의 용수는 이용자의 안전에 매우 중요하므로 용수의 성질에 따른 유지목표 수질(표 7)을 설정하고 검사항목이 기준치안에 들도록 관리하여야 한다.
- 수경시설의 특성이나 성질에 따라 적정하게 소독하여야 한다(표 8).
- 못, 폭포, 실개울 등의 수조 청소주기는 정화시설이 있는 경우 연 4회, 정화시설이 없는 경우 월 1회로 한다. 친수형 수공간의 수조는 현장 상황에 따라 월 1회 이상 청소 및 물을 바꾸어준다.
- 수경시설은 수질 정화와 급수·배수 하자방지를 위해 주기적으로 청소해야 한다.
- 겨울이 오기 전인 11월말 이전에 수경시설의 동파 방지를 위해 수경시설의 모든 물을 빼주어야 한다.

<표 7> 수경시설용수의 유지목표 수질

물의 사용조건	기본적 수질항목					관계수질
	pH	BOD (mg/ℓ)	SS (mg/ℓ)	투시도 (m)	대장균군수 (MPN/ 1,000mℓ)	
물놀이를 전제로 한 수변공간	5.8~8.6	3 이하	5 이하	1.0	1,000이하	풀, 유영, 친수용수
물놀이를 전제로 하지 않은 수변공간	5.8~8.6	5 이하	15 이하	0.3	–	친수용수 경관용수
감상을 전제로 한 수변공간	5.8~8.6	5 이하	15 이하	0.3	–	경관용수

출처 : 신조경관리학(2016), 한국조경학회, 문운당, p.536.

<표 8> 수경시설의 적용 소독법

사용 장소	염소	자외선	오존	동이온
생물이 없는 경우 – 물놀이를 전제로 한 수변공간 – 물놀이를 전제로 하지 않은 수변공간 – 감상을 전제로 한 수변공간	적당함	주의를 요함 적당함	적당함	적당함
생물이 있는 경우 – 물놀이를 전제로 한 수변공간 – 물놀이를 전제로 하지 않은 수변공간 – 감상을 전제로 한 수변공간	사용불가	적당함	주의를 요함	사용불가

출처 : 신조경관리학(2016), 한국조경학회, 문운당, p.537.

② 보수

- 수경시설의 세부 기기가 훼손되었을 경우 제 기능을 다할 수 있도록 즉시 보수한다.

③ 교체

- 파손이 심하여 이용자의 안전이 우려되거나, 이용자에게 위해를 가할 우려가 있다고 판단되는 경우에는 이용을 중지시키고 세밀히 진단한 다음 교체가 필요하면, 즉시 교체한다.

<그림 49> 수경시설

9-4. 생태연못관리

1) 계절별 관리사항

① 11월 ~ 3월(가동준비기간 : 늦가을에서 초봄까지)

- 가을철에 고사된 수생식물(갈대, 부들 등)의 제거작업 : 수생식물의 가지나 줄기가 수면 높이의 5cm를 넘지 않게 제거한다.
- 낙엽은 가을과 겨울에 제거한다.
- 생태연못 주변을 잘 살펴서 계류나 기타 정화구역 등을 보수 또는 정비하야 한다.
- 수생식물 중 수련이나 연꽃류 등은 약간의 시비를 해서 관리한다.
- 계류를 검사한 후 자유롭게 흐를 수 있게 하고 계류 가장자리의 물 손실을 통제한다. 또한 계류부분에 빠르게 성장한 수생식물은 종의 수를 감소시킨다.
- 침전탱크를 정기적으로 검사한 후 필요시 개끗하게 청소한다.
- 수위조절탱크의 기능 검사(고장 시 기술자에게 문의) : 겨울 내 닫아 두었던 밸브를 다시 작동한다.
- 연못 내 물의 기온이 15도 일 때에는 미생물투입으로 겨울 내 축적된 과다 영양소의 제거에 도움을 준다.
- 필요에 따라서 연못 내에 수질검사를 한다.
- 수영구역 및 연못의 바닥청소가 필요할 때에는 진공청소 장비로 정기적으로 청소한다. 단, 연못 내 서식하는 양서류의 주변에는 시행치 않는다.

② 여름

- 죽은 식물을 정기적으로 수거, 제거한다.
- 장마기간 후에 연못 내 영양성분이 증가된 경우에는 필요한 경우 미생물로써 분해 처리한다.
- 급속하게 생장하는 수생식물의 경우에는 종의 수를 감소시킨다.
- 수영구역 내에 있는 바닥과 벽 또는 목재부분과 석재부분을 규칙적으로 청소한다.
- 계류부분이나 연못 내의 수량손실을 감시하고 연못에 설치된 설비(평균수위조절기, 펌프, 스키머 등)의 기능을 점검하고 이상이 있을 시에는 기술자에게 문의한다.
- 여름철의 수온 상승으로 연못에 녹조 예방 차원으로 미생물을 투입할 시에는 연못 설계 전문가에게 문의한다.

③ 가을과 겨울

- 식물의 고사지 제거 : 황엽현상이나 고사지가 발생될 경우에는 풀 종류의 식물은 제거하고 사초류나 항상 초록색을 띠는 식물은 제거하지 않는다.
- 낙엽에 대비해 망을 치고 가능하지 않을 경우에는 가라앉은 낙엽을 규칙적으로 제거한다.
- 연못 내 물의 순환은 어떠한 경우에도 작동시킨다(산소성분공급).

2) 동절기 유지관리

① 연못구역

- 자연적인 연못 분위기를 만들어내는 구역으로서 다양한 종류의 수생식물을 연못구역에 군식하며, 바닥은 자갈층으로 조성한다.
- 동절기에도 가능하나 한 번 가동을 멈춘 후에는 가동이 불가능하다.
- 동절기에도 아름다운 수경시설의 휴식공간을 제공하기도 하며, 다양한 조형물의 설치를 통하여 그 자연적인 미를 한층 높일 수 있다.
- 동절기에도 수위조절탱크의 작동으로 인해 동파의 위험은 현저히 낮음으로 특별한 관리 없이 이용할 수 있다.
- 동절기에 물을 빼는 것은 수생식물의 고사로 이어질 수 있으므로 신중한 검토가 필요하다.

② 정화구역

- 정화구역의 바닥부위에는 침전탱크가 설치되어 있으며 수생식물 뿌리에서의 정화작용과 물리적 여과작용을 통하여 전체 시스템에서 주된 수처리 공정이 이루어지는 구역이다.
- 동절기에 물을 빼면 수생식물의 고사로 이어질 수 있으므로 신중한 검토가 필요하다.

③ 계류구역

- 수질정화구역에서 정화된 물은 펌핑을 통해 다시 연못으로 공급된다. 이때 시냇물이 호수에 유입되는 현상으로 돌과 자갈 등을 이용하여 물의 흐름 경로를 만들어준 구역으로서 연장이나 형상을 자유롭게 시공할 수 있으며, 샘물처럼 흐르는 물은 그 자체로 에너지와 산소를 발생시키고 전체 시스템 내에 맑은 물을 재충전시켜 준다.
- 구간 내에 여러 단의 낙차를 주어 디자인하고 수생식물을 조화 있게 식재함으로써 경관미를 살릴 수 있다.

10 시설물의 보수사이클 및 정기점검

10-1. 시설물의 내용연수 및 보수사이클

시설의 종류	구조	계획보수	내용연수	보수사이클
원로・광장	아스팔트		15년	
	평판포장		15년	
	모래자갈	• 노면수정 • 자갈보충	10년	• 반년~1년 • 1년
분수		• 전기 • 기계 조정점검 • 물교체 • 청소낙엽제거 • 파이프도장	15년	• 1년 • 반년~1년 • 3~4년
파고라	철재	• 도장	20년	• 3~4년
	목재	• 도장	10년	• 3~4년
벤치	목재	• 도장	7년	• 2~3년
	플라스틱		7년	
	콘크리트	• 도장	20년	• 3~4년
그네	철재	• 도장	15년	• 2~3년
미끄럼틀	콘크리트・철재	• 도장	15년	• 2~3년
모래사장	콘크리트	• 모래보충 • 연석도장	20년	• 1년 • 2~3년
정글짐	철재	• 도장	15년	• 2~3년
시소		• 도장	10년	• 2~3년
목재놀이기구		• 도장	10년	• 2~3년
야구장		• 면고르기 • 잔디손질 • 조명점검정비	20년	• 1년 • 1년 • 1년
테니스코트	전천후 코트		10년	
	클레이 코트		10년	• 1년
화장실	목조	• 도장	15년	• 2~3년
	철근 콘크리트	• 도장	20년	• 3~4년
시계탑		• 분해점검 • 도장 • 시간조정	15년	• 1~3년 • 2~3년 • 반년~1년

담장・등	파이프제	• 도장	15년	• 2~3년
	철사	• 도장	10년	• 3~4년
	로프		5년	
안내판	철재	• 안내글씨 교체	10년	• 3~4년
	목재	• 안내글씨 교체	7년	• 2~3년
가로등		• 전주도장 • 전등청소	15년	• 3~4년 • 1~3년

10-2. 시설의 종류별 정기점검보수 및 보수목표

시설의 종류	구조	정기점검보수	보수의 목표
원로・광장	아스팔트	• 균열	• 3~5년 : 전면적의 5~10%에 균열 함몰이 생길 때 • 10년 : 전반적으로 노화가 보일 때
	평판포장	• 평판 고쳐놓기 • 평판 교체	• 3~5년 : 전면적의 5~10% 이상에서 이탈이 생길 때 • 5년 : 파손장소가 특히 눈에 뛸 때
	모래자갈	• 배수 정비	• 2~3년 : 배수가 불량할 때 진흙정소
분수		• 펌프 • 밸브 등 교체 • 절연성 점검	• 5~10년 : 수중펌프 내용연수
파고라	철재	• 서까래 보수	• 서까래의 부식도에 따라 – 목재 : 5~10년 – 철재 : 10~15년 – 갈대발 : 2~3년
	목재	• 서까래 보수	• 상동
벤치	목재	• 좌판 보수	• 5~7년 : 전체의 10% 이상 파손이나 부식이 생길 때
	플라스틱	• 좌판 보수 • 볼트, 너트 조임	• 3~5년 : 전체의 10% 이상 파손이나 부식이 생길 때 • 정기점검시 처리
	콘크리트	• 파손장소보수	• 5년 : 파손장소가 눈에 뛸 때
그네	철재	• 조판교체 • 볼트조이기 • 기름치기 • 쇠사슬, 고리 교체	• 3~5년 : 부식정도에 따라 조속히 처리 • 정기점검시 처리 • 정기점검시 처리 • 5~7년 : 마모도에 따라 조속히 처리
미끄럼틀	콘크리트 철재	• 미끄럼틀 보수	• 5~7년 : 마모도에 따라

모래사장	콘크리트	• 모래 경운 • 배수 정비	• 모래 보충시 적당히
정글짐	철재	• 볼트, 너트 조임	• 정기점검시 처리
시소		• 베어링 보수 • 좌판 보수	• 3~4년 : 삐걱삐걱 소리가 난다 (베어링 마모) • 부식도에 따라
목재 놀이기구		• 볼트, 너트 조임 • 부품 교체	• 정기점검시 처리 • 마모도, 부식도에 따라
야구장		• 백네트 교체 • 모래 보충 • 조명등 교체	• 5년 : 파손상태에 따라 • 1~2년 : 모래 소모도에 따라
테니스코트	전천후 코트	• 코트 보수 • 네트 교체 • 바깥울타리 보수	• 3~5년 : 균열, 파손상태에 따라 • 2~3년 : 네트의 파손도에 따라 • 2~3년 : 파손상황에 따라
	클레이 코트	• 네트교체 • 바깥울타리 보수	• 2~3년 : 네트의 파손도에 따라 • 2~3년 : 파손상황에 따라
화장실	목조	• 문 보수 • 배관 보수 • 탱크 보수	• 1년 : 파손상황에 따라 • 1년 : 파손상황에 따라 • 1년 : 파손상황에 따라
	철근 콘크리트	• 문 보수 • 배관 보수 • 변기류 보수	• 1년 : 파손상황에 따라 • 1년 : 파손상황에 따라 • 1년 : 파손상황에 따라
시계탑		• 유리 등 보수	• 1~2년 : 다손상황에 따라
담장 • 등	파이프제	• 파손장소 보수	• 1~3년 : 다손상황에 따라
	철사	• 파손장소 보수	• 1~2년 : 다손상황에 따라
	로프	• 로프교체 • 파손장소 보수 • 기둥 교체	• 2~3년 : 파손상황에 따라 • 1~2년 : 파손상황에 따라 • 3~5년 : 파손상황에 따라
안내판	철재	• 파손장소 보수	• 파손상황에 따라
	목재	• 파손장소 보수	• 파손상황에 따라
가로등		• 전등 교체 • 부속기구 교체	• 5~10년 : 끊어진 것, 조도가 낮아진 것 • 5~10년 : 자동점멸기 • 15~20년 : 전선류, 분전반

실무연습문제

1 유지관리의 목표와 기준에 대하여 기술하시오.

2 토사 포장의 개량공법에 대하여 기술하시오.

3 토사 포장도로의 보수시 노면 안정성의 유지를 위하여 필요한 노면의 횡단경사는?

4 마사토·토사도(土砂道) 보수방법에 대하여 기술하시오.

5 토사 포장의 파손원인은?

6 테니스 클레이 코트에 뿌리는 소금과 염화칼슘의 역할은?

7 시설 점검·보수에 있어서 가장 염두 해야 할 사항은?

8 아스팔트 파손원인은?

9 아스팔트 포장의 균열에 의한 파손과 보수방법에 대하여 기술하시오.

10 아스팔트 포장의 국부적인 침하 보수방법에 대하여 기술하시오.

11 콘크리트 포장의 파손형태에 대하여 기술하시오.

12 콘크리트 포장에 있어 줄눈 및 표면의 균열에 의해 파손된 부분의 보수방법에 대하여 기술하시오.

13 콘크리트 포장에 있어 콘크리트 슬래브 꺼짐과 박리현상에 대한 보수방법에 대하여 기술하시오.

14 블록포장의 파손형태와 파손된 포장의 보수방법에 대하여 기술하시오.

15 시멘트 콘크리트 포장시 철근을 삽입하는 경우 몇 mm 지름의 철망을 많이 사용하는가?

16 도로, 광장 등의 간단한 포장이나 비탈면의 처리 등 현장에서 흙과 시멘트를 섞어서 간단하게 만든 콘크리트를 무엇이라 하는가?

17 콘크리트 면이 균열되었을 때 보수하기 위한 재료는?

18 콘크리트 포장부분을 보수하려고 한다. 콘크리트 포장이 불가능한 기온은 몇 ℃ 이하인가?

19 블록 포장의 좁은 작업공간의 부분보수를 위한 다짐용 기계는?

20 다른 포장재료에 비하여 유지관리가 가장 용이한 포장의 종류는?

21 블록 포장이나 보수시 모래가 사용된다. 포장면의 균일과 지지력을 향상시키기 위하여 이음새 폭을 두고 모래를 충전하는데 가장 적당한 이음새 폭은 얼마인가?

22 보도블록 포장 보수시 노반층 위에 부설하는 모래의 일반적인 두께는?

23 표면배수시설의 종류와 보수방법에 대하여 기술하시오.

24 지하배수시설의 보수방법에 대하여 기술하시오.

25 비탈면 배수시설의 보수방법에 대하여 기술하시오.

26 우리나라의 경우 원로나 광장의 지하수위는 지표로부터 최소 어느 정도의 깊이로 유지하는 것이 동결방지 및 자연처리의 유연성 확보면에서 좋은가?

27 표면배수시설 중 미관은 아름답지만 관리상 기존의 원형을 유지하기가 비교적 어려운 측구는?

28 가로수에 유공관을 설치하여 얻고자 하는 효과는?

29 목재의 유지관리 및 보수에 있어서 균류에 의한 피해시 보수방법에 대하여 기술하시오.

30 목재의 유지관리 및 보수에 있어서 충류에 의한 피해시 보수방법에 대하여 기술하시오.

31 방충, 개미 예방에 효과적인 목재 방충제는?

32 습윤한 목재를 가해하는 대표적인 해충은?

33 철재의 유지관리 및 보수에 있어서 인위적 파손이나 부식시 보수방법에 대하여 기술하시오.

34 석재의 유지관리 및 보수에 있어서 파손이나 균열시 보수방법에 대하여 기술하시오.

35 금속재의 부식에 영향을 미치는 요인은?

36 콘크리트나 모르타르에 미관을 위한 재도장은 얼마의 기간을 두고 하여야 하는가?

37 휴지통의 배치 및 관리, 수거빈도에 대하여 기술하시오.

38 음수대의 배치와 사용재료 및 보수방법에 대하여 기술하시오.

39 표지판의 유지관리에 대하여 기술하시오.

40 탐방이 주가 되는 대상지에 대한 관광, 이용시설, 이용방법 등을 설명한 표지판은?

41 일반적인 환경조건하에서 목재안내판의 글씨는 몇 년마다 보수하는 것이 좋은가?

42 철재 접합부를 용접하는 경우 원칙적으로 용접을 해서는 안 되는 기온은?

43 금속재 표지판의 재료특징에 대하여 기술하시오.

44 철재 유희시설의 보수 및 교체에 대하여 기술하시오.

45 목재 유희시설의 보수 및 교체에 대하여 기술하시오.

46 콘크리트 유희시설의 보수 및 교체에 대하여 기술하시오.

47 합성수지 유희시설의 보수 및 교체에 대하여 기술하시오.

48 조경시설물의 유지관리 작업계획 중 정기적인 작업과 비정기적인 작업에는 어떤 것이 있는지 설명하시오.

49 놀이시설의 안전점검 항목에 대하여 기술하시오.

50 놀이시설의 안전점검 결과에 대하여 양호, 주의, 수리 필요, 이용금지에 대하여 기술하시오.

51 운동시설 관리의 특성에 대하여 기술하시오.

52 운동시설의 보수에 대하여 기술하시오.

53 옹벽의 종류와 특징에 대하여 기술하시오.

54 옹벽의 변화상태를 눈으로 확인할 수 있는 것은?

55 옹벽의 변화상태 원인에 대하여 기술하시오.

56 옹벽을 재설치하여야 하는 경우는?

57 옹벽의 보강공법에 대하여 기술하시오.

58 비탈면 보호공 중 식생공에 대하여 기술하시오.

59 비탈면 보호공 중 식생공의 유지관리에 대하여 기술하시오.

60 비탈면의 식생공 중에 종자 뿜어붙이기공에 있어서 압축공기를 사용한 모르타르건(Moetar-gun)으로 뿜어 붙일 때의 재료는?

61 외국산 초종(양잔디)을 사용하여 비탈면을 종자 뿜어붙이기 공법으로 전면파종을 하였을 때 피복완성까지의 표준기간은?

62 비탈면 보호공 중 구조물 보호공에 대하여 기술하시오.

63 비탈면 보호공 중 구조물 보호공의 유지관리에 대하여 기술하시오.

64 급수시설의 유지관리에 대하여 기술하시오.

65 관수시설의 유지관리에 대하여 기술하시오.

66 수경시설 관리의 특성에 대하여 기술하시오.

67 분수의 점검항목에서 펌프의 점검내용과 일상점검 및 정기점검 횟수에 대하여 기술하시오.

68 수경시설용수의 유지목표 수질에서 물놀이를 전제로 한 수변공간의 기본적 수질항목에 대하여 기술하시오.

69 목재 벤치의 내용연수와 보수사이클은?

70 파고라(목재), 그네(철재), 안내판(철재)의 내용연수와 보수사이클은?

71 원로나 광장에서 모래·자갈 포장의 정기점검 보수항목은?

72 다음 조경시설물의 정기점검과 보수의 목표에 대하여 기술하시오.

① 원로, 광장의 아스팔트 포장 균열보수 :

② 원로, 광장의 평판교체 :

③ 시소의 베어링 보수 :

④ 목재 벤치의 좌판보수 :

⑤ 분수 :

⑥ 콘크리트·철재 미끄럼틀 :

⑦ 철재 정글짐 :

⑧ 목조 화장실 :

⑨ 철재 안내판 :

⑩ 가로등 :

73 목재 안내판 안내 글씨 교체, 목재 파고라 서까래 보수, 모래자갈 포장 노면수정, 정글짐 도장 보수사이클에 대하여 기술하시오.

74 아래 시설물의 보수 사이클에 대하여 기술하시오.

① 모래사장 모래보충 :

② 파고라 철재 도장 :

③ 벤치 콘크리트 도장 :

④ 미끄럼틀 콘크리트·철재 도장 :

⑤ 화장실 목조 도장 :

⑥ 담장·등 파이프제 도장 :

⑦ 가로등 전등 청소 :

문제풀이 및 정답

01 조경수 고사원인과 대책

문제 1)

- 조경분야 전문가들이나 기관 시설관리자들이 가장 기초적이고 핵심적인 수목생리를 모른 채 식재공사와 유지관리를 함으로써 잘못된 조치를 하거나 적절한 대처를 하지 못한 채 나무를 죽게 하고 있다. 나무가 죽게 된 원인을 명확히 진단하고, 이해하고, 개선하여야 생명체이자 소중한 자산의 가치를 지닌 조경수를 지켜낼 수 있을 것이다.
- 조경수의 고사원인에는 생리 피해와 병·해충 피해로 구분되며, 생리피해는 병이나 충해에 비해 판단과 조치가 매우 어려워 전문가의 도움이 필요한 것으로 나타났다.

1) 심식과 복토

① 원인

- 나무를 이식 할 때 예전에 나무가 묻혀 있던 깊이보다 더 깊게 심는 행위를 말한다.
- 어느 정도 깊이 심어야 심식에 해당하는 가는 토성에 따라 다르지만 일반적으로 15cm를 기준으로 한다.
- 수목의 뿌리는 호흡을 하기 때문에 산소를 필요로 하며, 산소 공급이 원활한 토양의 표면 근처에 집중적으로 모여 있다. 특히 양분과 수분을 흡수하는 역할을 맡고 있는 세근(細根, 가는 뿌리)의 90% 가량이 표토 20cm 깊이에 모여 있어 심식이 되면 토양 내 산소 부족으로 인하여 뿌리의 호흡이 방해를 받아 고사하게 된다.
- 조경공사에서 절대 해서는 안 되는 것이 심식과 복토이다.
- 식재공사 시 반장이나 기능공들이 식재 후 지주목 설치로 나무가 넘어지는 것을 방지해야 하나 조경기능공들은 넘어지는 것을 방지하기 위해 심식 또는 복토를 하게 된다. 관리자들은 식재공사 시 심식 또는 복토를 하지 않는지 주의 깊게 관찰할 필요가 있다.
- 나무를 심은 후 주변 녹지를 추가로 조성하기 위해 토양을 북돋우는 작업을 하거나 도로개설이나 구조물 설치 등을 위해 공사를 하다가 의도치 않게 나무에 흙을 쌓는 경우가 있는데 이것을 복토라 하고 심식과 같은 피해증상을 나타낸다.

② 주요증상

- 잎의 왜소화, 황화 현상, 시들음, 조기 낙엽, 부정근, 맹아지 발생, 고사지 발생

③ 대책

- 뿌리 깊이를 확인 후 예전에 묻혀 있던 높이까지 표토를 제거한 후 배수처리 한다(dry well 설치).
- 뿌리의 분포범위에 유공관을 수직으로 여러 개 매설해 통기성을 확보해 준다.

2) 건조

① 원인

- 20일 이상 지속적으로 비가 내리지 않으면 가뭄현상이라 판단된다.
- 기후변화로 인하여 가뭄과 홍수를 예측할 수 없다. 우리나라도 가뭄에 대비하여 조경식재설계시 점적관수시설 등을 적극 도입하여야 한다.
- 증산작용에 의하여 수분을 잃으면 수분 부족 현상이 나타난다. 밤에 수분 상태가 좋으면 회복되는 것이 정상이다.
- 시들음 현상이 낮과 밤에 지속적으로 나타나면 건조 피해가 있다고 판단된다. 특히 이식목에 많이 나타난다.

② 주요증상

- 잎의 시들음, 고사지 발생, 가지말림 현상

③ 대책

- 관수를 실시한다. 관수 시 하층토까지 완전히 젖도록 충분히 관수한다.
- 점적관수를 설치한다.
- 나무줄기에 급수팩을 거치하고 소량의 물을 조금씩 공급하는 점적식 관수도 좋은 방법이다. 하지만 점적식 관수는 물이 공급되는 부분에만 뿌리가 한정되는 경향이 있어 관수가 중단되고 건조한 환경이 도래하면 건조피해를 받기 쉽다는 견해도 있기 때문에 긴급한 상황을 넘긴 후에는 점적식 관수를 중단하고 대면적 관수를 하는 것이 좋다.
- 멀칭을 한 후 충분히 관수한다.

3) 답압

① 원인

- 인간이나 장비에 의해서 표토가 다져져서 견밀화되는 토양 경화 현상을 의미한다.
- 일반적으로 조경공사가 이루어지기 전에 토목공사가 실시되면서 중장비에 의해서 표토가 다져진다.
- 토양 답압이 진행되면 수분과 산소를 함유하는 토양 공극이 없어져서 수분과 산소가 부족하게 되고, 뿌리가 딱딱한

토양을 뚫고 나갈 수 없게 되어 양분도 부족하여 뿌리 발달이 극히 저조해진다.
- 통기성이 불량해지고 벽체효과(딱딱하게 굳어있어 뿌리가 파고들기 불가능한 벽과 같이 되는 현상)가 나타난다.

② 주요증상
- 잎의 왜소화, 시들음, 조기 낙엽, 부정근, 맹아지 발생, 고사지 발생 등

③ 대책
- 장비 등으로 다져진 토양을 경운하여 식재하도록 한다.
- 통기성 해소를 위한 유공관 설치 및 배수로 설치
- 답압된 토양을 제거 및 교체해 주고, 볏짚, 바크, 우드칩 등으로 멀칭 한다.

4) 과습(배수불량)

① 원인
- 토양 중에 수분과 산소가 알맞은 비율이 되어야 뿌리가 정상으로 자랄 수 있다. 토양 중에 수분이 너무 많으면 과습하고, 배수가 불량한 토양이 되며, 산소 부족으로 인하여 뿌리가 제 기능을 하지 못하게 된다. 일반적으로 활엽수가 침엽수보다 습한 토양에서 잘 견딘다.

② 주요증상
- 수관이 불규칙적으로 황엽 발생, 아랫잎부터 변색, 조기 낙엽, 잎의 시들음 등

③ 대책
- 토양이 침수되었을 때 5일 이내에 배수시켜 준다.
- 나무 주변에 새로운 건축물이 설치되거나 토양의 형상이 바뀌면 배수상태를 점검한다.
- 명거배수나 암거배수를 통해서 과습 상태를 제거한다.
- 배수가 잘되는 사질양토로 치환해야 한다.
- 유공관을 깊이 30~50cm 내외로 설치하여 부지 바깥쪽의 배수로나 집수정으로 배수를 유도해야 한다.
- 유공관 대신 골재를 채우는 방법도 있다(dry well).
- 물을 좋아하는 수종을 배식한다.

5) 염해

① 원인
- 태풍이나 계절풍이 함유한 해수 입자가 입히는 재해이다.
- 바람이 약하거나 내륙에서 바다 쪽으로 바람이 불 때에는 발생하지 않는다.
- 식물에 부착형성과 침투형성으로 염해를 미친다. 부착형성은 곰솔이나 동백나무 등의 잎의 표면에 부착하는 경우이고, 침투형성은 팽나무, 떡갈나무 등에 해를 입힌다.
- 기후변화로 인하여 겨울은 더 춥고, 폭설의 횟수와 양이 늘어나고 있어 제설제의 사용량이 늘어나는 추세이다. 실제로 제설제는 철이나 콘크리트도 부식시키거나 약화할 수 있으며, 식물에게는 더욱 치명적이다.

② 주요증상
- 잎과 가지의 끝부분부터 황엽 발생, 5월경 잎마름 현상 발생, 조기 낙엽, 고사지 발생 등

③ 대책
- 토양을 분석하여 염분농도를 확인한다.
- 염해방지 시설을 설치한다(토양, 비산 등)
- 제설작업 여부를 확인한다.
- 제설작업 후에는 즉시 깨끗한 물로 잎과 가지를 세척주어야 한다.
- 해빙기 후에는 토양에 많은 양의 관수를 함으로써 염분의 세탈과 희석을 유도해야 한다.
- 새순이 나오는 시기에 엽면시비로 영양을 공급한다.

6) 약해

① 원인
- 나무를 보호하기 위해 사용한 약제(농약)가 오히려 정상적인 생육을 저해하는 피해를 말한다. 나무에서 약해가 발생하는 원인은 크게 두 가지인데, 잘못된 약제를 사용하는 경우와 약량을 과다하게 사용하는 경우이다.
- 약해는 활엽수보다는 침엽수에서 확연하게 나타난다.
- 좁은 뜻으로는 식물에 발생하는 해를 말하며, 식물에 대한 해는 농작물을 비롯하서 원예작물, 산림에 이르기까지 식물의 생리상태에 악화현상을 일으키는 것을 말한다.
- 약해는 발현속도에 따라 급성 약해와 만성 약해로 나누어진다. 급성 약해는 농약살포 수일(2~4일) 후에 엽소현상(葉燒現象)·약반(藥斑)·낙엽·낙과 등이 일어나는 것을 말하며, 만성 약해는 육안적으로는 그 증세를 구별할 수 없으나 생육불량·영양장애를 일으켜 결국 성숙의 지연, 수량감소 등의 증세가 일어나는 것이다.
- 약물에 의해서 작물에 나타나는 생리장애로 주로 식물 조

직의 파괴, 식물의 증산작용, 동화작용 및 호흡작용 등의 생리작용을 방해하고 억재하며 식물의 정상적인 생육을 저해한다.

- 약해가 발생하는 주 원인은 제초제의 작용기작을 고려하지 않은 채 무분별하게 사용하는 경우와 분무기를 이용하여 제초제를 광범위하게 살포할 때 비산되는 경우, 그리고 제초제를 사용한 토양에 나무를 심거나 나무 주변에 제초제를 사용하는 경우 등이 있다.

② 주요증상

- 조기 낙엽, 엽소, 반점, 시들음, 낙과, 발아 및 반근 불량 등

③ 대책

- 제초제가 비산되지 않도록 작업 시 주의한다.
- 관리이력을 확인한다.
- 토양오염 물질을 확인한다.
- 적당량의 약제 살포
- 정확한 병명을 진단한다.

7) 훼손

① 원인

- 무분별한 탐방객과 운동(등 두드리기) 등으로 하여금 나무의 전부 또는 일부가 파손, 변질, 변형되어 경제적 보수로 원상복귀가 불가능하거나 경제적으로 보수할 가치가 없는 상태를 말하며 무분별한 탐방객들로 하여금 어린나무와 자생식물의 훼손이 심각해 보존대책이 필요하다.

② 주요증상

- 줄기 및 가지의 부패, 고사지 발생 등

③ 대책

- 부패여부를 확인한다.

8) 영양결핍

① 원인

- 토양 내 양분이 절대적으로 부족하거나 혹은 양분이 충분히 있더라도 수목이 흡수할 수 없는 형태로 존재하는 경우에 나타난다.
- 질소, 인산, 칼륨, 마그네슘은 체내 이동이 쉬운 이동성 원소(移動性 元素)로 부족할 경우 잎에서 어린잎으로 원소를 쉽게 이동시키기 때문에 그 부족 현상은 성숙 잎에서 먼저 나타난다.
- 칼슘, 철, 붕소는 체내 이동이 쉽게 되지 않는 부동성 원소(不動性 元素)로 어린잎과 가지, 열매에서 결핍현상이 먼저 나타난다.
- 황, 아연, 망간, 구리, 몰리브덴은 이동성이 중간 정도에 속하기 때문에 어린잎과 성숙 잎에서 동시에 결핍증세가 나타난다.

② 주요증상

- 잎에 생기는 황화 현상, 괴사, 백화 현상, 작은 반점, 불규칙한 얼룩반점, 비틀림, 타죽음, 낙엽현상이 나타난다.
- 가지에서는 마디의 생장이 안 되어 잎이 촘촘히 붙어 있는 상태, 왜성형, 고사, 변색 현상 등이 나타난다.
- 열매에서는 기형, 변색, 왜소화 현상이 나타난다.
- 잎에서는 황화 현상이 나타나는데 잎이 전체적으로 황색으로 되거나(질소, 인, 칼륨, 황 결핍), 가장자리가 변색하거나(마그네슘 결핍), 엽맥은 녹색을 유지하면서 엽맥 사이의 조직만 황색으로 되는(칼륨, 철, 망간 결핍) 등 다양한 증세가 나타난다.

③ 대책

- 부족한 원소를 찾아내어 시비한다.

9) 기상재해

① 원인

- 태풍, 호우, 대설, 폭풍 등 기상현상이 원인이 되어서 발생하는 재해를 말한다.
- 대부분의 자연재해는 이상 기상현상이 원인이 되어 발생하는 기상재해에 해당한다.
- 우리나라는 매년 여름철에 호우로 인하여 인명과 재산 피해를 입고 있으며, 이와 같은 수해는 저기압, 장마전선, 태풍 등에 의해 발생한다.
- 장마철 태풍으로 인하여 가로수 및 공원 등의 수목이 바람에 의해 쓰러지는 피해를 많이 입는다.

② 주요증상

- 입소, 피소, 동해 등

③ 대책

- 부패여부를 확인한다.

10) 토양

① 원인

- 토양은 입자크기에 따라 모래, 미사, 점토로 분류하며 이들의 함량비에 따라 토양의 종류를 구분하는데, 이를 토성이라 한다.
- 배수가 잘 되는 모래 또는 배수가 불량한 점토질에 나무를 식재할 시 건조와 과습으로 나무가 고사하게 된다.
- 토양의 건조 상태나 과습 상태를 확인하고 조치하여야 한다.
- 조경수를 식재하기 가장 좋은 토양은 사질양토이다.
- 우리나라 조경에서는 토양문제를 심각하게 바라보지 않고 있는 듯하다.
- 식재기반시설(성토)은 토목이나 건축공사의 일부로 속해져 시행되는 공사가 많아 조경업체가 토양문제를 언급해도 해결책은 거의 나오지 않는 것이 현실이다.

② 주요증상

- 잎의 시들음, 고사지 발생, 가지말림 현상, 수관이 불규칙적으로 황엽 발생, 아랫잎부터 변색, 조기 낙엽 등

③ 대책

- 제도적으로 조경부문의 설계 전에 반드시 토양분석을 하도록 하여야 한다.
- 토양분석의 결과를 토대로 계획수립 및 설계단계에서 토양의 개량과 객토 등의 구체적 방안을 모색하고 설계에 반영하여야 한다.
- 유기질 비료를 사질토와 5:5 비율로 혼합해준다.
- T/R률을 조절해 준다.
- 장기적으로 수목의 건조 및 관수 필요여부를 계산하는 과학기술을 이용한 자동관리시스템 개발 및 이용확대가 요구된다.

11) 기타

① 원인

- 환상박피, 수간파임, 좁은 식수대, 화재, T/R률, 비료, 침수, 경쟁, 열매채취, 폭설 등

② 주요증상

- 잎의 왜소화, 시들음, 조기 낙엽, 황엽 발생, 건조현상, 고사지 발생, 쌓인 눈의 하중에 의한 가지 부러짐, 휘어짐, 찢어짐, 도복 등

③ 대책

- 지주목을 설치 후 관리 철저
- 지주목 결속재(철근, 로프 등) 제거 및 현수막 철거, 수피이식
- 충분한 녹지대 확보
- 화재로 인한 전소 방지
- 전지·전정
- 적당량 비료 주기 및 완숙된 비료사용, 고농도의 유기물 사용억제
- 침수 후 즉시 배수 처리
- 종내·종간 경쟁 및 타감 작용
- 쌓인 눈 털어주기, 지주대나 크레이싱(bracing)을 설치하여 하중을 지탱해주기 등

문제 2)

1) 원인

- 수목의 병이란 세균, 곰팡이, 바이러스, 마이코플라스마, 선충과 같은 병원체에 의해 수목이 비정상적으로 반응하는 것을 말한다.
- 병원체에 의한 피해일 경우 잎, 가지, 줄기, 뿌리에 병징과 표징이 나타나며, 이를 통해 병명을 진단할 수 있다.
- 해충은 수목의 잎을 갉아먹고 가지나 줄기의 수액을 흡즙하며 구멍을 뚫어 수목을 가해함으로써 수목을 쇠약하게 하여 고사시킨다.
- 이식 후 수목은 수세가 쇠약해져 면역력 저하로 쉽게 병충해에 감염됨으로 빨리 수세를 회복시켜 병충해를 예방하여야 한다.
- 효과적인 병충해 방제를 위해서 발생 병충해의 이름과 생활사, 가해부위, 가해습성을 먼저 파악한 후 약제 처리시기와 방법, 횟수, 약제 종류, 약량을 결정한다.

2) 해충의 방제 방법

- 해충은 인간의 입장에서 보면 해로운 존재이지만 자연에서는 귀중한 생물이므로 단순히 해충이 존재한다고 완전히 박멸하기 보다는 해충의 밀도가 높아져 피해가 커질 가능성이 있을 경우에만 해충의 활동을 억제하는 수준으로 방제해야 한다.

① 화학적 방제

- 화학적 제품인 살충제를 사용하여 해충을 방제하는 방법이다.
- 살충제의 종류

- 소화중독제 : 해충의 입을 통해 들어가 중독을 일으켜 죽게 한다.
- 접촉제 : 해충의 몸에 약제가 닿아 몸속으로 들어가 신경계통이나 조직세포에 독작용을 일으킨다.
- 침투성 살충제 : 식물체 내에 들어간 약물이 흡즙성 해충이 수액을 빨아 먹음으로써 체내에 흡수되어 독작용을 일으켜 죽게 한다.
- 훈증제 : 약제가 가스 상태로 기화되어 해충의 호흡기를 통해 흡수되어 효과를 나타낸다.

② 생물적 방제
- 다른 생물을 이용하여 해충군의 밀도를 억제하는 방법이다.
- 영구적으로 효과를 얻을 수 있으며, 해충의 밀도가 낮아도 효과를 얻을 수 있는 환경저항성의 증대가 장점이다.

③ 내충성 이용 방제
- 해충에 대한 식물의 저항성 강화와 내충성 품종 이용 등의 방법으로 방제한다.
- 다른 생물에 악영향을 끼치지 않는다.

④ 생태적 방제
- 환경조건을 개선함으로써 해충의 발생과 피해를 경감시키는 방제 방법이다.

⑤ 불임법 및 유전학적 이용방제
- 불임법은 방사선으로 불임화 시킨 해충을 방사하여 건전한 해충과 교미를 통해 생식력을 무력화하는 방법이다.
- 유전학적 이용방제는 생식에 불리한 유전인자를 가진 개체를 해충집단에 넣어 교잡하도록 하여 다음 세대에 불임을 유발시켜 해충의 밀도를 낮추는 방법이다.

⑥ 성페로몬 이용방제
- 성 페로몬을 인위적으로 이용하여 유인된 해충을 구제하는 방법이다.

⑦ 기계적 방제
- 기계, 기구류를 이용하여 방제하는 방법으로 포살법, 유살법, 소살법, 소각법 등이 있다.

⑧ 법적 방제
- 국제 검역과 국내 검역법을 제정하고 수출입 동식물, 토양, 포장용기 등을 검사, 처리함으로써 국제간의 전염을 예방하는 방법이다.

문제 3)

① 식엽 해충
- 잎을 가해하는 해충이다.
- 딱정벌레목, 나비목, 벌목, 메뚜기목, 대벌레목, 파리목 등이 이에 속한다.

② 흡즙 해충
- 잎이나 가지 및 줄기에서 수액을 빨아먹는 해충이다.
- 매미목, 노린재목, 응애류 등이 이에 속한다.

③ 천공 해충
- 줄기와 가지에 구멍을 뚫고 가해하는 해충이다.
- 향나무하늘소, 소나무좀, 알락하늘소 등이 이에 속한다.

문제 4)

① 소나무
- 솔잎혹파리, 술껍질깍지벌레, 소나무가루깍지벌레, 소나무굴깍지벌레, 전나무잎응애, 노랑무늬솔바구미, 소나무순나방, 솔나방, 큰솔알락명나방, 솔알락명나방, 애기솔알락명나방, 솔수염하늘소, 삼나무독나방, 솔잎벌, 소나무솜벌레 등

② 주목
- 식나무깍지벌레

③ 잣나무
- 잣나무넓적잎벌

④ 은행나무
- 차주머니나방, 검정주머니나방

⑤ 철쭉
- 진달래방패벌레, 극동등애잎벌

⑥ 회양목
- 회양목명나방

⑦ 개나리
- 개나리잎벌

문제 5)

① 침엽수의 병해 종류

- 소나무잎마름병, 소나무가지끝마름병, 소나무갈색무늬병, 잣나무잎떨림병, 소나무잎녹병, 잣나무털녹병, 소나무혹병, 소나무재선충, 일본잎갈나무잎떨림병, 낙엽송가지끝마름병, 삼나무붉은마름병, 은행나무잎마름병, 향나무녹병 등

문제 6)

① 활엽수의 병해 종류

- 그을음병, 느티나무흰별무늬병, 대추나무빗자루병, 벚나무균핵병, 벚나무빗자루병, 부란병, 배나무검은무늬병, 자두나무주머니병, 사과나무겹무늬썩음병, 산수유두창병, 장미검은무늬병, 장미잿빛곰팡이병, 회화나무녹병, 포플러잎녹병, 철쭉떡병, 버즘나무탄저병, 철쭉민떡병, 흰가루병, 칠엽수얼룩무늬병, 쥐똥나무둥근무늬병 등

02 운영 및 유지관리

문제 1)

- 관리의 목표결정 → 관리계획의 수립 → 관리조직의 구성 → 각 조직의 업무확정 및 협조체계 수립 → 관리업무의 수행

문제 2)

① 환경조건, 시설조건, 기타조건이 있다.

② 환경조건

- 자연조건과 인위조건으로 나누어진다.
  - 자연조건 : 토양, 토질, 토양, 지형, 온도, 습도, 강우량, 적설량, 일조, 바람 등
  - 인위조건 : 대기오염, 수질오염, 각종공해, 이용 빈도, 이용자 수, 이용형태 등

③ 시설조건

- 점검내용, 보수내용, 시기, 횟수 등의 결정요소인 종류, 설치목적, 형태, 규모, 재질, 수량 등

④ 기타조건

- 관리체계정비, 기능성 향상 요소인 제도, 재원, 조직 등

문제 3)

- 유지관리, 운영관리, 이용관리

문제 4)

- 사회적 배경
- 법적체계
- 규칙
- 예산·조직
- 광고·재산
- 재무제도
- 기능과 권한
- 대민관계 이용
- 인적환경과의 조화
- 직원의 사기진작

문제 5)

- 운영관리

문제 6)

- 운영관리

문제 7)

- 이용자의 증가, 시설의 노후화, 이용조건의 변화, 운영방법의 변화, 주위환경의 변화, 사회적 요구의 변화 등이다.

문제 8)

- 연간작업량, 단위작업률, 과거의 실적 등이며, 이를 토대로 하여 평균적인 효율을 산정한다.

문제 9)

- 조성비의 0.8~1.2% 정도

문제 10)

① 질적 변화의 원인

- 대기오염
- 지표면의 폐쇄로 인한 토양수분 부족과 토양조건악화
- 포장면과 건축물의 증가로 태양 복사열의 급증과 일조량의 감소
- 야간조명으로 인한 일장효과의 장해
- 귀화식물의 증대
- 지형개변(地形改變), 식물의 무계획적 벌채 등으로 인한 자연조건의 급변

- 조경공간에 대한 이용밀도의 급증
- 포장재의 발전과 인공시설의 급증으로 인한 자연토양의 폐쇄, 지하수분조건의 악화

② 질적 변화에 대한 관리계획
- 양호한 식생의 확보(양호한 식생의 확보를 위해서는 생태학적으로 안정된 식생을 유지)
- 개방된 토양면의 확보
- 기타 도시환경의 개선

문제 11)

① 양적 변화의 원인
- 자연적인 노후화 및 변질
- 생장이나 번식으로 인한 외형적인 변화
- 이용자수와 이용행태에 따른 양적변화

② 양적 변화에 대한 관리계획
- 부족이 예상되는 시설의 증설 : 입구, 매점, 화장실, 음수대, 휴게시설 등
- 이용에 의해 손상이 생기는 시설의 보충 : 잔디, 벤치, 수도꼭지, 울타리 등
- 내구연한이 경과된 각종 시설물의 정비 및 교체 : 각종 시설물, 포장 등
- 생태적 조건변화에 따른 식생 갱신(更新)

문제 12)

① 적용대상
- 빠른 대응이 필요한 업무
- 연속해서 행할 수 없는 업무
- 금액이 적고 간편한 업무
- 일상적인 유지관리 업무
- 진척사항이 명확하지 않고 검사하기 어려운 업무
- 자세한 서비스를 요하는 업무

② 장점
- 관리책임이나 책임소재가 명확하다.
- 긴급한 대응이 가능하다.
- 관리실태를 정확히 파악할 수 있다.
- 관리자의 취지를 명확하게 나타낼 수 있다.
- 임기응변적 조치가 가능하다.
- 이용자에게 양질의 서비스를 제공할 수 있다.
- 애착심을 가지고 관리효율을 높일 수 있다.

③ 단점
- 일상적인 일로 업무가 타성화 되기 쉽고, 효율성이 떨어진다.
- 전문인력을 확보하기 어렵고 관리직원의 배치전환이 곤란하다.
- 필요이상의 인건비가 지출되어 관리비 상승이 우려된다.
- 업무자체가 복잡화되기 쉽다.

문제 13)

① 적용대상
- 장기에 걸쳐 단순작업을 행하는 업무
- 전문 지식, 기능, 자격을 요하는 업무
- 규모가 크고, 노력, 재료 등을 포함하는 업무
- 관리주체가 보유한 인원과 장비로는 불가능한 업무
- 법령에 의해 기능, 자격이 의무사항인 업무

② 장점
- 규모가 큰 시설 등을 효율적으로 관리할 수 있다.
- 전문가를 합리적으로 이용할 수 있다.
- 관리의 단순화를 기할 수 있다.
- 전문적 지식, 기능, 자격에 의한 양질의 서비스를 제공할 수 있다.
- 관리비가 적게 들고, 장기적으로 안정될 수 있다.

③ 단점
- 책임의 소재나 권한의 범위가 불분명하다.
- 전문업자를 충분하게 활용하지 못할 수 있다.
- 이윤추구의 극대화로 유지관리의 신뢰성이 떨어질 수 있다.

문제 14)
- 시설의 당초 목적에 대하 충분한 기능을 발휘하는가?
- 시설의 수량, 형태의 변화는 없는가?
- 시설의 구조, 강도에 변화는 없는가?

문제 15)
- 조경수목과 시설물 관리를 위한 안전관리, 이용지도, 홍보, 행사 프로그램, 주민참여 유도

문제 16)
- 시간절약, 인력절약, 장비의 효율적 이용, 재료의 경제성

문제 17)

- 공사비의 소액성, 공사의 수시성, 장소의 산재성

문제 18)

- 시설목록, 배치평면도, 설계설명도

문제 19)

- 기능성, 관리성, 안전성

03 이용관리계획

문제 1)

- 공원녹지의 보전
- 안전하고 쾌적한 이용
- 유효이용의 유도

문제 2)

- 공원녹지에서 가능한 놀이지도
- 각종 스포츠의 규칙이나 놀이방법 지도
- 식물이나 원예지식에 관한 지도
- 계절별 꽃 감상 및 볼만한 장소에 대한 정보전달 및 지도
- 지역의 역사 등 교양적인 내용에 관한 지도

문제 3)

- 규모 및 전문성이 주민의 수탁능력을 넘지 않을 것
- 주민참가에 의해 효과가 기대될 것
- 운영상 주민의 자발적 참여 및 협력을 필요 요건으로 할 것
- 주민참가에 있어서 이해의 조정과 공평성을 가질 것

문제 4)

- 식물채취
- 공원녹지의 손상·오손
- 출입금지구역
- 광고물의 표시
- 불의 사용

문제 5)

- 행정홍보의 수단
- 커뮤니케이션(communication)활동의 일환
- 새로운 공원문화 인식
- 행정주도형 공원녹지 추구

문제 6)

① 설치하자에 의한 사고

- 시설의 구조 자체의 결함에 의한 사고
- 시설설치의 미비에 의한 사고
- 시설배치의 미비에 의한 사고

② 관리하자에 의한 사고

- 시설의 노후·파손에 의한 사고
- 위험장소에 대한 안전대비책 미비에 의한 사고
- 이용시설 이외의 시설의 쓰러짐, 떨어짐에 의한 사고
- 위험물 방치에 의한 사고
- 기타 개찰구에서의 사고, 동물의 도망 등에 의한 사고

③ 이용자, 보호자, 주최자 등의 부주의에 의한 사고

- 이용자 자신의 부주의 또는 부적정 이용에 의한 사고
- 유아·아동의 감독·보호의 불충분에 의한 사고
- 행사주최자의 관리 불충분에 의한 사고

④ 자연재해에 의한 사고

문제 7)

- 사고자를 구호 → 사고자를 관계자에게 통보 → 사고시설물에 대한 접근 금지 및 폐쇄 조치 → 사고 상황 파악 및 기록 → 사고에 대한 명확한 책임 → 사고현장 보수 실시 및 근본적인 문제 해결과 사고재발 방지

문제 8)

- 비참가단계(조작, 치료) → 형식참가단계(정보제공, 상담, 유화) → 시민권력단계(파트너십, 권한위양, 자치관리)

문제 9)

- 관련법규
- 관리자의 목표
- 전문가의 능력
- 이용자의 태도

문제 10)

- 측정지표의 합리화
- 민감하고 신뢰성 있는 측정기법 도입
- 저비용
- 위치선정의 타당성

문제 11)

- 청소, 제초, 병충해방제, 관수, 시비, 화단식재
- 어린이 놀이지도, 놀이기구 점검, 시설기구 등의 대출
- 금지행위 및 위험행위의 주의, 열쇠 등의 보관
- 공원·녹화 관련 행사의 개최, 공원을 사용한 레크리에이션 행사의 개최
- 공원관리에 관한 제안, 공원이용에 관한 규칙 제정

문제 12)

- 건물 연면적에 의한 방법
- 특정지역별 측정에 의한 방법
- 계량적 분석방법에 의한 방법

문제 13)

① 개인할당 청소의 특징

- 개인적으로 책임을 지게 되므로 성취욕이 강해진다.
- 여러 가지 임무를 수행하므로 단조로움이 덜 하다.
- 단조로움이 덜 하고, 성취욕이 고취될 수 있으므로 이직률을 줄이는데 도움이 된다.
- 작업진행에 대한 정리가 쉬워진다.
- 작업불량, 파손, 사소한 도난에 대한 책임이 생겨난다.

② 조(組)할당 청소의 특징

- 전문화로 인한 효과를 얻을 수 있으며, 적은 인원으로 보다 많은 일을 할 수 있다.
- 함께 일하는 동안 작업자들은 동료가 되므로 협동심과 책임감이 증진된다.
- 개인할당보다 청소비품이 절약된다.
- 청소작업이 균등하게 분배된다.
- 갑작스러운 결근 요원에 대한 작업차질을 예방할 수 있다.

문제 14)

- 반달리즘(vandalism)
- 요구도(needs)
- 무지(ignorance)

문제 15)

① 부지관리

- 부지설계·조성 및 조경적 측면에 중점을 둔다.
- 부지강화
- 이용유도
- 시설개발

② 직접적 이용제한

- 이용행태·개인적 선택권의 제한 및 강한 통제에 중점을 둔다.
- 정책강화
- 구역별 이용
- 이용강도의 제한
- 활동의 제한

③ 간접적 이용제한

- 이용행태를 조절하되 개인의 선택권을 존중하고 간접적인 조절을 한다.
- 물리적 시설의 개조
- 이용자에 정보를 제공함
- 자격요건의 부과

문제 16)

- 단위연도 예산 = 작업 전체 비용 ×작업률

$$= 30{,}000{,}000 \times \frac{1}{3} = 10{,}000{,}000\text{원}$$

문제 17)

- 3계절형: 1/60

문제 18)

- 내셔널 트러스트(National Trust)는 영국의 로버트 헌터경 등 3인에 의해 제창된 주민참가 시민운동의 일환으로 파괴되어 가고 있는 자연과 역사적 환경을 보호하기 위하여 창립되었다.
- 내셔널 트러스트(National Trust)는 국민에 의한 국토보전, 관리뿐만 아니라 국민 스스로 가치 있는 아름다운 자연과 역사적 건축물을 기증, 구입 등의 방법으로 입수하여 보호·관리하고 공개한다는 취지를 갖고 창립한 단체이다.
- 1907년에 제정된 내셔널 트러스트법(National Trust Act)에 뒷받침되어 보존·관리하는 자산에 대한 양도불능, 보유재산의 권리와 보호를 위한 규칙제정권, 입장료 징수권, 상속세 감면특전, 보존서약 등의 특권을 가지고 있다.

문제 19)

- 이용자관리(visitor)
- 자원관리(resource)
- 서비스관리(service)

문제 20)

① 완전방임형 관리전략 : 이용자는 이용하고 훼손지는 스스로 회복을 기대

- 원시적이고, 재래적인 방법이다.
- 오늘날에는 적용할 수 없는 개념이다.

② 폐쇄 후 자연회복형 : 회복에 오랜 시간이 소요

- 자원중심형의 자연지역의 경우에는 적용할 수 있으나 특별한 경우를 제외하고는 적용하지 않는다.

③ 폐쇄 후 육성관리 : 빠른 회복을 위하여 적당한 육성관리 방법

- 짧은 폐쇄회복기에도 최대한의 회복효과를 얻을 수 있다.
- 이용자에게 불편을 적게 줄 수 있다.
- 손상이 심한 부지에 가장 이상적인 레크리에이션 공간의 관리전략

④ 순환식 개방에 의한 휴식기간 확보 : 충분한 시설과 공간이 추가적으로 확보되어야 회복을 위한 휴식기간을 순환적으로 가질 수 있는 방법

- 충분한 시간과 공간이 추가적으로 확보될 수 있을 때 적용될 수 있는 전략

⑤ 계속적인 개방·이용 상태 하에서의 육성관리 : 가장 이상적인 관리전략

- 최소한의 손상이 발생하는 경우에 한해서 유효하게 적용할 수 있는 방법

문제 21)

- 경제적 효율성
- 균형성
- 공공적인 요구에의 부응

문제 22)

① 고정인자

- 특정활동에 필요한 참여자의 반응정도
- 특정활동에 필요한 사람의 수
- 특정활동에 필요한 공간의 최소면적

② 가변인자

- 대상지 성격
- 대상지의 크기와 형태
- 대상지 이용의 영향에 대한 회복능력
- 기술과 시설의 도입으로 인한 수용능력 자체의 확장 가능성

문제 23)

- 생태계 관리 분야

문제 24)

- 와거(J.V.K. Wagar, 1951) : 용어를 처음 사용한 사람
- 와거(Alan Wagar, 1964) : 사회, 심리적 측면으로까지 확대 발전시킨 사람

문제 25)

- 펜폴트(Penfold, 1972)

문제 26)

- 식물관리비 산출식 = 식물의 수량 ×작업률 ×작업횟수 × 작업의 단가

문제 27)

- 관리목표
- 이용자 태도 및 선호도
- 물리적 자원에의 영향

문제 28)

- 고드셔크와 파커(Godschalk & Parker, 1975)

문제 29)

- 공공적인 목적의 행사
- 체력·건강 향상·오락을 위한 행사
- 문화 향상을 위한 행사

04 조경식재 유지관리

문제 1)

- 도장지(徒長枝) : 발육이 빠르고 강하여 수분 및 질소분이 많아 크고 길게 생장한 가지
- 윤생지(輪生枝) : 한 군데에서 수레바퀴처럼 사방으로 자라난 가지
- 평행지(平行枝) : 같은 방향으로 자라는 가지
- 대생지(對生枝) : 줄기의 같은 높이에서 서로 반대되는 방향으로 마주자란 가지

② 효과

- 생장촉진 및 억제를 통한 발육조절
- 수종 고유의 수형과 아름다움 유지
- 개화결실 촉진
- 수목의 구조적 안전성 도모
- 화아분화의 촉진
- 통풍·채광을 증대하여 병충해 발생 방지 및 허약한 가지의 발육촉진
- 건물과 조화를 이룬 경관을 조성해주는 한편 차폐, 방풍, 방화 등의 기능 충족

문제 2)

구 분	전 정	시 비	병해충방제	예초 · 제초	관수 · 배수	월 동
대상	· 교목 및 관목	· 교목 및 관목	· 전수종	· 전수종 · 잔디	· 전수종	· 내한성이 약한 수종
목적	· 수형유지 · 생육상태조절 · 개화결실촉진	· 부족한 영양분 공급으로 인한 원활한 생육촉진	· 병충해 예방 및 방제	· 잔디생육조절 · 고른잔디면 유지	· 수목의 원활한 생육조절	· 수목의 동해 방지
횟수	· 년 3~4회	· 년 1회	· 년 6회	· 년 3~4회	· 수시로	· 년 1회
시기	· 1~12월	· 3~5월	· 3~10월	· 5~9월	· 3~10월 · 가뭄 및 홍수시	· 기온 5℃ 이하
방법	· 약전정 · 강전정	· 인력시비 · 동력시비	· 인력살포 · 기계살포	· 제초제 · 인력제거 · 기계제거	· 인력관수 · 살수차 · 스프링쿨러	· 짚싸기 · 방한덮개
기타	· 고사지 및 관목	· 수간주입 · 엽면시비	· 수간주입			· 해빙기(5℃ 기준) 제거 및 소각

문제 3)

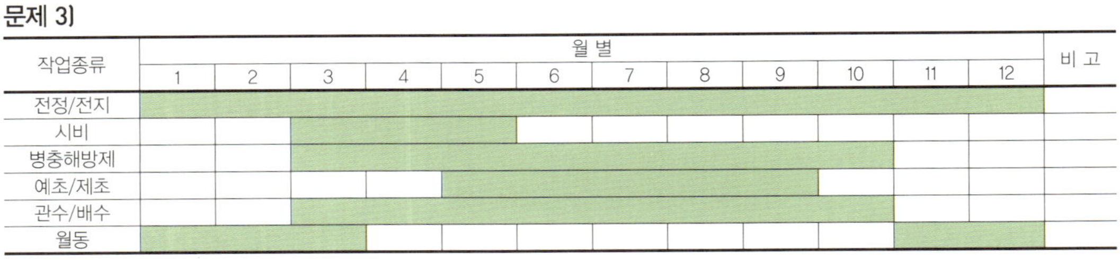

문제 4)

① 필요성

- 자연상태에서 양호한 수형 유지
- 수형을 관상에 필요한 목적에 맞게 조절
- 생육상태 조절
- 개화결실 촉진

문제 5)

- 무성하게 자란 가지는 솎아 제거한다.
- 지나치게 길게 자란 가지는 수목을 쇠약하게 하고, 잔가지를 발생시켜 수형을 어지럽히므로 짧게 전정한다.
- 수목의 주지(主枝)는 하나로 자라게 한다. 같은 높이와 두께를 가진 주지를 2개 나란히 자라게 하지 않는 것이 좋다.

- 평행지를 만들지 않는다.
- 수목이 균형을 잃을 정도의 도장지는 제거한다.
- 역지(逆枝), 수하지(垂下枝), 난지(亂枝) 등은 제거한다.
- 같은 모양의 가지나 정면으로 향한 가지를 만들지 않는다.
- 가지의 유인(誘引)은 뿌리의 생장과 방향을 고려한다.
- 고사지, 병지, 허약지, 옹기에서 나온 가지 등은 제거한다.
- 속가지는 가지의 내부에 있는 잔가지로 채광이나 통풍을 나쁘게 하므로 전정한다.

문제 6)

- 해당나무의 고유 수형을 충분히 고려한다.
- 상부의 주지부터 우선적으로 전정한다.
- 제거하여야 할 전정 대상은 도장지, 역지, 수하지, 난지, 근생아, 2번지, 얼지, 대생지, 병균이 서식하는 가지 등이다.
- 위에서 아래쪽으로, 오른쪽에서 왼쪽으로 돌아가면서 전정한다.
- 상·하부를 전정한 후에 수관 내부의 가지를 전정한다.
- 상부는 강하게, 하부는 약하게 전정한다.
- 맹아력이 강하고, 노화된 가지는 강전정을 하여 새가지가 나올 수 있게 한다.
- 수형을 축소 또는 왜소화시킬 때는 눈이 움트기 전에 전정한다.
- 나무의 모양을 잡기 위한 전정은 낙엽 직후에 전정한다.

문제 7)

① 춘기(春期)전정 : 3~5월

- 약전정, 적아(摘芽)·적심(摘心) 전정 한다.
- 봄철은 식물의 생장기이므로 자르거나 솎아내는 등의 강한 전정을 하게 되면 수세가 쇠약해질 수 있다.
- 수고를 늘리고 싶은 경우나 상록수의 형태를 정리하고자 할 때는 도장지를 제거하거나 적심(摘心)을 한다.
- 낙엽활엽수는 신장의 생장이 최대인 시기이므로 적심이나 적아(摘芽) 등의 소극적인 생장억제 전정을 한다.
- 봄에 꽃이 피는 화관목류는 꽃이 진 직후에 전정한다.
- 동백나무나 목련류는 눈 바로 위에서 잘라주어야 하나, 진달래나 철쭉류는 눈의 유무에 상관없이 전정한다.

② 하기(夏期)전정 : 6~8월

- 약전정, 정자전정(整姿剪定) 한다.
- 정자전정(整姿剪定)은 생장기에 무성해진 수목의 미관 향상을 위해 지엽을 대상으로 하는 전정이다.
- 정자전정은 수관 내의 통광·통풍을 양호하게 하고, 뜸에 의한 지엽손상 방지, 태풍에 의한 피해를 줄이는데 도움을 준다.
- 하기에는 수목의 생장이 활발한 시기이므로 강전정은 피하고, 목적에 알맞은 가벼운 전정을 2~3회 나누어 전정하는 것이 좋다.
- 하기전정은 밀생부분을 솎아내거나 도장지를 잘라내는 전정작업이 주로 이루어진다.
- 신생지의 신장이 왕성하지 못한 경우에는 전정을 하지 않는 것이 좋다.
- 신생지의 신장이 왕성하지 못한 경우에는 전정을 하지 않는 것이 좋다.

③ 추기(秋期)전정 : 9~11월

- 약전정 한다.
- 수형을 다듬는 정도의 약전정을 하는 것이 좋다.
- 여름철에 자라난 도장지나 너무 혼잡한 가지를 가볍게 전정하는 정도로 실시한다.
- 침엽수의 고엽제거와 따뜻한 지방의 상록활엽수의 전정에 적합한 전정이다.

④ 동기(冬期)전정 : 12~2월

- 기본전정, 정지전정(整枝剪定), 강전정, 수형조절 전정 한다.
- 동기전정은 휴면기간에 실시하는 것이 좋다.
- 정지전정은 자연스럽게 갖추어진 수형을 기본으로 유지하면서 줄기의 골격과 배치를 염두에 두고 시행하는 것이 좋다.
- 휴면기에는 굵은 가지의 솎아내기, 베어내기와 같은 강전정을 하더라도 나무의 손상이 적은 시기이다.
- 수형을 축소 또는 왜소화시킬 때는 눈이 움트기 이전(2월 이전의 휴면기)에 1회 전정한다.
- 추운지방의 상록활엽수는 전정된 절단부위로 한기가 스며들 수 있으므로 동기전정을 피하고, 가을 또는 봄(5월정도)에 전정하는 것이 좋다.

문제 8)

수 종	전정시기	비 고
· 매실, 살구, 벚나무류, 복숭아	낙화 후부터 생장개시 전	
· 수수꽃다리, 개나리, 백목련, 치자나무, 철쭉류	낙화 후 곧바로 시행	
· 무궁화, 능소화, 배롱나무	가을부터 이듬해 봄의 발아하기 전까지 시행	
· 동백나무, 금목서	신초가 굳어진 후 5월(9월)	
· 등	1차 여름(8월), 2차 2~3월	

문제 9)

- 상록수 : 강전정을 실시하면 수세가 약해지기 쉬운 감탕나무, 녹나무, 굴거리나무와 같은 상록활엽수는 봄(4~5월경)에 1회 정도 실시한다.
- 낙엽수 : 신장이 빠르므로 이른봄(3~4월경)에 1회, 여름에 1회 정도 실시한다.
- 소나무 : 4~5월경 순이 5~10cm 정도 길이로 자랐을 때 새순을 1~2개만 남겨두고 깨끗하게 따버리고, 남겨둔 새순은 1/3~2/3 정도로 잘라 준다.
- 등나무 : 7월 중순경 덩굴자르기 해 준다.

문제 10)

- 아상(芽傷) : 원하는 자리에 새로운 가지가 나오게 하거나 꽃눈을 형성시키기 위하여 눈의 위쪽이나 아래쪽 부분의 목질부에 상처를 줌으로써 뿌리에서 상승하는 양분이나 수분의 공급이 차단되어 생장을 억제하거나 촉진하는 작업
- 적아(摘芽) : 불필요한 곁눈의 일부 또는 전부을 제거하는 작업
- 적심(摘心) : 불필요한 곁가지를 없애고 지나치게 자라는 가지의 신장을 억제하기 위해 신초(新梢)의 끝부분을 제거하는 작업
- 단근(斷根) : 뿌리의 일부를 자르는 작업을 말하는데 단근을 함으로써 수목의 뿌리와 지상부의 균형유지, 뿌리의 노화현상 방지, 수목의 도장 억제, 하지(下枝)의 발육증대, 꽃눈의 수 증가 등의 효과가 있다.

문제 11)

- 다량원소 : N, P, K, Ca, S, Mg
- 미량원소 : Mn, Zn, Cu, Fe, Mo, Cl, B

문제 12)

① N(질소)

- 지엽의 생육이 빈약해진다.
- 잎이 작아지며, 세포막이 두꺼워져 광택이 없다.
- 아래 잎에서부터 차츰 황화현상이 일어나고 심하면 전면에 나타난다.
- 눈의 크기는 지름이 다소 짧아지고 작으며, 적색 또는 자색을 띤다.

② 인(P)

- 뿌리의 발육이 빈약해지고, 지상부 생장도 억제되어 왜소해지며, 잎은 작아지고 색은 퇴색된다.
- 꽃의 수가 적어지고, 열매의 크기가 작아진다.
- 조기 낙엽현상을 보이며, 아조(芽條)의 경우 지름이 보다 가늘다.

③ K(칼륨)

- 잎의 황화현상이 나타난다.
- 잎이 쭈글쭈글해지거나 위쪽으로 말린다.
- 아조(芽條) 끝부분이 고사하게 되며, 화아(花芽)는 매우 적게 맺힌다.

④ Ca(칼슘)

- 잎의 백화(白化) 또는 괴사(壞死) 현상을 보인다.
- 어린잎이 정상엽에 비해 크기가 다소 작아진다.
- 어린잎과 가지가 말라주거나 끝이 오므라드는 현상이 발생한다.
- 새 가지의 잎 끝부분이 고사하거나 뿌리의 끝부분이 갑자기 짧아져서 고사한다.

⑤ Mg(마그네슘)

- 잎이 얇아지며, 부스러지기 쉽다.
- 조기 낙엽증상이 나타난다.
- 성숙엽에서 엽맥(葉脈)과 입가부위에 백화현상을 보인다.
- 열매의 크기가 작아진다.

⑥ S(황)

- 잎이 짙은 황록색으로 변한다.
- 잎이 정상엽보다 다소 작아지고, 질소부족 현상과 동일한 증상을 보인다.

문제 13)

- Ca(칼슘)

문제 14)

① B(붕소)

- 잎이 적색을 띠며, 어린잎에 결핍증상이 먼저 나타난다.
- 잎이 작고 두꺼워지며, 뒤틀리는 것도 있다.
- 줄기의 끝부분이 J자 형태로 굽어지며, 정아(頂芽) 및 측아(側芽)가 고사한다.

② Cu(구리)

- 잎의 크기가 작아지며, 새로 나온 가지의 끝부분이 갈색으로 변한다.
- 어린 침엽의 끝부분이 고사하며, 조기 낙엽현상이 나타난다.

③ Fe(철)

- 어린잎이 황색으로 변하며, 잎의 크기가 다소 작아지고, 조기 낙엽현상이 나타난다.
- 백화현상이 나타난다.

④ Mn(망간)

- 잎이 황색으로 변하며, 엽맥(葉脈)을 따라 녹색선이 생긴다.
- 철분의 부족현상과 함께 나타나기 때문에 외관적으로 구별하기 어렵다.

⑤ Mo(몰리브덴)

- 질소부족 현상과 유사하다.
- 잎의 크기가 작아지고 엽폭(葉幅)이 좁아진다.
- 꽃의 크기가 작고 적게 맺힌다.

⑦ Zn(아연)

- 잎이 황색으로 변하며 크기가 작고, 엽폭이 좁으며 조기 낙엽현상이 나타난다.
- 가지와 잎의 크기가 매우 작아지고, 잎이 황색으로 변한다.

문제 15)

- 인(p)

문제 16)

- N, P, K

문제 17)

- 질소-인산-칼륨의 비율(%)을 의미한다.

문제 18)

- 해설) 황산암모늄(N)의 양을 A(kg)이라면 실제 N의 양은 0.2A(kg), 과인산석회(P_2O_5)의 양을 B(kg)이라면 실제 P_2O_5의 양은 0.16B(kg), 황산칼륨(K_2O)의 양을 C(kg)이라면 실제 K_2O의 양은 0.48C(kg)이 된다.
- 산식)

  $N : P_2O_5 : K_2O = 5 : 3 : 2 = 0.2A : 0.16B : 0.48C$

  $A + B + C = 300kg$

  $0.2A = 5K,\ A = (5/0.2)K = 25K$

  $0.16B = 3K,\ B = (3/0.16)K = 18.75K$

  $0.48C = 2K,\ C = (2/0.48)K = 4.17K$

  따라서 $25K + 18.75K + 4.17K = 300kg$

  $K=6.26kg$
- 정답)

  황산암모늄(N) = 25 ×6.26 = 156.5kg

  과인산석회(P_2O_5) = 18.75 ×6.26 = 117.4kg

  황산칼륨(K_2O) = 4.17 ×6.26 = 26.1kg

문제 19)

- 뿌리가 많은 관목집단에 적용한다.
- 나사식 드릴이 부착된 아가(power auger)를 이용하여 토양에 직경 3~4cm의 구멍을 15cm 깊이로 판다.
- 수관 가장자리의 바깥쪽(반경 1/2 가량)에서 시작하여 0.6~1.0m의 간격으로 둥글게 수관 안쪽을 향하여 구멍을 판다.
- 구멍에 비료를 넣고 그대로 두거나 흙으로 덮는다.
- 작업이 끝난 후에는 관수를 충분히 준다.
- 나무 밑동 둘레에는 굵은 뿌리의 손상을 방지하기 위해 구멍을 파지 말아야 한다. 특히 수간직경 30cm 이상 되는 나무는 반경 1m 정도를 남겨둔다.

문제 20)

- 수간주변에 시비용 구덩이(깊이 25~30cm, 간격 0.6~1m)를 파고 시비를 하는 방법
- 방법으로는 방사시비법, 윤상시비법, 전면시비법, 대상시시법, 점시비법, 선상시비법 등이 있다
- 작은 나무들이 가깝게 식재된 경우에는 전면시비법을 이용한다.
- 교목이 넓은 간격으로 식재된 경우에는 방사시비법을 이용한다.
- 경계선의 산울타리 경우에는 선상시비법을 이용한다.

문제 21)

- 시비의 범위는 수관 가장자리보다 더 넓게(수관 가장자리에서 수관 반경의 1/2 가량 밖으로 나간 위치) 시비한다.
- 나무 직경이 10cm 정도 될 경우에는 나무 밑동에서 30cm 이내에는 시비하지 않고, 나무 직경 30cm 이상 될 경우에는 나무 밑동에서 반경 1m 이내에는 시비하지 않는다.

- 시비 후에는 관수를 하여 비료성분이 뿌리에 닿을 수 있도록 유도한다.
- 작업이 간단하고 신속하게 이루어지는 장점이 있으나 비료의 유실량이 많은 단점도 있다.

문제 22)

방사 시비

윤상 시비

전면 시비

점상시비

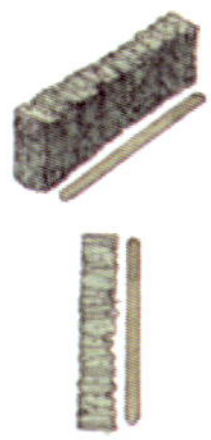
선상시비

문제 23)

① 전면시비
② 방사시비
③ 선상시비

문제 24)

- 25~30cm

문제 25)

- 초장을 고려하여 시비량과 시비횟수를 결정한다.
- 화단 초화류는 집약적 관리가 요구되므로 가능한 한 유기질 비료를 기비(밑거름)로서 연간 1회, 화학비료를 추비(웃거름)로서 연간 2~3회 시비한다.
- 기비(밑거름) : 유기질 비료를 1년에 한 차례 1~2kg/㎡의 기준으로 시비한다.
- 추비(웃거름) : 화학비료를 연간 2~3회씩 1회당 질소, 인산, 칼리를 각각 5g/㎡ 이상이 되도록 시비한다.
- 가을에 시비하는 추비(웃거름)에 질소질 비료가 많으면 내한성이 약해져 동해를 받기 쉬우므로 질소질이 적은 화학비료를 사용하는 것이 좋다.

문제 26)

- 풀이) 교목시비 단위가 100주에 주의(교목 500주/100주 = 5주), 시비인건비 = 조경공 비용 + 보통인부 인건비
- 산식) 5주 ×(0.3인 ×50,000원) + (2.8인 ×40,000원) × 0.2(시비율 20%)= 127,000원
- 정답) 127,000원

문제 27)

- 황산암모늄

문제 28)

- 7~8월

문제 29)

- 2개의 조사구(처리구, 무처리구)를 설치하여 특정한 양분의 필요한 정도를 시험하는 방법
- 시간이 비교적 많이 걸리기 때문에 실제적으로 적용하기 어려운 문제점이 있다.

문제 30)

- 어린뿌리

문제 31)

- 광발아잡초 : 바랭이, 왕바랭이, 갈피, 향부자, 참방동사니, 개비름, 쇠비름, 서양민들레 등
- 암발아잡초 : 냉이, 광대나물, 별꽃 등

문제 32)

- 물리적 방제 : 인력제거, 깎기, 경운, 기타 재료를 이용하여 방제 등
- 화학적 방제 : 제초제를 사용하여 방제하는 방법

문제 33)

- 생명의 보조수단으로 널리 분포되어 있다.
- 휴면성이 길어서 수십년간 휴면한다.
- 잡초 종자의 휴면은 제초제의 효능을 감퇴시키므로 잡초 방제를 어렵게 한다.
- 휴면기작이 잘 발달되어 있어 적절한 조건이 주어졌을 때 일시에 발아하여 초기생육이 빠르고, 단시간 내에 종자를

맺어 전파하는 특성이 있다.

문제 34)

- 동일계 제초제의 연용

문제 35)

- 클로버, 바랭이, 매듭풀, 강피, 뚝새풀, 돌피, 토끼풀, 민들레, 쇠비름, 강아지풀 등

문제 36)

- 식물전멸 제초제이므로 잔디가 휴면중인 동절기나 잔디포장을 전면적으로 재조성을 할 때를 제외하고는 사용하면 안 된다.
- 구조물 주변 등 식생을 원하지 않는 곳에 적용하기 알맞다.
- 지나친 고온기와 저온기는 피하는 것이 좋다.
- 묘포지 주변에서는 세심한 주의가 요구된다.
- 종류 : 글라신 액제(근사미), 파라코 액제(그라목손)

문제 37)

- 원제는 백색의 비늘모양의 결정이다.
- 벼 이외의 밭작물, 특히 주위의 다른 작물에 살포약액이 비산되어 잎, 줄기 등에 묻으면 약해가 발생한다.
- 폐녹시계로 본답후기 경엽처리용 제초제이다.
- 이행성 제초제로 외부조직(잎, 줄기, 뿌리)을 통해 흡수되어 식물체 내로 이동되기 때문에 그 약효가 서서히 나타난다.

문제 38)

- Benefin(Balan, 발란), Bensulide(Batasan, 론파), DCPA(Dacthal, 닥탈), Oxadiazon(Ronstar, 론스타), Pendimethalin(Stomp, 스톰프), Siduron(Tupersan, 투퍼산), Simazine(Princep, 시마진), Napropamide(Devrinal, 데브리놀)

문제 39)

- 2,4-D(이사디), MCPP(엠시피피), Dicamba(Banvel, 반벨), Bentazon(Basagran, 밧사그란)

문제 40)

- 알레로파시(Allelopathy) : 어떤 생물이 떨어져 살고 있는 동종 또는 이종의 다른 생물체에 영향을 미치는 현상을 말하며, 타감작용이라고도 한다.

문제 41)

① 침수식

- 수간의 주위에 도랑을 파서 수분을 공급하여 측방에서 서서히 스며들도록 하는 방법
- 고르게 관수되지 못하는 경우가 있다.

② 도랑식

- 수목을 중심으로 길게 도랑을 파고 물을 흘려보내어 관수하는 방법
- 투수율, 도랑의 경사도 및 유속에 따라 비교적 균일하게 관수 할 수 있다.

③ 스프링클러

- 스프링클러를 이용하여 일시에 큰 면적을 관수하는 방법
- 면적이 넓은 잔디밭(공원)이나 골프장에서 많이 활용한다.
- 노동력이 절감되고, 비교적 균일한 관수를 할 수 있다.
- 토양의 경도가 증가할 수 있고, 필요 이상으로 과대한 관수가 될 수 있다.
- 지표면의 토사가 유실될 수 있다.

문제 42)

- 연간 5회를 기본으로 한다.

문제 43)

① 봄·가을철

- 오전 일찍 관수하면 지나친 증발산에 의한 수분의 손실을 막아줄 수 있다.
- 한 번 관수할 때 땅이 흠뻑 젖도록 관수하고, 잎과 줄기에도 관수를 하는 것이 좋다.
- 필요하면 영양제를 혼합하여 관수하여야 좋다.

② 여름철

- 건조상태를 보아 오전×오후로 나누어 관수한다.
- 특히 여름철에 고온·건조할 대 잔디표면 근처에 소량의 물로 온도를 낮추는 것을 시린지(Syringe)라 한다.

③ 겨울철

- 이른 아침을 피하여 기온이 높은 날 오전 10~11시경에 관수한다.

문제 44)

① 초화류

- 초화류의 관수빈도는 생육기에 2~6회/주 관수한다.
- 개화 중인 묘는 물이 꽃에 젖지 않도록 하며 가능한 한 근원부분에 관수한다.
- 토양이 충분히 젖도록 관수하되, 적어도 토양이 5cm 이상 젖도록 관수한다.
- 일년초 중 추파일년초는 건조에 약하므로 관수관리를 배려하여 설계한다.

② 수목류

- 수목류의 관수는 가물 때 실시하되, 연 5회 이상, 3~10월경의 생육기간 중에 관수한다.
- 기온이 5℃ 이상이며, 토양의 온도가 10℃ 이상인 날이 10일 이상 지속될 때 실행한다.
- 관수량은 적어도 토양이 10cm 이상 충분히 젖도록 관수한다.

③ 잔디

- 한지형 잔디류는 보통 때는 2~3일에 1회, 가물 때에는 매일 관수한다.
- 잔디면이 충분히 젖도록 살포하되, 적어도 토양이 5cm 이상 젖도록 관수한다.
- 스포츠용 잔디나 한지형 잔디류는 자주 관수하여야 하므로 관수시설이 요구된다.

문제 45)

- 풀이) $\text{소요일수} = \dfrac{\text{총소요인력}}{\text{작업인부수}}$

$$\text{소요일수} = \frac{500\times0.04+400\times0.06}{4} = 11\text{일}$$

- 정답) 11일

문제 46)

- 토양의 포장요수량, 토양의 침투율, 토양의 유효수분함량

문제 47)

① 냉해(冷害)

- 0℃ 이상에서 저온 피해를 받는 것을 말한다.

② 동해(凍害)

- 0℃ 이하의 저온하에서 식물에의 세포조직에 결빙이 일어나 그 조직 또는 식물체의 전부가 죽게 되는 경우를 말한다.

문제 48)

① 만상(晩霜)

- 초봄에 식물의 발육이 시작된 이후에 갑자기 0℃ 이하로 기온이 하강함으로써 식물체에 피해를 주는 경우를 말한다.
- 만상 피해는 새순에만 주로 나타나고 다시 새순이 나오기 때문에 치명적인 피해는 주지 않는다.
- 만상에 취약한 수종은 회양목, 피라칸타, 참나무류, 물푸레나무, 말채나무, 목련, 튤립나무, 모과나무, 단풍나무, 철쭉류 등이 있다.

② 조상(早霜)

- 가을에 첫 번째 오는 서리에 의해 나타나는 피해를 말한다.
- 초가을 계절에 맞지 않게 기온이 갑자기 낮아지는 경우에 발생한다.
- 조상은 만상보다 더 심각하게 나무의 모양을 망치거나 죽는 경우가 있다.

③ 동상(凍傷)

- 겨울동안 식물의 휴면상태에 생긴 피해를 말한다.
- 배수가 불량한 토양이나 가을 이식수목, 어린 나무 등에 많이 피해가 나타난다.
- 질소시비를 많이 한 나무, 늦가을에 생장을 많이 한 나무에도 피해를 준다.

문제 49)

- 강한 직사광선을 받아 엽맥(葉脈), 잎의 가장자리, 수간 등이 갈색으로 변하거나 수피의 일부에 급격한 수분증발이 발생하여 조직이 고사되는 현상을 말한다.
- 수피의 피해를 피소(皮燒)라 하는데 남서쪽 수피부분에 그 피해 현상이 나타난다.
- 일소대책으로는 충분한 습도를 유지하고, 적절한 시비와 관수, 액체 플라스틱의 시들음 방지제를 잎에 살포하여 준다.
- 피소에 취약한 수종으로는 수피가 평활하고 코르크층이 발달되지 않은 수종(단풍나무, 벚나무, 목련, 매실나무, 오동나무, 호두나무, 가문비나무 등)
- 피소대책으로는 수피를 녹화마대 등으로 감싸주거나 수피에 도포제를 발라 준다. 토양을 멀칭해 주는 방법도 있다.

문제 50)

- 도로표면과 건물벽에서 반사되는 열로 인하여 잎이 타서 마르는 현상을 말한다.
- 오후 햇빛을 집중적으로 받는 수관의 남서향에 있는 잎은 높은 증산작용으로 인하여 탈수상태에서 잎이 누렇게 타는 현상이 생긴다.
- 취약수종으로는 단풍나무, 층층나무, 물푸레나무, 칠엽수, 느티나무, 주목, 잣나무, 전나무 등이 있다.
- 대책으로는 통풍을 양호하게 해주고, 적절한 관수로 수분 부족이 없도록 해 주어야 한다.

문제 51)

- 가뭄이 장기간 계속될 때 토양의 수분 부족으로 인해 발생한다.
- 나무의 끝이 말라죽거나 생장이 감소한다.
- 한해가 발생하기 쉬운 입지조건은 산등성이, 볼록한 형태의 급경사지나 남쪽 또는 서쪽 사면의 토양 깊이가 얕은 장소에 많이 발생한다.
- 한해에 취약한 수종으로는 단풍나무, 밤나무, 물푸레나무, 느릅나무, 너도밤나무 등이 있다.

문제 52)

- 겨울철 수간이 동결하는 과정에서 바깥쪽의 변재부위가 안쪽에 단열되어 있는 심재부위보다 더 심하게 수축됨으로써 두 부위간의 수축의 불균형으로 생기는 장력 때문에 종축방향으로 갈라지는 현상을 말한다.
- 상렬(霜裂)이 나타나는 위치는 주로 낮에 햇빛에 의해 온도가 올라감으로써 온도차가 더 많이 생기는 남서쪽이다.
- 상렬(霜裂)은 침엽수보다는 활엽수에서 더 자주 나타나며, 직경 15~30cm 되는 큰 나무에서 더 심하게 나타난다.
- 피해대책으로는 수간을 마대로 감싸거나 흰색 페인트를 발라준다.

문제 53)

- 건조한 토양보다 습한 토양에 발생하기 쉽다.
- 남면(南面)보다 북면(北面)에서 보다 피해가 심하다.
- 성목(成木)보다 유령목(幼齡木)에서 많이 발생한다.
- 상해(霜害)는 맑은 날 밤에 많고, 흐린 날에는 적다.
- 오목한 지형에서 많이 발생한다.
- 북서계절풍이 심한 지역은 동해를 받기 쉽다.

문제 54)

- 배수철저, 토양멀칭, 토양동결 전 관수, 수간보호, 방풍림 혹은 방풍벽 설치 증산억제제 살포

문제 55)

- 피소에 취약한 수종 : 수피가 평활하고 코르크층이 발달되지 않은 수종(단풍나무, 벚나무, 목련, 매실나무, 오동나무, 호두나무, 가문비나무 등)

문제 56)

- 증산억제제

문제 57)

- 수목 이식 시 5~8배 정도로 희석하여 엽면에 살포하되, 활엽수의 경우 기공이 있는 부분(대체로 뒷면)에 살포한다.
- 살포된 약제는 잎에 코팅막을 형성시켜 수분증산 작용을 억제하게 된다.
- 여름철 수분증산억제와 겨울철 동해방지를 위해 살포한다.

문제 58)

① 경제적 가해수준

- 해충이 발생하여 경제적 손실을 일으키기 시작하는 발생 수준을 말한다.
- 해충발생 수준이 방제비와 같은 수준의 손실을 가져오는 밀도를 말하는데, 경제적 가해수준 밀도를 넘어서면 방제 수단을 투입하는 것이 경제적이게 된다.
- 경제적 강해수준은 방제수단 도입 여부를 결정하는 기준 밀도가 된다.

② 경제적 피해 허용밀도

- 해충발생수준이 경제적 가해수준밀도에 달할 것으로 예측되거나 그보다 낮은 수준의 밀도 즉, 한계밀도에 달한 수준으로서 방제를 해야 하는 수준의 밀도를 말한다.
- 경제적 가해수준 밀도에 달하는 것을 억제하기 위하여 직접적인 방제를 해야 하는 수준을 말한다.

문제 59)

- 모자이크 병(포플러, 뽕나무, 아까시나무), 느릅나무 얼룩반점병

문제 60)

- 오갈병(뽕나무), 빗자루병(대추나무, 오동나무, 붉나무, 쥐똥나무 등)

문제 61)

- 구멍병(복숭아, 자두나무, 살구나무, 매실나무 등), 불마름병(벚나무, 산사나무, 과실수 등), 궤양병(감귤), 근두암종병(과실수, 포플러, 벚나무)

문제 62)

- 빗자루병(벚나무, 대추나무), 잎마름병, 가지마름병, 그을음병, 흰가루병, 구멍병, 탄저병, 갈색무늬병, 잎떨림병 등

문제 63)

- 향나무 녹병, 붉은별무늬병(적성병), 떡병 등

문제 64)

- 혹병(침엽수, 활엽수 등), 재선충병(침엽수류)

문제 65)

- 밤나무 줄기마름병균, 오동나무 탄저병균, 낙엽송 잎떨림병균 등

문제 66)

- 오리나무 갈색무늬병균, 묘목 입고병균 등

문제 67)

- 근두암종병(뿔리혹병균), 묘목 입고병균, 자주빛날개무늬병균, 기타 각종 토양서식 병원균 등

문제 68)

- 은행나무 비단병균

문제 69)

① 송이풀, 까치밥나무
② 졸참나무, 신갈나무
③ 황벽나무, 참취, 잔대
④ 낙엽송
⑤ 등골나무, 계요동
⑥ 향나무
⑦ 포플러

문제 70)

- 마이코플라스마(mycoplasma)에 의한 수병의 치료에 가장 좋은 효과를 보이는 항생물질은 옥시테트라사이클린 수화제(테라마이신)이다.

문제 71)

- 자낭각(子囊殼, 월동을 마친 자낭각에서 5~6월 사이에 자낭포자가 비산하는데 이것이 제1차 전염원이다.)

문제 72)

- 주요 매개충은 솔수염하늘소이다.
- 소나무 재선충의 암컷 체장은 약 0.8~1.2mm이다.
- 아바멕틴유제와 같은 살충제를 수간에 직접 주입하여 예방한다.
- 한 쌍의 재선충은 25℃에서 5일이면 1세대를 경과하며, 온도가 높아지면 그 기간은 단축된다.
- 1개월에 20만 마리로 증식되는 것으로 알려져 있다.
- 재선충은 분산형 3기 유충으로 월동하며 내구형(耐久形) 유충으로 전파·전염된다.
- 재선충에 감염되면 급속하게 시들고, 그대로 방치할 경우 당년에 80%가 말라죽는다고 한다.
- 기주식물은 소나무류, 히말라야시다(개잎갈나무), 독일가문비, 전나무, 분비나무, 낙엽송 등이다.
- 방제 약제로는 메프유제, NAC 수화제, 아바멕틴 유제·그린가드(수간주입 살충제) 등이 있다.

문제 73)

- 자낭포자

문제 74)

① 잣나무 털녹병균, 밤나무 줄기마름병균, 밤나무 흰가루병균
② 근두암종병균(뿌리혹병균), 묘목 입고병균, 향나무 적성병균
③ 오동나무·대추나무 빗자루병균, 포플러 모자이크병균
④ 오리나무 갈색무늬병균, 호두나무 갈색부패병균
⑤ 잣나무 털녹병균, 밤나무 뿌리혹병균(근두암종병균)
⑥ 오동나무·대추나무 빗자루병균, 포플러·아까시나무 모자이크병균
⑦ 묘목 입고병균, 근두암종병균(뿌리혹병균)
⑧ 부후균
⑨ 목재부후균, 밤나무 줄기마름병균, 느릅나무 시들음병균

문제 75)

① 병징

- 병든 식물 자체의 조직변화에 유래하는 이상을 말한다.
- 비전염성이나 바이러스병 또는 마이코플라스마에 의한 병은 병징만 나타나고 표징은 나타나지 않는다
- 잎이 시드는 것과 같은 병징은 비전염성병에서도 비슷하게 나타날 수 있기 때문에 병징만으로는 전염성병에 의한 피해라고 판단할 수 없다.

② 표징

- 병의 종류에 따라 병든 식물의 표면에 병원체의 영양기관이나 번식기관이 나타나 육안으로 식별될 수 있는 상태를 말한다.
- 병원체가 진균일 때에는 거의 대부분 환부에 표징이 나타난다.
- 균사, 포자, 균사속, 근상균사속, 균핵, 포자퇴, 버섯, 그을음, 가루 등이 이에 속한다.
- 표징은 병원체의 일부가 직접 노출되어 있는 상태이므로 전염성병이라는 구체적인 증거가 된다. 그러나 표징은 곰팡이에 의한 병에서만 쉽게 나타나며, 다른 병원체에 의한 병에서는 명확하게 표징이 나타나지 않는다.

문제 76)

① 눈에 의한 진단

- 병징이나 표징을 보고 병이름을 판단하는 방법으로 육안적 진단에서 표징은 절대적이며, 진단에 의한 결정적인 역할을 한다.

② 해부적 진단

- 병든 부분을 해부하여 조직 속의 이상현상이나 병원체의 존재를 밝히는 방법으로 유관속에 나타나는 식물병을 진단할 때 이용된다.

③ 병원적 진단

- 병원체를 현미경 혹은 전자현미경으로 관찰하거나 병원체를 분리, 배양 접종하여 병원성을 확인하는 방법이다.

④ 이화학적 진단

- 병든 식물의 이화학적 변화를 조사하여 병의 종류를 진단하는 방법이다.

⑤ 혈청학적 진단

- 이미 알고 있는 병원균이나 병원 바이러스의 항혈청을 만들고 여기에 진단하려는 병든 식물의 즙액이나 분리된 병원체를 반응시켜 병원체를 조사하는 방법이다.
- 방법에는 슬라이드법, 한천겔 확산법, 형광항체법, 적혈구응집반응, 라덱스 응집반응, 효소결합항체법 등이 있다.

⑥ 생물학적 진단

- 지표식물에 의한 진단법이나 좌아법에 의한 진단법, 박테리오파지에 의한 진단법, 병든 식물 접액접종법, 협촉반응에 의한 진단법, 유전자에 의한 진단법 등이 있다.

문제 77)

① 분제(粉劑)

- 주제(원제)를 증량제, 물리성 개량제, 분해방지제 등과 균일하게 혼합·분쇄하여 제제한 것을 말한다.
- 분제는 그 조성의 대부분을 증량지가 차지하고 있으므로 분제의 품질은 증량제의 이화학적 성질에 크게 영향을 받는다.

② 입제(粒劑)

- 입제는 주제(원제)에 증량제, 점결제, 계면활성제를 혼합하여 입상으로 되어 있는 약제이다.

③ 액제(液劑)

- 주제(원제)가 수용성으로서 가수분해의 우려가 없는 경우에 주제를 물어 녹여 계면활성제나 동결방지제를 첨가하여 제제한다.

④ 수화제(水和劑) 및 수용제(水溶劑)

- 수화제는 물에 녹지 않는 원제를 화이트카본, 증량제 및 계면활성제와 혼합·분쇄한 제제르 물에 희석하면 유효성분의 입자가 물에 고루 분산하여 현탁액(懸濁液)이 된다.
- 주제(원제)가 수용성이고 첨가하는 증량제가 유안(硫安)이나 망초(芒硝), 설탕과 같이 수용성인 물질을 사용하여 조제한 살포액이 투명한 용액으로 되는 경우에는 수화제와 구분하여 수용제라 한다.

⑤ 유제(乳劑)

- 농약의 주제(원제)에 녹여 계면활성제를 유화제(乳化劑)에

첨가하여 제제한 것으로 다른 제형(劑型)에 비하여 제제가 간단하다.

- 수화제에 비하여 살포용 약액 조제가 편리할 뿐만 아니라 일반적으로 수화제나 다른 제형보다 약 효과가 우수하고 확실하다는 장점이 있다.

⑥ DL분제(粉劑)

- DL분제는 분제의 일종이나 10㎛ 이하의 미립자(微粒子)를 최소화한 증량제와 응집제를 가하여 살포된 미립자를 대기 중에서 응집시켜 약제의 표류, 비산을 방지하기 위하여 개발된 새로운 제형으로 일반 분제와 구분하여 DL분제라 한다.

문제 78)

① 보조제

- 살균제, 살충제, 살서제, 제초제 등과 같은 농약주제(원제)의 효력을 증진시키기 위하여 사용하는 물질을 총칭한다.

② 전착제

- 농약의 주성분을 병해충이나 식물 등에 잘 전착시키기 위하여 사용하는 것을 말한다.

③ 증량제

- 주성분의 농도를 낮추기 위하여 사용하는 보조제를 말한다.

④ 용제

- 약제의 유효성분을 녹이는데 사용하는 약제를 말한다.

⑤ 유화제

- 유제의 유화성을 높이는데 사용하는 물질을 말한다.

⑥ 협력제

- 유효성분의 효력 증진을 목적으로 하는 약제를 말한다.

문제 79)

- 식물 질병에 대한 품종 저항성의 하나로 세로축에 저항성의 정도, 가로축에 품종을 나타낼 때 반응이 세로축에 평행한 직선, 즉 수직인 직선의 차이로 나타나는 저항성을 말한다.
- 이 저항성은 품종과 레이스 사이에 특별한 유전자 대 유전자의 상호작용이 존재하는 저항성으로 품종 고유의 소수 주동 유전자에 의하여 발현되기 때문에 재배환경 등에 따라 저항성이 쉽게 달라지지 않는다.

문제 80)

① 병징 및 표징의 특징

- 대부분 병원균은 자낭균이다.
- 진딧물, 깍지벌레류 등의 흡즙성 곤충이 배설한 분비물을 이용하여 병균이 성장한다.

② 방제방법

- 흡즙성 곤충을 제거한다.
- 통풍과 채광을 잘되게 한다.
- 만코지 수화제, 지오판 수화제를 살포한다.

문제 81)

① 병징 및 표징의 특징

- 병원균은 자낭균이다.
- 6월부터 혹은 장마철 이후부터 급격하게 퍼진다.
- 잎의 앞·뒷면에 백색의 반점이 생기며 차차 커지면서 잎을 하얗게 덮는다.

③ 방제방법

- 고온·다습한 환경을 만들지 않는다.
- 병든 낙엽은 소각한다.
- 석회황합제, 만코지 수화제, 지오판 수화제, 베노밀 수화제 등을 살포한다.

문제 82)

① 병징 및 표징의 특징

- 주로 이른 봄과 장마철에 발생한다.
- 잎의 엽맥(葉脈) 부근에 다각형 병반이 형성된다.

② 방제방법

- 병든 잎을 제거하여 소각한다.
- 만코지 수화제, 동(銅)수화제를 살포한다.

문제 83)

① 병징 및 표징의 특징

- 향나무 녹병과 같은 병균에 나타난다.

- 6~7월에 잎과 열매에 반점이 나타나기 시작하여 잎 뒷면에 긴 털이 생기면서 잎이 조기에 떨어진다.

② 방제방법

- 주변에 향나무 식재를 금지한다.
- 티디폰 수화제, 마이틴 수화제를 살포한다.

문제 84)

① 병징과 표징의 특징

- 대추나무, 오동나무, 붉나무, 쥐똥나무의 빗자루병 병원균은 마이코플라스마이며, 매개충은 마름무늬매미충이다.
- 벚나무, 대나무의 빗자루병 병원균은 자낭균이다.

② 방제방법

- 대추나무, 오동나무, 붉나무, 쥐똥나무 빗자루병은 매개충인 마름무늬매미충를 구제해야 하며 메프 수화제, BP 유제 등을 살포한다.
- 벚나무, 대나무는 이병지를 잘라서 소각해야 하며, 보르도액(낙하 후)이나 만코지 수화제를 살포한다.

문제 85)

① 병징과 표징의 특징

- 병원균은 자낭균이다.

② 방제방법

- 낙엽을 소각한다.
- 만코지 수화제, 베노밀 수화제를 살포한다.

문제 86)

① 병징과 표징의 특징

- 병원균은 자낭균이다.
- 잎, 어린 가지, 과실이 검게 변하고 움푹 들어가는 것이 공통적인 병징이다.

② 방제방법

- 묘포장을 소독하여 준다.
- 지오판 수화제, 베노밀 수화제 등을 살포한다.

문제 87)

① 병징과 표징의 특징

- 병원균은 자낭균이다.
- 소나무, 잣나무, 밤나무, 버즘나무에서 피해가 심하다.

② 방제방법

- 병든 가지를 제거하여 소각한다.
- 보르도액, 석회황합제를 살도한다.

문제 88)

① 병징과 표징의 특징

- 병원균은 자낭균이다.

② 방제방법

- 낙엽을 소각한다.
- 배수관리를 철저히 한다.
- 보르도액을 살포한다.

문제 89)

① 응애, 진딧물, 깍지벌레, 방패벌레

② 소나무좀, 박쥐나방, 하늘소, 복숭아유리나방, 노랑점바구미

③ 솔나방, 흰불나방, 회양목명나방, 잎벌, 집시나방, 느티나무벼룩바구미

④ 솔잎혹파리, 진딧물류, 혹응아, 큰팽나무이

⑤ 도토리거위벌레, 밤바구미

문제 90)

① 무당벌레, 풀잠자리, 거미

② 무당벌레, 풀잠자리, 꽃등어류, 기생벌

③ 무당벌레, 풀잠자리

④ 개미붙이, 줄침노린재

⑤ 긴등기생파리, 송충알벌, 검정명주딱정벌레, 나방살이납작맵시벌

⑥ 긴등기생파리, 독나방긴하리고치벌, 재가슴기생파리, 독나방고치벌 등

⑦ 조류(뻐꾸기, 꾀꼬리, 두견), 주둥이노린재, 흰줄박이맵시벌, 흰무늬침노린재, 송충살이고치벌 등

⑧ 기생충(송충알벌, 벼룩좀벌, 독나방고치벌, 맵시벌, 좀벌 등), 포식충(명주딱정벌레, 풀색딱정벌레, 참노린재 등)

⑨ 각종 포식성 벌, 맵시벌, 고치벌, 좀벌

⑩ 꼬리좀벌, 노랑꼬리좀벌, 상수리좀벌, 큰다리남색좀벌 등

⑪ 솔잎혹파리좀벌, 혹파리등뿔먹좀벌, 혹파리살이먹좀벌

⑫ 먹수염납작멥시벌, 가시은주둥이벌

문제 91)

- 유충이 실을 토하여 잎을 묶고, 그 속에서 가해한다.

- 한 해에 2회 발생하고, 우화한 제2화기 성충은 가해부위에서 번데기가 된다.
- 실질적으로 경제적 피해 수종은 회양목에 국한된다.
- 4월 하순경부터 유충이 나타나며, 어린 유충은 가는 가지에 거미줄을 치고 그 속에서 잎의 표피와 엽육(葉肉)을 식해하므로 잎이 반투명하게 된다.

문제 92)

- 1년에 1회 발생한다.
- 주로 소나무, 해송, 리기다소나무 등을 가해한다.
- 11월 초 기온이 10℃ 이하로 내려가면 나무줄기를 따라 내려와 지표 부근의 나무껍질 사이, 돌, 낙엽 밑에서 월동한다.
- 유충 활동기(4~5월, 8~9월)에는 마라톤 유제, 디프 유제, 파라치온 등을 수관 살포한다.

문제 93)

- 성충의 몸길이가 2.5mm 이내의 작은 파리이다.
- 1년에 1회 발생하며, 유충으로 땅에 월동한다.
- 소나무 중에서 특히 적송, 곰솔 등에 피해를 입히고, 알에서 부화한 유충은 솔잎 기부로 내려가 잎 사이에서 수액을 빨아먹으면서 충영(蟲癭)을 형성한다.
- 5월경에 고치를 짓고 번데기로 되었다가 5월 중순~7월 중순에 날개가 달린 성충으로 우화한다. 우화최성기는 6월 상순이다.
- 기생성 천적인 혹파리살이먹좀벌, 솔잎혹파리먹좀벌 등으로 방제할 수 있다.
- 유충이 9월 하순~다음 해 1월에 벌레혹에서 탈출하여 월동을 위해 낙하기 때문에 9월 이전에 피해목을 벌목하여 태워 구제한다.
- 월동유충기를 대상으로 유충낙하기인 11월 하순~12월 상순에 다수진 입제, 에토프 입제를 지면에 살포한다.
  5~6월 성충의 우화시기에 살충제인 메프 수화제(스미치온)를 1주일 간격으로 지면, 수관에 살포한다.
- 4월 하순~5월 하순에 침투성 약제인 테믹 입제나 카보푸란 입제를 근부에 처리한다.
- 유충가해기인 6~7월에 침투성 살충제인 다이진(다이아톤) 유제, 다이메크론 유제, 오메톤 액제, 포스팜 액제 등을 수간주사한다.

문제 94)

- 성충의 몸길이가 5mm 이하로 작은 곤충이며, 소나무의 3대 해충의 하나이다.
- 수세가 약한 나무 또는 벌채한 나무에 많이 기생한다.
- 연 1회 발생하지만 봄과 여름 2번 가해한다.
- 성충으로 월동하며, 봄철에 쇠약목의 수피에 구멍을 뚫고 들어가 산란한다. 부화한 유충은 내피를 파먹으면서 자라는데, 이때 1차 피해가 발생한다.
- 성충으로 자란 다음 여름동안 신초를 가해하여 2차 피해를 준다.
- 수세가 쇠약한 나무는 미리 제거하고 벌근은 5월 이전에 수피를 벗겨 번식처를 없앤다.
- 1~2월 중에 벌채된 소나무 원목을 1m 가량 잘라 2월말에 임내에 세워 유인산란시킨 후 5월 중에 껍질을 벗겨 유충을 구제한다.
- 약제 방제로는 메프 유제, 다수진 유제 등이 사용된다.

문제 95)

- 성충은 몸이 흰색이며, 야간에 불빛에 잘 모여서 붙여진 이름이다.
- 몇 개의 잎 또는 작은 가지를 거미줄 같은 것으로 감아놓기 때문에 발견이 쉽다.
- 연 2회 발생하며, 수피 사이, 판자 틈, 지피물 밑, 잡초뿌리 근처 등에서 고치를 짓고 그 속에서 번데기로 월동한다.
- 활엽수(포플러, 버즘나무, 벚나무, 단풍나무 등)와 초본류에 피해를 준다.
- 유충 한 마리가 100~150㎠의 잎을 섭식하며 1화기(5~6월)보다 2화기(7~8월)의 피해가 더 심하다.
- 산림에서의 피해는 경미하나 도시 주변의 가로수나 정원수에 특히 피해가 심하다.
- 긴등기생파리, 송충알벌, 검정명주딱정벌레, 나방살이납작맵시벌 등이 천적이다.
- 8월 중순 피해목 수간에 점복소를 설치하여 유인살포한다.
- 약제 방제로는 디프 수화제, 트리므론 수화제, 메프 수화제, 파프 수화제, 주론 수화제 등이 사용된다.

문제 96)

- 나무 밑에서부터 높이 5~10cm(최대 60cm 이내) 되는 부위에 드릴로 지름 5mm, 깊이 3~4cm 되게 구멍을 20~30°가량 하향으로 비스듬히 뚫는다.
- 수간주입은 5월 초부터 9월 말 사이에 실시하는 것이 효과적이다.
- 수간주입은 증산작용이 활발한 맑게 개인 날에 실시한다.

문제 97)

- 침투성 살충제 – 메타 유제

문제 98)

- 살충제 : 메타 유제, 디코폴 유제, 지오브릭스 분제 등
- 살균제 : 만코지 수화제, 마네브 수화제, 베노밀 수화제, 티디폰 수화제, 동 수화제 등

문제 99)

- 알 → 애벌레 → 번데기 → 성충으로의 4기(期)가 뚜렷이 다르게 구별되는 경우를 말한다.
- 나비, 딱정벌레, 벌, 파리 등이 완전변태를 한다.

문제 100)

- 수화제 → 액화제 → 분제 → 전착제 → 유제 순으로 혼합하여 조제한다.

문제 101)

- LD50 이란 반수치사량을 말한다.
- 시험물질을 시험동물에 직접 1회 투여하였을 때 시험동물의 반수(50%)가 죽는 투여용량(mg/kg·체중)을 의미한다.

문제 102)

- 1일 농약섭취허용량(ADI), 국민 평균체중, 1일 식품 평균섭취량, 안전계수

문제 103)

- 살포제의 희석법에는 배액 조제법, 퍼센트 조제법, ppm 조제법 등이 있다.
- 배액 조제법 : 소요 농약량 = $\frac{\text{단위면적당사용량}}{\text{소요희석배수}}$
- 퍼센트 조제법 : 희석에 쓸 물의 양 =

  원액의 용량 × ($\frac{\text{원액의 농도}}{\text{희석할 농도}}$ – 1) × 원액의 비중
- ppm 조제법 :

  $\frac{\text{추천농도}(ppm)\times\text{피처리물의 양}(kg)\times\text{비중}}{10{,}000{,}000} \times \frac{100}{\text{원액의 농도}}$

문제 104)

- 소요약량 = $\frac{\text{총소요량}}{\text{희석배수}}$

  총소요량 = 20ℓ

  희석배수 = 80/0.02 = 4,000

  소요약량 = $\frac{20}{4{,}000}$ = 0.005ℓ = 5cc

문제 105)

- 소요약량 = $\frac{\text{총소요량}}{\text{희석배수}}$

  총소요량 = 100ℓ

  희석배수 = 50/0.08 = 625

  소요약량 = $\frac{100}{625}$ = 0.16ℓ = 160 mℓ

문제 106)

- 소요약량 = $\frac{\text{총소요량}}{\text{희석배수}}$

  총소요량 = 18ℓ

  희석배수 = 600

  소요약량 = $\frac{18}{600}$ = 0.03ℓ = 30 cc = 30 g

문제 107)

- 희석에 쓸 물의 양 = 원액의 용량 ×($\frac{\text{원액의 농도}}{\text{희석할 농도}}$ – 1) × 원액의 비중

  = 100 cc × ($\frac{50}{0.05}$ – 1) ×1

  = 100 cc × 999 ×1

  = 99,900 cc = 99.9ℓ

문제 108)

- 희석에 쓸 물의 양 = 원액의 용량 ×($\frac{\text{원액의 농도}}{\text{희석할 농도}}$ – 1) × 원액의 비중

  = 200 cc × ($\frac{30}{0.06}$ –1) ×1

  = 200 cc ×499 ×1

  = 99,800 cc

문제 109)

- 소요약량 = $\frac{\text{총소요량}}{\text{희석배수}}$

  총소요량 = 1,000ℓ

  희석배수 = 1,000

  소요약량 = $\frac{1{,}000}{1{,}000}$ = 1ℓ = 1,000 cc

문제 110)

- 줄기·잎의 치밀도를 높이고, 줄기의 형성을 촉진하기 위해서

문제 111)

- 잔디깎기 기계를 점검하고 잔디밭의 돌 등 잡물질을 제거한다.
- 잔디깎기 높이를 일정하게 유지하여 잔디의 높이에 단차가 생기지 않도록 한다.
- 골프장 그린 또는 경기장의 잔디면 등을 깎을 때에는 깎는 방향을 교대로 바꾸어 줌으로써 잔디면에 계획된 다양한 문양이 나타날 수 있도록 유도한다.
- 키가 큰 잔디는 한 번에 깎지 말고 처음에는 높게 깎아주고 상태를 보아가면서 서서히 낮게 깎아준다.
- 잔디깎은 높이와 횟수는 규칙적으로 한다.
- 잔디 깎는 기계는 여러 가지가 있으나 면적이 좁을 때에는 잔디깎기 가위나 수동식 예초기인 핸드모어(hand mower)를 사용하고, 운동장이나 공원 등 면적이 넓을 때에는 동력예초기인 로터리모어(rotary mower) 또는 엔진모어(engine mower)를 이용한다.

문제 112)

- 줄기·잎의 치밀도 증대
- 줄기 형성 촉진
- 미적·기능적 잔디면의 균일함 유지
- 엽폭의 감소 유도
- 지나친 북더기 잔디(thatch)의 축적 방지
- 단위면적당 엽록소 함량 증가
- 단위면적당 신초의 생장 증가
- 잡초 성장 억제 효과

문제 113)

- 잔디 종류별 깎기 높이

잔디의 종류	깎기 높이(mm)	비 고
축구경기장용 잔디	10~20	
일반운동장용 잔디	20~25	
공원용 잔디	20~30	
골프장 그린	4~6	
골프장 티그라운드	12~15	
골프장 페어웨이	18~25	
골프장 러프	40~50	

- 일반적으로 경기장 내의 잔디깎기 횟수: 연 26~34회 정도 깎는다.
- 정원용 잔디일 경우 한국잔디류는 연 5회 이상, 한지형 잔디는 연 10회 이상 깎기를 표준으로 한다.

문제 114)

- 10~20mm

문제 115)

구 분	깎기 높이(mm)	비 고
그린	4~6	
티그라운드	12~15	
페어웨이	18~25	
러프	40~50	

문제 116)

- 키가 큰 잔디는 한 번에 깎지 말고, 처음에는 높게 깎아주고 상태를 보아가면서 서서히 낮게 깎아준다.
- 아침에 이슬로 잔디 토양에 습기가 많을 때에는 잔디깎기를 하지 않는다.
- 잔디를 깎는 빈도와 깎는 높이는 규칙적이어야 한다.
- 잔디를 깎아낸 부스러기는 제거하도록 한다.

문제 117)

- 갱신작업

문제 118)

- 한지형 잔디 : 초봄(3월) 또는 초가을(9월)
- 난지형 잔디 : 6월

문제 119)

- 기상 여건이 고온·건조하여 잔디생육에 부적합할 때
- 병·충해에 감염되었을 때
- 잡초의 발생이 왕성할 때
- 토양의 건조가 심할 때

문제 120)

- 잦은 답압으로 토양이 고결되기 쉬운 운동장용 잔디면은 반드시 연 1회 이상 통기작업을 실시한다.
- 토양이 고결되어 있을 경우에는 코어 에어레이터(core aerate) 등으로 작업한다.
- 심토층까지 고결되었을 경우에는 버티컬 드레인(vertical drain) 등으로 작업한다.

문제 121)

1) 코링(coring), 슬라이싱(slicing), 스파이킹(spiking)
2) 레이킹(raking), 브러싱(brushing), 디태칭(dethaching)
3) 레이킹(raking), 디태칭(dethaching), 버티컬 모잉(vertical-mowing)

문제 122)

1) 코링(coring)
2) 슬라이싱(slicing)
3) 스파이킹(spiking)
4) 버티컬 모잉(vertical-mowing)
5) 롤링(rolling)

문제 123)

- 잔디의 요철부분을 평탄하게 함으로써 잔디의 질을 개량하고 잔디깎기를 용이하게 한다.
- 뗏밥은 태치(thatch)를 분해시켜 잔디뿌리가 원활하게 뻗을 수 있게 해 준다.
- 잔디면의 높낮이를 조정하고, 잔디의 토양구조와 토질을 개량한다.
- 비료성분의 유실을 막고, 또한 비료 사용과 동시에 행하여지므로 잔디의 분얼과 생육을 촉진한다.
- 지하경과 토양의 분리를 막아 잔디질을 좋게 하고 내한성을 증대시킨다.
- 추파시 배토를 통하여 한지형 잔디와 난지형 잔디의 교체식생을 가능하게 한다.
- 노화된 지하경을 배토 속에 묻고 새 지하경을 배토 위에 뻗게 함으로써 식생 교체를 가능하게 한다.
- 상토가 불량할 때 배토 사용으로 상토를 개량한다.

문제 124)

- 배토시기 : 잔디의 생육이 왕성할 때
  - 한지형 잔디 : 봄·가을, 특히 가을에 생육이 왕성할 때
  - 난지형 잔디 : 늦봄이나 초여름
- 배토횟수 : 잔디의 생육이 왕성할 때 얇게 1~2회 정도
- 배토량 :
  - 두께 2~4mm 정도 주고, 다시 줄 때에는 15일이 지나 후에 배토한다.
  - 봄철에 두껍게 한번에 주는 경우에는 5~10mm 정도 준다.

문제 125)

- 방제약제 : 디캄바디 액제, 메코프로드 액제(MCPP), 2,4-D
- 시기 : 4~5월

문제 126)

- 토기풀(클로버), 소비름(돼지풀), 도깨비바늘, 개망초, 실망초, 망초, 개쑥갓, 큰방가지똥, 서양민들레, 큰개불알풀, 광대수염, 달맞이꽃, 콩다닥냉이 대기수영 등

문제 127)

병 명	특 징
라지 패치 (large patch)	· 15~30℃, 잦은 강우 과습, 배수불량, 질소비료 과다 사용 시 발병 · 4~6월, 8~10월 특히 장마 시 많이 발병 · 초기에는 붉은 갈색의 원형 병반 형성, 점차 잔디잎이 볏짚색으로 퇴색된다.
브라운 패치 (brown patch)	· 20~30℃, 과습, 태치 축적, 질소비료 과다 사용 시 발병 · 6~9월에 발병 · 발병 초기에는 수십 cm 내외의 연녹색의 둥근 원형이나 고리모양 병반 형성, 점차 잎이 시들면서 갈변한다.
옐로 패치 (yellow patch)	· 10~15℃, 늦가을 찬비, 과습, 질소비료 과다 사용 시 발병 · 10월~이듬해 4월, 10월 하순경 다발적으로 발병 · 발병 초기에는 30cm 내외의 연노랑색의 고리모양 병반 형성
피시움블라이트 (pythiumbright)	· 18~20℃, 초여름 잦은 비, 야간살수, 과습, 질소비료 결핍 시 발병 · 6~9월, 야간온도가 18℃ 이상 환경에서 다발적으로 발병 · 발병 초기에는 3~5cm 내외의 불규칙한 갈색 병반 형성
달러스팟 (dolla spot)	· 15~20℃, 건조토양, 밤 · 낮 기온차가 클 때, 과습, 배수불량, 질소비료 결핍 시 발병 · 4~6월, 8~9월에 발병 · 초기에는 잎과 줄기에 담황갈색의 반점이 마치 동전처럼 무수히 나타나고 줄기와 잎이 고사한다.
녹병(rust)	· 15~22℃, 그늘지고 습한 조건, 영양결핍, 시비의 불균형, 과도한 답압과 배수불량 시 발병 · 5~10월, 9월 하순에서 10월 상순에 발병률 높다. · 한국잔디에 많이 발병 · 잎이나 잎 끝에 등황색의 반점이 생기거나 엽맥에 불규칙한 적갈색의 반점이 형성된다.

푸사리움 패치 (fusarium patch)	· 0~10℃, 습한 상태, 잔디의 생육이 늦을 때, 질소비료 과다 사용 시 발병 · 이른 봄에 발병, 한국잔디에서 많이 발병 · 병반이 30~50cm 정도로 원형상태의 황화 현상이 나타난다.
설부병 (snow mold)	· 0~10℃, 내한성이 강한 곰팡이, 눈이 녹은 2~4월에 많이 발병 · 초기 병반은 회색이나 점차 갈색으로 변화하여 줄기와 잎이 고사 · 잎이나 줄기 등이 -4~15℃의 온도 범위에서 썩는다.
탄저병 (anthracnose)	· 20~30℃, 초여름 장마 전 · 후, 고온다습, 토양이 건조한 상태에서 잔디 표면이 젖었거나 상대습도가 높은 경우, 영양결핍(P, K) 시 발병 · 6~9월 야간 기온 20℃ 이상일 때 잘 발병한다. · 발병 초기에는 잎이 연노랑색으로 퇴색된다.

문제 128)

① 푸사리움 패치, 라지 패치, 춘고병, 엘로 패치, 브라운 패치, 피시움블라이트 등

② 달러스팟, 녹병

③ 탄저병

④ 녹병

⑤ 녹병

⑥ 푸사리움 패치

⑦ 풍뎅이류

⑧ 진딧물류, 긴노린재류, 응애류 등

⑨ 33%

⑩ 2~3개월

⑪ 들잔디

문제 129)

구 분	잔디명
아주빠름	· 클리핑벤트그래스(Cleeping bentgrass) · 버뮤다그래스(Bermuda grass)
빠름	· 켄터키브루그래스(Kentucky blugrass)
중간	· 톨페스큐(Tall fescue) · 퍼레니얼라이그래스(Perennial rygrass)
늦음	· 파인페스큐(Fine fescue) · 조시아그래스(Zoysiagrass) · 콜로니얼벤트그래스(Colonial bentgrass)

문제 130)

- 시비시기는 지상부와 지하부의 생육이 활발한 시기에 실시하되, 난지형 잔디는 하절기에, 한지형 잔디는 봄과 가을철에 집중시킨다.
- 시비량은 질소, 인산, 칼리성분이 복합된 비료를 1회 ㎡당 10g씩 살포 한다.
- 시비는 가능하면 제초작업 후 비오기 직전에 실시하며 불가능시 시비 후 관수한다.
- 비료는 잔디 전면에 골고루 살포하며 시비 후 지엽에 부착된 비료를 제거하여 비료 피해를 피한다.
- 발병시에는 시비를 피한다.
- 한지형 잔디의 경우 고온에서의 시비는 피해를 촉발시킬 수 있으므로 가능한 한 시비를 하지 않는 것이 원칙이며, 생육부진이 예상되는 등 시비가 반드시 필요한 경우라면 농도를 약하게 액비(液肥)로 시비한다.

문제 131)

① 엽소

- 원인
  - 여름철 지표면의 고열과 건물의 반사열, 그리고 환풍기의 뜨거운 바람 등 고온에 의해 잎의 가장자리부터 갈색으로 마르는 현상으로 여름철 고온이 지속되면서 일사량이 높을 경우 과다한 증산작용으로 인하여 탈수 상태에서 피해가 크다.
- 병징
  - 잎의 가장자리부터 잎이 마르기 시작하여 갈색으로 말라가며(엽소 현상) 장마가 끝난 후 무덥고 건조한 날씨가 지속되면 장마기간 동안 저항성이 없던 잎에서 엽소 현상이 자주 관찰된다.
  - 단풍나무, 층층나무, 물푸레나무, 칠엽수, 느릅나무, 주목, 잣나무, 자작나무 등에서 자주 발생한다.
- 방제
  - 통풍을 도모하여 기온이 상승하는 것을 막아준다.
  - 토양을 포장하지 않고 잔디 식재 또는 멀칭으로 토양으로부터 복사열을 줄인다.
  - 고층건물의 남향에는 잣나무, 전나무, 주목 등 고산수 수종을 식재하지 않는다.

② 피소

- 원인
  - 도로포장으로 인한 지열, 건물의 반사열, 지구온난화, 건

물 강화유리 등 수피가 여름철 햇빛과 열에 의해 타서 형성층 조직이 죽어 벗겨지고, 그 속의 목부 조직이 노출되는 현상이다.

- 전에 밀식 재배하던 수목을 이식하여 단독으로 식재하면 이전에 그늘 속에 있던 수피 부분이 햇빛에 노출되어 피소현상이 잘 나타난다.

• 병징

- 수간의 남서쪽에서 수직 방향으로 불규칙하게 수피가 갈라지면서 괴사함으로써 수피가 지저분하게 된다.
- 피소현상으로 죽은 수피는 매우 불규칙하게 벗겨지고, 죽은 조직의 가장자리가 지저분하게 되어 새로운 유상조직이 자라 나오지 못한다. 이렇게 노출된 곳을 통해서 목재부후균이 침입하여 수간이 추가로 썩어서 큰 상처를 만들게 된다.
- 벚나무, 단풍나무, 목련, 매화나무, 물푸레나무 등 수피가 얇은 수종에서 잘 나타난다.

• 방제

- 지상 2m 이내에서 피소현상이 잘 나타나므로 수간을 볏짚이나 녹화마대 등으로 감싸준다.
- 이식 시 볏짚이나 녹화마대 등으로 감싸줌으로써 수피를 물리적인 충격으로부터 보호할 뿐 만 아니라 이식 후에도 피소 현상을 방지할 수 있다.
- 어린 나무의 경우에는 흰 도포제나 수성페인트 등을 발라주거나 종이테이프 등으로 감싸준다. 흰도포제는 천공성 해충의 침입을 방지하는 기능도 있어 효과적이다.
- 노출된 검은색 토양은 피소 현상을 유발하는 원인이 되므로 토양을 유기물로 멀칭하면 효과가 있다.
- 상처를 아물게 하려면 수피 외과수술을 통해서 상처 부위를 타원형으로 도려내서 새로운 형성층 조직이 유상조직을 만들어 상처를 감싸도록 유도해야 한다.
- 관수작업이다. 토양 수분이 많아지면 증산작용을 촉진하여 수간에 물이 계속하여 위로 이동하면서 냉각 효과를 발휘하여 수피의 온도를 낮추게 된다.

③ 냉해

• 원인

- 냉해는 생육기간 중 주로 봄과 가을의 환절기에 낮은 온도에서 나타나는 저온 피해를 의미한다.
- 식물의 생육기간 중 주로 봄과 가을에 낮은 온도에서 나타나는 저온 피해, 온대지방에서는 주로 생식생장에 영향을 주므로 조경수에 있어서는 생장 둔화 정도의 피해가 나타난다.

• 병징

- 열대성 관상수는 냉해로 잎에서 엽록소가 파괴되어 백화(白化) 현상이 나타나면서 마른다.
- 이른 봄철 과수원에서는 북향에 있는 배나무와 사과나무의 꽃가루가 나르고 난 후 저온으로 인해서 수정이 이루어지지 않아 낙고되는 경우가 대표적인 예다.

• 방제

- 봄과 가을철 개화 후 기온이 떨어지면 벌을 투입하거나 인공수분으로 수정을 촉진시켜 준다.
- 환절기에 열대성 관상수의 경우는 찬 공기에 노출되는 것을 방지하며, 찬물로 관수하지 말고, 토양에 열선을 깔아 열을 가하여 뿌리의 활성을 유지시켜 준다.

④ 동해

• 원인

- 한겨울 빙점 이하에서 나타나는 식물의 피해를 말한다.
- 온도가 빙점 이하로 내려갈 때, 세포내에서 얼음결정이 형성되어 세포막을 파손시키기 때문에 동해를 입는다.
- 온도가 서서히 내려가서 얼음결정이 세포 밖에 생기더라도 원형질이 탈수 상태에서 견디지 못해 동해를 입는다.
- 식물이 순화되지 않은 상태에서 빙점 이하의 온도에 노출되거나, 순화된 식물이라도 빠른 속도로 빙점 이하의 온도에 노출되면 동해를 입는다.

• 병징

- 피해 증상은 엽육조직의 붕괴와 세포질의 응고현상이 나타난다.
- 상록활엽수의 경우 잎의 끝과 가장자리가 탈색되면서 투명해 보이다가 괴사하면 갈색을 띠게 된다.
- 침엽수의 경우에는 잎 끝에서부터 갈색으로 변한다.
- 삼나무, 주목, 회양목 등은 녹색이 어두워지면서 붉은색을 띠는 현상을 보이다가 봄이 되면 다시 회복되기도 한다.
- 침엽수의 1~2년생 어린 묘목은 겨울철에는 잎이 적갈색을 띠다가 봄에 다시 녹색으로 되돌아온다.
- 남부지방에서 자라는 상록활엽수는 겨울철 동해를 입는 경우가 자주 발생한다.
- 동백나무와 차나무는 겨울철 저온으로 인하여 잎이 치명적으로 고사하거나 적갈색으로 변하지만, 변색된 잎은 봄이 되면 다시 정상적인 색깔로 되돌아온다.
- 구실잣밤나무, 메밀잣밤나무는 이듬해에 열매가 익는데,

월동 중에 열매가 동해를 받기도 한다.

- 방제
  - 내한성을 고려한 수목을 선택한다.
  - 북풍이 불지 않는 곳에 식재하거나 북풍에 노출되어 있을 경우 동절기에는 울타리로 북풍을 막아준다.
  - 토양에 멀칭을 하거나 울타리 식재, 볏짚이나 녹화마대 등으로 밑동과 수간을 감싸준다.
  - 낙엽 및 상록활엽수의 어린가지가 동해를 받았을 경우에는 5월말까지 기다린 후 가지가 죽은 것을 확인한 후 전정한다.

문제 132)

① 건조

- 원인
  - 증산작용에 의하여 수분을 잃으면 수분 부족 현상이 나타난다. 밤에 수분 상태가 좋으면 회복되는 것이 정상이다.
  - 시들음 현상이 낮과 밤에 지속적으로 나타나면 건조 피해가 있다고 판단된다.
  - 이식목에 많이 나타난다.
- 병징
  - 활엽수의 경우 어린잎과 줄기에 시들음 현상(위조 현상)이 나타난다. 시들음은 잎이 가장자리부터 엽맥 사이 조직에서 갈색으로 고사하면서 말려들어 간다. 수목이 수분스트레스를 받으면 잎의 크기가 작아지고, 새가지 생장이 위축되어 엽면적(leaf area)이 감소하며, 가지 끝부터 서서히 죽어 내려온다.
  - 침엽수의 경우 건조 피해가 초기에 잘 나타나지 않기 때문에 주의해야 한다. 소나무의 경우 건조에 대한 저항성이 커서 탈수 상태에 있더라도 초기에 잎이 쪼그라들고 녹색이 퇴색하여 연녹색으로 되는 후기 증상이 나타날 때에는 죽기 직전까지 도달한 상태라 할 수 있으며, 관수를 하더라도 나무가 회복되지 않는 경우가 대부분이다.
  - 단풍나무, 칠엽수, 층층나무, 물푸레나무, 느릅나무 등은 건조피해를 잘 받는다.
  - 건조 피해는 서서히 가지 끝에서 나타나기 때문에 줄기마름병이나 시들음병과 비슷한 증상을 보이므로 서로 구별하기 어려워 진단시 주의가 요구된다.
- 방제
  - 관수를 실시한다. 관수 시 하층토까지 완전히 젖도록 충분히 관수한다.
  - 점적관수를 설치한다.

② 과습

- 원인
  - 토양 중에 수분과 산소가 알맞은 비율이 되어야 뿌리가 정상으로 자랄 수 있다. 토양 중에 수분이 너무 많으면 과습하고, 배수가 불량한 토양이 되며, 산소 부족으로 인하여 뿌리가 제 기능을 못하게 된다. 일반적으로 활엽수가 침엽수보다 습한 토양에서 잘 견딘다.
- 병징
  - 초기 증상은 엽병(잎자루)이 누렇게 변하면서 아래로 처지는 현상이 나타난다.
  - 후기 병징은 수관 꼭대기에서부터 가지가 밑으로 죽어내려 오면서 수관이 축소되며, 보통 1년 이내로 죽게 된다.
  - 과습이 장기간 진해되면 잎이 작아지고, 황화현상을 보이며 가지생장이 둔화된다. 더 진전되면 잎이 마르고 어린 가지가 고사하며, 겨울철 동해에도 약하다. 병에 대한 저항성이 낮아져서 병균에 의한 뿌리썩음병이 발생하고, 부정근(不正根)이 발생하기도 하고 결국 뿌리가 검은색으로 썩어 껍질이 벗겨진다.
  - 활엽수의 경우 잎이 얇아지고, 가장자리가 붉게 변하다 괴사한다. 조기낙엽이 진다.
  - 침엽수의 경우 잎 끝이 붉게 변하고 수관 하부에서부터 증상이 나타난다.
- 방제
  - 토양이 침수되었을 때 5일 이내에 배수시켜 준다.
  - 나무 주변에 새로운 건축물이 설치되거나 토양의 형상이 바뀌면 배수상태를 점검한다.
  - 명거배수나 암거배수를 통해서 과습 상태를 제거한다.
  - 물을 좋아하는 수종을 배식한다.

문제 133)

① 만경식물과 착생식물

- 원인
  - 만경식물, 이끼, 지의류는 기생식물이 아니지만 수목 생장에 지장을 줄 수 있다.
  - 만경식물은 나무를 감고 올라가서 공간을 차지하고 햇빛을 차단하며, 물과 양분 이동을 방해함으로 피해를 준다.

- 이끼, 지의류는 다른 식물의 표면에 붙어서 자라는 착생 식물로서 원시림과 같이 숲이 우거진 곳, 비가 자주 오는 곳, 공중습도가 높은 야외 온천, 물방울이 계속적으로 튀기는 폭포 근처에서 자라는 이끼류는 너무 왕성하게 자라서 나무에 피해를 준다.

• 병징
  - 담쟁이덩굴, 칡, 다래는 수목의 수간을 타고 올라가 나무 전체를 덮어 광합성을 방해하고, 특히 칡과 다래의 경우는 수간을 감은 줄기가 굵어져 압박을 가해 수분과 양분 이동을 방해한다.

• 방제
  - 만경류를 제거한다.

② 동물

• 원인
  - 다양한 동물들은 수목의 뿌리, 줄기, 잎 등에 피해를 준다.

• 병징
  - 동물의 종류와 나무의 크기에 따라 다르게 나타난다.
  - 설치류는 나무 밑동에 주로 피해를 주며, 어린나무의 경우에는 토끼와 사슴이 새순과 나무껍질을 벗겨 먹는 피해가 나타난다.
  - 곰에 의한 피해는 발톱 자국과 껍질이 크게 벗겨진다.
  - 백로류와 왜가리류는 소나무와 참나무류에서 산성을 띤 배설물에 의해서 가지가 부분적으로 고사한다.
  - 개에 의한 피해는 좁은 정원에서 개를 놓아서 기를 경우 발생하는데, 큰 개가 주기적으로 한 나무 밑에 방뇨할 경우 수개월 후에 잎이 고사하여 수관 전체가 갈색으로 변하다. 특히 작은 나무의 경우 쉽게 피해를 받는다.

• 방제
  - 나무에 동물이 접근하지 못하도록 보호대나 울타리를 설치한다.
  - 딱따구리가 줄기 주변을 돌아가면서 상처를 목질부 속까지 깊게 낼 경우에는 환상박피가 되어 이를 그대로 두면 줄기의 윗부분이 말라서 죽는다. 이런 경우에는 수피 이식 수술에 의해서 위 아래로 단절된 수피를 서로 연결시켜 소생시킬 수 있다.

문제 134)

① 답압과 도로 포장

• 원인
  - 인간이나 장비에 의해서 표토가 다져져서 견밀화되는 토양 경화 현상을 의미한다.
  - 일반적으로 조경공사가 이루어지기 전에 토목공사가 실시되면서 중장비에 의해서 표토가 다져진다.
  - 토양 답압이 진행되면 수분과 산소를 함유하는 토양 공극이 없어져서 수분과 산소가 부족하게 되고, 뿌리가 딱딱한 토양을 뚫고 나갈 수 없게 되어 양분도 부족하여 뿌리의 발달이 극히 저조해진다.

• 병징
  - 토양 내 수분, 산소, 무기양분이 부족해져 척박한 토양에서 자라는 것 같은 증상을 보이며 잎이 작아지고, 가지의 생장이 둔화되며, 장기적으로 지속될 경우 잎에 황화 현상이 나타난다. 또한 수관의 꼭대기부터 밑으로 내려오면서 가지가 고사하고 수관이 엉성해 진다.

• 방제
  - 토양 멀칭 방법을 사용한다.
  - 천공법과 도랑설치 방법을 사용한다.

② 심식

• 원인
  - 나무를 이식 할 때 예전에 나무가 묻혀 있던 깊이보다 더 깊게 심는 행위를 말한다.
  - 어느 정도 깊이 심어야 심식에 해당하는 가는 토성에 따라 다르지만 일반적으로 15cm를 기준으로 한다.
  - 수목의 뿌리는 호흡을 하기 때문에 산소를 필요로 하며, 산소 공급이 원활한 토양의 표면 근처에 집중적으로 모여 있다. 특히 양분과 수분을 흡수하는 역할을 맡고 있는 세근(細根, 가는 뿌리)의 90% 가량이 표토 20cm 깊이에 모여 있어 심식이 되면 토양 내 산소 부족으로 인하여 뿌리의 호흡이 방해를 받아 고사하게 된다.
  - 조경공사에서 절대 해서는 안 되는 것이 심식과 복토이다.

• 병징
  - 뿌리 주변에 산소가 부족하면 뿌리 호흡이 방해되면서 뿌리의 발달이 둔화된다. 이로 인해 수분과 양분 흡수가 제대로 일어나지 않고 그 경향이 지상부에 미쳐서 가지 생장이 둔화되면서 잎이 작아지고 황화 현상이 나타난다. 더 진전되면 가지 끝이 서서히 말라 죽는다.
  - 심식 피해는 매우 천천히 진행되어 식재 후 수년이 경과하여 증세가 서서히 나타나기 때문에 원인을 잘못 진단

하는 경우가 대부분이다.

- 심식으로 인한 피해 증상은 뿌리 호흡을 방해하는 과습, 배수불량, 복토, 답압에서 나타나는 증상과 비슷하다.

• 방제

- 예전에 묻혀 있던 높이까지 표토를 제거한 후 배수처리 한다.

③ 복토와 석축

• 원인

- 한국에서 조경수의 여러 가지 피해 중에서 가장 흔하게 관찰되고 심각하게 나타나는 피해로서 가장 주의해야 할 항목이다.
- 복토는 이미 심겨져 있는 나무 위에 높이 15~20cm 이상 흙이나 콘크리트를 덮어 수목의 뿌리 호흡을 방해하는 현상을 말한다.
- 복토에 의한 피해는 심식에 의한 피해와 동일하다.
- 새마을 사업으로 마을마다 노거수 주변을 석축으로 쌓고 복토를 했거나 콘크리트로 포장하였다.

• 병징

- 토양 속에 산소 부족으로 인하여 뿌리의 활력이 나빠지면서 뿌리가 먼저 서서히 고사한 후 지상부에 증세가 매우 서서히 나타난다.
- 활엽수의 경우 초기 증상은 잎이 작아지고 새 가지의 길이가 짧아지는 등의 생장 감소 현상이 나타난다. 더 진전되면 수과의 맨 꼭대기에 있는 가지의 끝부분 잎의 황화 현상이 나타나면서 잎이 탈락하고, 밑으로 내려오면서 가지가 죽어가다 나무 전체가 완전히 말라 죽는다.
- 침엽수의 경우에는 초기 증상이 잘 나타나지 않아서 잎이 마르기 시작하면 이미 구제하기에 너무 늦는 경우가 대부분이다.

• 방제

- 복토된 것을 발견했을 때는 즉시 흙을 제거한 후 배수처리 한다.
- 나무 주변에 복토를 꼭 해야 할 경우에는 배수가 양호하도록 토양 표면을 바깥쪽으로 경사지게 정리하고, 나무 주변에 반경 60cm 이상의 빈공간을 두고 원형으로 돌을 쌓아 마른 우물(dry well)을 만들고, 물이 주변으로 빠지면서 뿌리에 산소와 수분이 공급되도록 한다.

④ 절토

• 원인

- 뿌리가 뻗고 있는 토양의 일부를 걷어 내거나 수직 방향으로 잘라내는 것을 뜻한다.
- 절토는 뿌리의 일부가 제거되기 때문에 복토 못지않게 나무에 큰 피해를 준다.
- 나무 주변의 모든 흙을 30cm 깊이로 제거한다면 잔뿌리가 모두 제거되어 나무가 살 수 없게 된다.

• 병징

- 수관의 한쪽 가장자리 부근에서 절토가 이루어지면 전체 뿌리의 15%가 제거되며, 수관폭 반경의 절반 부근에서 절토가 이루어지면 뿌리의 30%가 제거된다. 그 이상의 절토가 이루어지면 수관에 피해가 나타나기 시작한다. 뿌리가 잘린 쪽의 수관이 마르기 시작하여 가지가 고사한다.

• 방제

- 토목공사 시 나무 주변의 흙을 제거해야만 할 경우에는 수관 폭의 2/3만큼 원형으로 흙을 남겨 놓고 절토된 부분에 석축을 쌓아서 흙이 더 이상 무너지지 않도록 한다.

⑤ 대기오염

• 원인

- 대기 중에 있는 물질이 정상적인 농도 이상으로 존재할 때이며 과거에는 석탄 사용으로 인하여 아황산가스(SO_2)가 주요 대기오염물질이었으며, 최근 가장 큰 대기오염 물질은 오존(O_3)과 질소산화물(NO_x)이다.

• 병징

- 활엽수의 경우 엽맥 사이 조직, 잎 가장자리, 잎 끝의 황화와 괴사, 주근깨 같은 반점 형성, 백화 현상, 조기낙엽 등의 증세가 나타난다.
- 침엽수의 경우 황화 현상, 잎 끝의 적갈색 변색과 괴사 현상이 나타난다.

• 방제

- 대기오염에 저항성 있는 수종을 식재한다.
- 분진이 기공을 막고 있으면 광합성을 방해함으로 잎을 주기적으로 물로 세척한다.
- 수목이 왕성하게 생장하고 있을 때에는 대기오염에 예민해지므로 생장억제제를 살포하여 생장을 둔화시키면 저항성을 높일 수 있다.

⑥ 잘못된 가지치기(전정)

• 원인 및 병징

- 가지치기를 하면 상처가 생기는데, 나무에 상처가 생기

면 나무는 부후균이 침입하게 된다.
- 가지치기시 가지터기(branch stub)를 길게 남길 경우 서서히 썩어 들어가며, 원줄기의 밑부분이 움푹 패이면서 커다란 구멍이 생긴다.
- 올바른 가지치기 방법은 가지터기(branch stub)를 남기지 않고 바짝 자르는 것이다.

• 방제
- 가지치기를 할 때 가지터기(branch stub)를 바짝 자르는 원칙을 지키면 가지치기로 인한 피해를 최소화 할 수 있다. 잘못된 가지치기를 발견하면 즉시 가지터기를 바짝 잘라서 바로 잡는다.
- 가지치기가 끝난 다음에는 노출된 형성층에 지오판도포제를 연 1회 이상 발라 준다.
- 굵은 가지를 자를 때에 한 번에 자르면 가지 밑부분이 찢어질 수 있으니 우선 가지의 무게를 제거한 후 폭이 좁은 전정톱으로 가지터기를 바짝 잘라준다.

⑦ 해빙염

• 원인
- 겨울철 빙판 길에 식염(염화나트륨, NaCl)이나 염화칼슘($CaCl_2$) 같은 해빙염(deicing salt)을 사용함으로써 주변에 있는 수목이 피해를 받게 된다.
- 해빙염 피해는 겨울에도 잎이 붙어 있는 상록수에서 피해가 더 크다.

• 병징
- 상록수의 경우에는 봄이 오기 전에 잎에 나타나지만, 낙엽수의 경우에는 봄에 새싹이 한참 자란 후에 나타난다.
- 침엽수의 경우에는 잎 끝에서부터 황화 현상이 오면서 갈색으로 변하여 심하면 낙엽이 진다.
- 낙엽수의 경우에는 봄에 새싹이 나오면서 잎이 어느 정도 자라다가 잎의 끝부분과 가장자리부터 황색으로 변하면서 갈색으로 되어 마르기 시작한다. 더 진전되면 눈이 형성되지 않고 가지가 고사한다.
- 침엽수와 활엽수 모두 잎에서 피해 부위와 건전 부위의 경계선이 뚜렷하게 나타난다.

• 방제
- 해빙염을 뿌리기 전에 나무가 심겨진 도로변의 토양을 비니로 덮어서 해빙염의 침투를 막는 것이 가장 바람직한 방법이다.
- 해빙염이 묻은 후에 비가 오지 않았다면 잎에 묻어 있는 해빙염을 물로 깨끗이 씻는 것이 가장 효과적이다.
- 상록수는 증산억제제를 살포한다.
- 내염성 수종을 식재한다.

문제 135)

① 멀칭재료

• 멀칭재료는 값이 싸고, 다루기 쉬우며, 투수성이 있어야 한다.
• 투수성은 가장 중요한 필수 구비조건이다.
• 멀칭재료는 입자가 너무 작으면 불리하다. 예를 들어 아주 잘게 파쇄한 볏짚이나 가는 톱밥은 쓰지 않는 것이 좋다.
• 수피와 우드칩의 경우 길이 2cm 이상의 거친 것을 사용하는 것이 좋다.
• 모래의 경우 미세한 모래보다는 왕모래가 더 좋다.

구 분	종 류
유기질 재료	· 쌀겨, 옥수수속, 땅콩껍질, 볏짚, 잔디 깎은 풀, 솔잎, 슬방울, 톱밥, 나무껍질(바크), 우드칩, 펄프 디탄이끼 등
광물질 재료	· 왕모래, 마사토 돌조각, 자갈, 조약돌 등
합성재료	· 토목섬유, 폴리프로필렌 부직포, 폴리에틸렌 필름(비닐) 등

② 멀칭의 효과

• 잡초발생의 억지
- 멀칭은 잡초종자의 발아를 억제함과 동시에 광도(光度)를 부족하게 함으로써 잡초의 정상적인 생육을 어렵게 만든다.

• 토양수분 유지
- 멀칭은 지표면에서의 증발을 억제하고, 토양수분의 요구도가 매우 높은 잡초의 발생을 억제시킴으로써 수분의 유실을 방지한다.

• 표토유실 방지 및 수분손실 방지
- 멀칭은 빗방울이나 관수 등으로부터 충격을 완화시켜줌으로써 표토가 유실되는 것을 막아주고, 수분의 이동속도를 느리게 해 줌으로서 수분이 토양 내로 충분히 침투할 수 있도록 한다.

• 토양의 비옥도 증진
- 멀칭재료가 부패되어 토양으로 환원되면 토양의 유기물함량이 증대됨으로서 토양의 비옥도를 증가시키게 된다.
- 멀칭은 미성물의 생육환경을 좋게 하여 유익한 토양미생물의 생장을 촉진한다.

- 토양구조 개선
  - 멀칭재료는 시간이 경과되면서 서서히 부패되어 토양의 유기물함량 증대에 기여하므로 토양의 통기성 개선, 토양온도 및 습도를 적절하게 조절해주는 역할을 하고, 근계(根系)의 발달을 촉진시켜 준다.
- 시각적·환경적 개선
  - 멀칭을 함으로써 다양한 질감과 색깔로 시각적인 개선 효과가 있으며, 동시에 소음완화의 부수적인 효과도 기대할 수 있다.
- 토양의 성질 개선
  - 토양이 다져지는 것을 방지하고, 토양의 입단화를 촉진하며, 공극률을 높임으로써 딱딱해지고 갈라지기 쉬운 토양의 성질을 개선한다.
- 염분농도 조절
  - 멀칭은 지표면의 증발을 억제시켜 적절한 상태의 수분을 유지함으로써 염분의 농도를 희석하는데 기여한다.
- 토양온도 조절
  - 멀칭을 함으로써 여름철에는 태양열을 반사시켜 온도의 상승을 억제하고, 겨울철에는 보온작용을 하여 토양이 동결되는 것을 완화해준다.
- 기타
  - 멀칭은 태양열의 복사와 반사를 감소시켜 쾌적한 환경을 제공해주고, 병충해의 발생을 억제시키는데 기여한다.

③ 멀칭 방법

- 재료의 포설두께는 최소한 5cm로 덮되 최고 15cm가 넘지 않도록 하여야 한다. 너무 두껍게 멀칭을 하면 공기유통이 잘 안 되고 토양이 과습해질 가능성이 크다.
- 교목의 경우에는 최소한 수관폭의 50% 이상으로 피복한다.
- 관목의 경우에는 주변을 수관폭의 100% 이상으로 피복한다.
- 군식시에는 가장자리 주간으로부터 식재수종의 수관폭만큼 피복한다.

문제 136)

- 기온이 내려가기 시작하면 나무에 활동하던 해충들이 땅속으로 이동을 하는데 이동하는 중간지점인 나무의 줄기에 잠복소를 설치하여 해충을 방제한다.

문제 137)

- 잠복소 재료를 나무의 둘레에 맞게 자른다.
- 지면에서 1.5m 높이의 줄기에 설치한다.
- 잠복소가 떨어지지 않도록 끈으로 묶어준다.
- 이듬해 봄에 잠복소를 해체하여 불에 태운다.

문제 138)

- 주 풍향을 고려하여 바람에 쓰러지지 않게 한다.
- 지형적·지반관계도 고려하고, 경관적 측면에서도 아름답게 설치한다.
- 지주의 재료는 소정의 규격을 갖추도록 하여야 하고, 목재인 경우에는 내구성이 강한 것이나 판화, 페인트, 약물주입 등으로 방부처리한 것을 사용한다.
- 튼튼하게 고정하고, 묶는 부위는 마대나 고무를 대어 수피 손상을 방지한다.
- 지주의 하단은 10~20cm 정도 흙에 묻히도록 하여 흔들리지 않도록 한다.

문제 139)

지주목 종류	특 징
단각지주	· 묘목에 필요시 적용 · 수고 1.2m 미만 소형수목에 설치 · 1개의 말뚝을 수목의 주간 바로 옆에 깊이 박고 수목의 주간을 묶어 고정한다.
이각지주	· 수고 1.2~2.5m의 수목에 적용 · 소형가로수에 설치 · 수목의 중심으로부터 양쪽으로 일정간격 이격 후 말뚝을 박고 말뚝간 가로재를 연결시켜 그곳에 주간을 고정
삼발이	· 소 · 중 · 대형 모두 적용 · 경관상 좋지 않는 곳에 설치, 통행에 불편 초래 · 박피 통나무나 각재를 삼각형으로 주간에 걸쳐 새끼나 끈으로 결속하여 수목을 고정한다.
삼각지주	· 수고 1.2~4.5m의 수목에 적용 · 장소가 협소하고 통행량이 많은 곳에 적합 · 각재나 박피 원목 등을 이용 삼각으로 박고 가로재를 연결하여 수목의주간에 고정한다.
사각지주	· 삼각지주의 설치가 곤란한 지역에 적용 · 포장지역이나 가로수 등에 설치 · 삼각지주의 변형
연계형 지주	· 교목 군식지에 적용 · 군식 수목의 각 주간을 연계하여 결속 고정한다.

매몰형	· 경관상 중요지역에 적용 · 통행에 지장을 주는곳에 설치 · 지하의 뿌리분을 철선과 각재 등을 이용하여 고정한다.
당김줄형	· 경관적 가치가 특히 요구되는 곳에 적용 · 결박지점의 높이는 수고의 2/3가 되도록 한다. · 완충재를 수간에 감고 그 부위에서 와이어를 이용하여 세방향으로 당겨서 고정하는 방법이다.

문제 140)

① 장점

- 바람에 의한 쓰러짐을 막아주고, 뿌리의 활착에 도움을 준다.
- 사람, 자동차, 기계 등에 의한 피해를 막아준다.
- 답압을 방지하고, 수목을 보호한다.
- 흔들림을 방지하여 수고생장에 도움을 준다.
- 지상부의 생육에 비교하여 근부(根部)의 생육을 적절하게 해준다.

② 단점

- 지지된 부분의 수피가 벗겨지는 등 상처를 주기 쉽다.
- 목질부의 생육이 원활하지 못하여 바람에 의해 부러질 수 있다.
- 미관이 좋지 않고, 당김줄 등이 통행에 제한을 주고, 활동에 방해가 된다.
- 너무 오랫동안 지주목으로 지탱할 경우 뿌리의 발달이 상대적으로 늦어질 수도 있다.

문제 141)

- 풀이 : $V = D^2 \times L \times N \times$주수

  V : 체적

  D : 말구직경(m) = 0.1

  L : 길이 = 5m

  N : 지주목 소요개수 = 3

  주수 : 10주

  $V = 0.1^2 \times 5 \times 3 \times 10 = 1.5m^3$
- 정답 : $1.5m^3$

문제 142)

- 풀이 : 원의 단면적 = πr^2

  π : 원주율 = 3.14

  r : 반지름 = $L \times \cos\theta$

  $= 2.8 \times \cos 45°$

  $= 1.98m$
- 정답 : $3.14 \times (1.98)^2 = 12.3m$

문제 143)

- 부지를 정지하는 과정에서 복토 또는 성토로 인하여 나무가 깊게 묻히게 된 경우 기존 수목을 보존하고 근계(根系)의 생장활동을 원활하게 해주기 위해 나무우물(tree well)을 설치한다.
- 나무우물은 나무 둘레의 흙을 파올린 다음 나무줄기를 가운데 두고 일정 넓이로 돌담을 쌓아 원래의 지표를 유지한다.
- 나무우물의 돌담을 쌓을 때에는 반드시 메담쌓기(dry wall)을 하여야 한다.

문제 144)

- 부패거 제거 → 공동 내부 다듬기 → 버팀대 박기 → 살균 및 치료하기 → 공동 충전 → 방수처리 → 표면경화처리 → 인공수피처리

문제 145)

- 유합조직의 조기 형성을 위해 오렌지 셀락, 아스팔템 페인트 등을 도포한다.
- 메담쌓기(dry well)는 성토지역에 있어서의 뿌리보호 대책이다.
- 부패된 줄기의 공동처리는 충전재료의 선택이 중요하다.
- 공동충전재료는 공동 내부의 빈 공간을 메우기 위해 사용되는 것으로 합성수지, 콘크리트, 아스팔트 혼합물, 고무밀납 등이 사용된다.

문제 146)

- 전정, 병충해 방제, 지주목 보수, 점검수목의 손질, 청소 등이다.

문제 147)

- 관수, 식물보식 고사목 제거 토량개량 등이다.

05 조경유지관리 시방서

문제 1)

① 관수 및 배수

• 관수 및 배수라 함은 이식수목, 잔디 및 화훼류 등에 물주기와 물빼기 작업을 말한다.

② 물받이

• 물받이는 수관폭의 1/3정도 또는 뿌리분 크기보다 약간 넓게 하여 높이 10cm정도 흙으로 물받이를 만들어서 물을 줄 때 물이 다른 곳으로 흐르지 않도록 한다.

③ 관수

• 관수는 지표면과 엽면관수로 구분하여 실시하되 토양의 건조시나 한발시에는 이식목에 계속 관수하여 수습을 유지하여야 하며 관수는 구름낀 날 외에는 일출일몰시를 원칙으로 한다.

④ 배수

• 식물의 생육에 지장을 초래하는 장소에는 지표면 배수 또는 심토층 배수 등의 방법을 활용하여 충분한 배수작업을 하여야 한다.

문제 2)

1) 제초, 풀깎기 및 시비

• 제초란 함은 풀 뽑아 주기를 말하고, 풀깎기라 함은 잔디깎아 주기 또는 풀베기를 말하며 시비라 함은 거름을 주는 것을 의미한다.

① 제초

• 제초시기

– 제초시기는 가급적 발생초기에 즉시 시행하여야 한다.

• 제초방법

– 제초는 인력 또는 약제를 사용하여 실시하되 잡초의 뿌리 및 지하경을 완전히 제거하여야 하며 제거된 잡초는 식재지 또는 잔디식재지역 밖으로 방출하여 처리하여야 한다.

② 잔디깎기

• 들잔디는 잎의 길이가 3~6cm 이내가 되도록 수시로 실시하고 기타 잔디류는 식물의 생장에 지장을 주지 않는 범위에서 수시로 실시해야 한다.

③ 시비

• 시비는 기비와 추비로 구분하여 사용한다.

• 시비시기

– 기비는 늦가을 낙엽후 10월하순부터 11월 하순 땅 얼기 전까지, 또는 2월 하순부터 3월 하순의 잎피기 전까지 사용하고, 추비는 수목 생장기인 4월부터 6월하순까지 시용해야 한다.

• 시비방법

– 유기질 비료의 시용은 식재시 충분히 부숙된 비료를 식재구덩이에 넣어주고 식재된 수목에 사용할 경우에는 수목 지상부와 수관이 형성된 외곽부분에 거름 구덩이를 파서 시용한다.

• 비료의 종류 및 시비량

– 비료의 종류 및 시비량은 각 수종별 또는 규격별로 다르다. 비종(肥種) 및 시비량은 설계도서, 유지관리계획서 또는 특별시방서에 명시한다.

문제 3)

1) 병충해 방제

• 수목 및 초화류의 병충해에 대한 대책으로는 병충해가 발병하기 전에 실시하는 예방과 발병 후에 실시하는 구제로 나누어 시행한다.

① 예방

• 식재된 조경식물은 환경을 정비하고 적정한 비배관리를 하여 건전하게 생육시켜 병충해를 받지 않도록 예방조치를 하여야 하며 예방을 위한 약제살포를 하여야 한다.

② 구제

• 병충해가 발병한 조경식물은 초기에 약제살포를 하여 조기구제토록 하여야 하고, 전염성이 강한 병에 이병 되었을 경우에는 지조를 잘라내거나 심한 경우에는 굴취 소각하여야 한다.

③ 약제살포

- 병충해의 예방 및 구제를 위한 약제살포는 살충제와 살균제를 사용하되 사용 약제, 살포량, 살포시기, 약제의 희석비율 등은 식물의 병충해 종류와 살포 목적에 따라 특별시방서 및 설계서에 명시하여 시행한다.

④ 수간주입

- 병충해에 걸려있는 나무나 수세가 쇠약한 나무에 수세를 회복하기 위하여 처리하는 방법으로서 주입 시기는 약액의 수간 주입은 수액이동이 활발한 5월초부터 9월말 사이에 하고, 증산 작용이 활발한 맑게 갠 날에 실시한다.

문제 4)

1) 월동작업

- 이식수목 및 초화류가 겨울철 환경에 적응할 수 있도록 하기 위하여 월동에 필요한 제반 조치를 하여야 한다. 단 식물별로 필요한 조치는 상이하므로 설계도서 및 특별시방서에 명시하여 시행한다.

① 줄기 싸주기

- 이식하고자 하는 나무가 밀식 상태에서 자랐거나 지하고가 높은 나무는 수분의 증산을 억제하고 태양의 직사광선으로부터 줄기의 피소 및 수피의 할렬을 보호하며 병충해의 침입을 방지하기 위한 조치로서 마포, 유지, 새끼 등을 이용하여 분지된 이하의 줄기를 싸주어야 하며 그해의 여름을 경과시킨다.

② 뿌리덮개

- 관수한 수분과 토양 중 수분의 증발을 억제하고 잡초의 번무를 방지하기 위하여 뿌리주위에 풀을 깎아 뿌리부분을 덮어주거나 짚, 목쇄편, 왕겨 등을 덮어 준다.

③ 방풍

- 바람이 계속 부는 시기에 식재할 경우와 바람이 심한 지역에 식재할 경우에는 수분이 증발하지 않도록 방풍 조치나 줄기 및 가지를 줄기감기 요령에 의하여 처리한다.

④ 방한

- 동해의 우려가 있는 수종과 온난한 지역에서 생육 성장한 수목을 한냉지역에서 시공하였을 때 지형·지세로 보아 동해가 예상되는 장소에 식재한 수목은 기온이 5℃이하로 하강하면 다음과 같은 조치를 추하여야 한다.
  가. 한냉기온에 의한 동해방지를 위한 짚 싸주기
  나. 토양 동결로 인한 뿌리 동해를 방지를 위한 뿌리덮개
  다. 관목류의 동해방지를 위한 방한덮개
  라. 한풍해를 방지하기 위한 방풍조치

⑤ 뗏밥주기

- 잔디의 생육에 따라 지하경이 지표면에 노출되는 것을 막아주고, 잔디의 생육을 돕기 위하여 뗏밥을 주어야 한다.
- 뗏밥주는 시기
  - 한지형 잔디는 봄, 가을에 난지형 잔디는 늦봄에서 초여름에 뗏밥을 준다.
- 뗏밥주는 회수
  - 잔디의 생육이 왕성할 때 얇게 1~2회 준다.
- 뗏밥 두께
  - 뗏밥의 두께는 2~4mm 정도로 주고, 다시 줄때에는 15일 지난 후에 주어야 하며 봄철에 두껍게 한번에 주는 경우에는 5~10mm 정도 준다.

06 조경시설물 유지관리

문제 1)

- 조경공간과 조경시설을 항상 깨끗하게 정돈된 상태로 유지한다.
- 경관미가 있는 공간과 시설을 조성 유지한다.
- 공간과 시설을 건강하고 안전한 환경조성에 기여할 수 있도록 유지 관리한다.
- 미적 쾌적성을 유지하고, 즐거운 휴게·스포츠, 레크리에이션 기능을 유지함으로써 관리주체와 이용자 간에 좋은 유대관계가 형성되도록 한다.

문제2)

- 지반치환공법
  - 지반토질을 동결심도 하부까지 모래질이나 자갈모래로 환토(換土)한다.
- 노면치환공법
  - 노면을 자갈 등으로 보충함으르써 두께를 증가시켜 지

지력을 보완한다.

- 배수처리공법
  - 물의 침투를 방지하기 위하여 횡단구배를 유지하고, 측구배수 실시, 맹암거로 지하수를 낮추는 등의 조치를 취한다.

문제 3)

- 노면의 횡단경사는 3~5%로 유지한다.

문제 4)

- 흙먼지 방지
  - 살수처리·약품 및 역청재료의 혼합처리 등으로 흙먼지의 발생을 억제한다.
- 노면 요철부위 처리
  - 요철부위는 모래, 자갈 등으로 채워 잘 다진다.
- 노면 안정성 유지
  - 노면의 횡단경사는 3~5%로 유지하고 일정한 노면두께를 유지한다.
- 동상 및 진창흙 방지
  - 포장재료를 점토나 흙이 적은 모래 및 자갈로 교환해주거나 배수시설을 보완하여 지하수위를 낮춘다.
- 노면배수
  - 배수가 불량한 지역에는 도로 양측에 폭 1m, 깊이 1m 정도의 측구를 설치하고, 노상층(路上層)은 30cm 이상의 모래층을 만든다.

문제 5)

- 강우에 의한 배수불량 및 지하수의 영향
- 기상변화에 의한 지반연약화
- 차량 통행량의 증가 및 중량화로 노면 약화와 지지력 부족

문제 6)

- 응고작용, 보습효과, 동결방지

문제 7)

- 안정성

문제 8)

① 균열(龜裂)

- 아스팔트 혼합비가 나쁠 때
- 아스팔트량이 부족
- 노상(路床), 노체(路體)가 부적합하여 기층(基層)의 지지력이 부족
- 아스팔트 포장의 두께가 부족
- 절·성토 경계부위의 부동침하 또는 이음새 시공불량에 의한 종·횡단방향의 불균형

② 국부적 침하

- 기초 노체(路體)의 시공불량
- 노상(路床)의 지지력 부족 및 부동침하

③ 요철

- 노상 기층(基層) 및 보조기층의 지지력 부족
- 아스팔트의 과잉사용 및 장기간 동일한 위치에 차량통과 고정화
- 아스콘의 입도불량 및 공극률 부족

④ 표면연화

- 아스팔트량 과잉, 골재 입도불량, 아스팔트 침입도가 부적합한 역청재료 사용, 연질의 아스팔트 사용 및 택코트(tack coat) 과잉사용

⑤ 박리(剝離)

- 박리란 아스팔트 및 골재가 떨어져 나가는 현상을 말한다.
- 아스팔트 부족, 혼합물의 과열, 혼합물량 등 표층 자체의 품질불량

문제 9)

① 패칭공법

- 포장이 균열되었거나 국부적 침하, 부분적 박리에 적용한다.
- 파손된 아스팔트 포장을 사각형이 되도록 절단하여 때어낸 후 보수를 실시한다.
- 가열혼합식 공법, 상온혼합식 공법, 침투식 공법 등이 있다.

② 표면처리공법

- 차량통행이 적고, 균일 정도 범위가 심각하지 않을 경우 훼손포장을 아스팔트와 골재 또는 아스팔트만으로 균열부분을 메우거나 덮어 씌워 재생한다.
- 임시적 포장재생방법이다.

③ 덧씌우기공법

- 균열·파손 장소를 택코트(tack coat)를 살포하고 아스팔트 포설작업과 동일한 작업순서로 부분보수를 한 뒤에 사용한다.
- 기존포장을 재생하거나 새포장으로 조성한다.

문제 10)

① 메우기 공법

- 표층의 경미한 침하가 있는 경우 꺼진 곳을 되메우는 공법이다.
- 파손된 부분을 수직으로 따내고 택코트(tack coat)를 실시한 다음 아스팔트 혼합물을 사용하여 꺼진 곳을 메운다.

② 치환공법

- 노상이나 노체의 침하된 부분을 수직으로 파낸 다음 침하 공극을 같은 골재로 메우고 충분히 다진 다음 택코트(tack coat)를 살포하고 아스팔트 포설작업과 동일한 작업순서로 부분보수를 한다.

③ 덧씌우기 공법

- 전면적으로 파손될 염려가 있을 경우에 사용한다.

④ 모르타르 주입법

- 포장판과 기층과의 공극을 메우고 포장판을 원래 상태로 들어올림으로써 기층의 지지력을 회복시키는 방법
- 슬래브에 구멍을 내고 그 구멍으로 재료를 주입하여 공극을 채운다.
- 주입재료로는 아스팔트, 시멘트 등이 있다.

⑤ 패칭(patching)

- 파손이 심하여 보수가 불가능할 때 사용한다.
- 넓은 면적은 시공기계의 활동이 원활하여 시공이 용이하다.

⑥ 표면실링법

- 균열폭이 0.3mm 미만일 때 표면실링공법 및 초저점도 수지 저압주입공법을 사용한다.

문제 11)

- 균열
- 융기현상(blow-up)
- 보조기층의 펌핑(pumping)에 의한 침하 및 국부적 침하
- 줄눈에 의한 단차(faulting)현상
- 콘크리트 표면의 박리현상
- 마모에 의한 바퀴자국

문제 12)

① 충전법

- 균열부위의 낡은 충전재(줄눈재료)를 제거하고 접착재(프라이머)를 살포한 후 새로운 충전재(새로운 줄눈재료)를 주입한다.
- 겨울철에는 포장 슬래브가 수축되어 줄눈이 커질 수 있으므로 작업을 삼가는 것이 좋다.

② 메우기 공법

- 균열부를 청소한 후 아스팔트 유제(乳劑)를 도포한다.
- 균열이 심한 곳은 굵은 모래를 섞은 아스팔트 모르타르 등으로 메운다.

문제 13)

① 콘크리트 슬래브 꺼짐

- 노상이나 노반의 결함부위와 표면의 균열부위로 우수가 들어감으로써 노반이 파손되었을 때 슬래브 꺼짐 현상이 생긴다.
- 초기에는 주입공법으로 예방이 가능하며, 정도가 심한 곳은 메우기 또는 대칭공법으로 보수한다.

② 박리(剝離)

- 콘크리트 포장면은 저온(-5℃)이 장기간 지속되었을 때 갈라 떨어지는 경우가 발생한다.
- 약간의 박리인 경우에는 시멘트풀(cement paste)을 바른다.
- 심한 박리인 경우에는 시멘트 모르타르를 바른다.

문제 14)

- 파손형태: 블록 모서리 파손, 블록 자체 파손, 요철, 단차, 만곡
- 보수방법: 파손된 블록을 걷어내고 재시공한다.

문제 15)

- 철근을 넣지 않고 무근(無筋)으로 하는 경우와 철근을 삽입하는 경우가 있는데 철근을 삽입하는 경우 지름 6mm의

철망을 많이 쓴다.

문제 16)

- 소일콘크리트

문제 17)

- 접착제(프라이머), 시멘트풀(cement paste), 아스팔트 모르타르 등

문제 18)

- 콘크리트를 양생할 때에는 온도 4℃ 이하가 되면 경화가 진해되지 않는다.

문제 19)

- 래머(rammer)

문제 20)

- 블록 포장의 큰 장점은 다른 포장에 비하여 유지관리가 용이한 것이다.

문제 21)

- 평판과 이음새 폭은 3~5mm이며, 보통은 5mm 폭으로 한다.

문제 22)

- 보도블록 포장 보수시 노반층 위에 부설하는 모래의 일반적인 두께는 6cm 정도 되도록 한다.

문제 23)

① 측구

- 정기적인 점검과 청소를 실시하여 막히지 않도록 주의한다.
- 토사측구는 단면 및 저면구배를 일정하게 유지 하고, 유수에 의한 침식이나 퇴적이 현저한 지점은 콘크리트 측구로 개조한다.
- 콘크리트 U형 측구는 국부적으로 침하되는 경우가 많고, 연결 이음새에 결함이 많아 중점 점검한다.
- 콘크리트 측구는 침하되거나 파손된 부분을 떼어내어 지반 다짐 후 교체한다.

② 집수구 맨홀

- 정기적인 청소와 점검이 필요하다.
- 지반이 침하되어 집수구가 솟아올라 물의 유입이 원활하지 않은 곳은 주위 지반을 토사로 높이거나 집수구를 절단하여 낮추어준다.
- 집수구나 맨홀이 주변 지반보다 높거나 낮은 경우에는 즉시 조정하여 조치하여야 한다.

③ 배수관 구거(溝渠)

- 먼지나 오니 등으로 인하여 단면이 좁아지지 않게 한다.
- 누수(漏水) 및 체수(滯水)가 발견될 경우 원인을 조사하여 즉시 보수한다.
- 관거나 구거의 유출구에 구멍이 뚫렸거나 이음새 균열이 발생하였을 경우에는 신속하게 보수해야 한다.

문제 24)

- 지하 배수시설의 설치년도, 배치위치 등을 명시한 도면을 별도로 작성해둔다.
- 유출구는 항상 점검 대상이 된다.
- 지하 배수시설을 재설치할 때에는 기존의 위치보다 다른 위치에 설치하는 것이 더 효과적이고 경제적일 때가 있다.
- 지하배수가 불충분하다고 판단될 때에는 새로운 지하 배수시설을 설치하는 것이 좋다.

문제 25)

- 비탈면 종단배수를 U형 콘크리트 제품으로 설치시 지반의 부등침하로 구거(溝渠)의 이음새가 떨어져서 어긋나게 되는 경우에는 즉시 재설치하도록 한다.
- 비탈면 어깨 배수구는 종배수구와 접속시 하자발생의 우려가 있으므로 자주 관찰하여 파손부위가 있으면 즉시 보수하여야 한다.
- 비탈면 구배가 급할 때는 경사를 완화시켜 주거나 성비탈면에 소단을 설치하여 준다.
- 비탈면 밖에 배수구를 설치하거나 유도시설을 설치하여 준다.

문제 26)

- 1.5~2.0m

문제 27)

- 잔디측구

문제 28)

- 가로수의 배수 및 관수의 효율성을 높인다.

문제 29)

- 보수방법
  - 유상 방균제(타르, 크레오소트유 등) 살포
  - 유용성 방균제(유기은화합물, 클로로페놀류 등) 살포
  - 수용성 방부제(CCA, FCAP 등) 살포

문제 30)

- 보수방법
  - 유기염소계, 유기인 계통의 방충제 살포

문제 31)

- 유기염소 계통

문제 32)

- 흰개미류

문제 33)

① 인위적 파손

- 보수방법
  - 나무망치로 원상복구
  - 부분절단 후 교체

② 부식

- 보수방법
  - 샌드페이퍼로 닦아 낸 후 도장
  - 부분절단 후 교체

문제 34)

① 파손

- 보수방법
  - 접착부위를 알코올로 표면을 세척한 후 접착제(에폭시계, 아크릴계 등)로 접착한다.
  - 24시간 정도 고무로프로 견고하게 고정한다.
  - 접착이 완료된 후 노출부위는 메틸에틸계톤(MEX)으로 닦아내고 면다듬질 한다.
  - 접착제는 반드시 7℃ 이상(대기상온)에서 사용하여야 한다.

② 균열

- 보수방법
  - 균열폭이 작은 경우(0.2mm 이하)에는 표면실링(sealing) 공법으로 보수한다.
  - 균열폭이 큰 경우에는 고무압식 주입공법으로 보수한다.

문제 35)

- 대기오염도, 온도, 습도 및 수분 등이다.

문제 36)

- 3년

문제 37)

① 배치 및 관리

- 투입구의 높이는 30~75cm, 벤치 2~4개소마다 1개를 설치, 원로에는 30~60m마다 1개설치

② 수거빈도

- 휴지통 크기와 개수에 의해 결정
- 사용빈도가 낮은 곳은 주 3~4회 수거하고, 주말□휴일 등 사용빈도가 높은 때는 일 2~3회 수거한다.

문제 38)

① 배치와 사용재료

- 녹지에 접한 포장부위에 배치, 목재는 사용하지 않는다.

② 보수방법

- 준공도와 같은 배합지로 혼합한 후 타설한다.
- 인조석이 잘 부착되도록 본체 바탕면을 거칠게 한 후 물축임을 한다.
- 한 번 바를 때의 두께는 6mm 이하로 하는 것이 좋다.
- 초벌바름 후 충분한 시간이 경과한 후 재벌 및 정벌바름을 한다.

문제 39)

① 전반적인 유지관리

- 포장도로나 공원 등의 표지판은 월 1회, 비포장도로는 월 2회 청소를 실시한다.
- 재도장은 2~3년에 1회 실시한다.
- 강관이나 강판의 청소시 노통세제를 사용한다.

② 청소

- 세척할 때에는 보통세제를 사용하도록 하고, 포장도로나 공원 등의 표지판은 월 1회, 비포장도로의 표지판은 월 2

회 정도 청소한다.

③ 도장

- 도장이 퇴색된 곳은 재도장한다.
- 재도장은 2~3년에 1회 실시한다.

③ 기타

- 방향이 틀어져 있거나 넘어진 것, 넘어지려고 하는 것은 바로잡는다.
- 볼트, 너트가 느슨한 것은 잘 조이고, 부품이 마모되었거나 녹이 심하게 든 것은 교체한다.
- 글자·사인·그림 등이 손상되었거나 외부환경의 영향을 받아 잘 보이지 않거나 희미하게 보일 경우에는 보수한다.

문제 40)

- 안내표지

문제 41)

- 2~3년

문제 42)

- 3℃ 이하

문제 43)

- 내구성이 강하고, 주조성이 좋다.
- 가공 및 조립이 용이하다.
- 도장할 경우 벗겨질 우려가 있다.
- 법랑은 내구성이 강하고 아름다우나 충격에 약하며, 깨어졌을 때는 보수가 곤란하므로 교체하여야 한다.
- 알루미늄은 가볍고 녹슬지 않으나 해수에 취약하다.

문제 44)

- 도장이 벗겨진 곳은 방청처리 후 유성페인트를 칠하며, 파손이 현저한 경우에는 교체한다.
- 볼트, 너트 등이 풀려 있을 경우에는 잘 조여 주고, 오래된 부품은 새로운 제품으로 교체한다.
- 회전부분에는 정기적으로 구리스를 주입하며, 베어링이 마모되었을 경우에는 교체한다.
- 철재부와 기초 콘크리트 부재와의 접합부분이 흔들릴 경우에는 기초 콘크리트를 재 타설한다.

문제 45)

- 정기적으로 도색하고, 도장이 벗겨진 부분은 즉시 방부처리 한다.
- 벌어진 곳이나 갈라진 곳은 조기에 발견하여 부분보수 또는 전면 교체한다.
- 연결부분(볼트, 너트 등)은 잘 조여 준다.
- 목재와 기초콘크리트 부재와의 접합부분은 부패하기 쉬우므로 점검을 통하여 상태가 불량한 경우에는 부분보수 또는 전면 교체한다.

문제 46)

- 구조물의 자체 침하나 균열이 발생한 경우에는 보수·개수한다.
- 부분보수를 할 경우 파손부분을 요철로 깎아내고 물로 씻어낸 후 원설계와 같은 배합비로 콘크리트를 타설한다.
- 보수면의 도장은 3주 이상 충분히 건조한 후 칠한다.
- 3년에 1회 정도 재도장한다.
- 콘크리트 기초가 노출되어 있으면 위험하므로 성토나 모래채움 등으로 보수를 한다.

문제 47)

- 합성수지는 성형이 용이하고, 마모되기 쉬우며, 자외선이나 온도에 따라 변화가 쉽다.
- 힘이 가해지는 시설에 대해서는 비틀림, 휨에 의하여 강도가 저하되므로 교체한다.
- 금(벌어짐)이 생긴 경우에는 보수가 곤란하며, 부분보수 또는 전면 교체한다.

문제 48)

① 정기적인 작업

- 철제 울타리 도장, 놀이시설 순회점검, 조합놀이대 안전점검, 계획수선(계획보수) 등

② 비정기적인 작업

- 하자보수, 개량, 재해대책, 고사목 제거 등

문제 49)

- 어린이놀이시설의 연결 상태, 노후 정도, 변형상태, 청결상태
- 어린이놀이시설의 안전수칙 등의 표시상태
- 부대시설의 파손상태 및 위험물질의 존재 여부

문제 50)

- 양호 : 어린이놀이시설의 이용자에게 위해·위험을 발생시킬 요소가 없는 경우
- 주의 : 어린이놀이시설의 이용자에게 위해·위험을 발생시킬 요소는 발견할 수 없으나 어린이놀이기구와 부분품의 제조업체가 정한 사용연한이 지난 경우
- 수리 필요 : 어린이놀이시설의 이용자에게 위해·위험을 발생시킬 요소가 되는 틈, 헐거움, 날카로움 등이 생길 가능성이 있거나, 어린이놀이시설이 더럽거나 안전 관련표시가 훼손된 경우
- 이용금지 : 어린이놀이시설의 이용자에게 위해·위험을 발생시킬 수 있는 틈, 헐거움, 날카로움 등이 있거나 위해가 발생한 경우

문제 51)

- 이용자들이 체력단련과 건강을 위하여 운동하는 공간과 시설이며, 운동 및 체력단련시설의 갈래에 따라 다양한 공간(축구장에서 씨름장까지)과 다양한 시설(인공암벽에서 몸일으키기까지)과 다양한 바닥포장(탄성포장 등) 그리고 기계설비, 전기설비가 복합적으로 구성되는 특징을 가진다.
- 봄, 여름, 가을, 겨울 일년내내 이용자들에게 많이 이용되는 공간과 시설이어서 관리에 주의해야 한다.

문제 52)

- 고정용 운동시설은 녹이 슬지 않도록 보호해야 하며 도장 부분이 훼손되거나 벗겨짐이 없는 지 확인하고 전용 덧칠 보수재로 일정 기간마다 도색하여야 한다.
- 비가 올 때에 운동종목별 운동장의 포장면 표면에 빗물이 어떻게 고이는지 상태를 검사하여 물이 고이는 곳은 표면 높이를 조정해야 한다.
- 운동공간의 조명시설은 일정한 조도를 유지하고 눈부심이 없도록 간접조명 방식을 사용하여야 하며, 전구를 교체하거나 등기구를 청소하기 쉽도록 보수하고, 공에 맞아도 파손되지 않는 등기구를 사용하여야 한다.

문제 53)

① 중력식 옹벽

- 옹벽 자체의 중력에 의해서 토압에 저항하는 것으로 돌쌓기 또는 무근콘크리트가 사용된다.
- 자중으로 토압에 저항하는 형식이다.
- 높이 4m 이하에 이용된다.
- 무근 콘크리트 옹벽 또는 돌이나 벽돌을 이용한 조적식 옹벽이 이에 속한다.
- 부피와 무게가 크므로 기초 지반이 견고하여야 한다.

② 켄틸레버식 옹벽

- 철근콘크리트로 단면의 형상에 따라 역 T형과 L형으로 나누어진다.
- 역 T형 옹벽은 옹벽의 높이가 약간 높은 경우에 이용되며 저판(底板)과 종벽(縱壁)으로 된 철근 콘크리트 옹벽이다.
- L자형 옹벽은 역 T형과 비슷하나 안정성이 더 요구되거나 높은 옹벽에 적용되며, 저판이 길기 때문에 저판상의 성토가 자중으로 간주되어 안정되고 경제성이 높다.
- 높이 6m 까지 이용된다.
- 저판의 깊이는 동결 깊이보다 커야 하며 최소 1m 이상이어야 한다.

③ 부축벽식 옹벽

- 역 T형 옹벽에 수직벽과 직교된 밑판 위에 일정한 간격으로 부벽을 설치한 것
- 안정성을 중시한 철근 콘크리트 옹벽으로서 저판과 종벽, 부벽으로 되어 있다.
- 역 T자형보다 높은 옹벽이 요구될 때 사용된다.
- 높이 7m 까지 이용된다.

④ 돌쌓기 옹벽

- 일반 자연석이나 잡석, 견치석 등을 사용하여 메쌓기나 찰쌓기에 의해 시공된다.
- 메쌓기는 비탈면에서 용수가 심할 때 또는 뒷면 토압이 적을 때 적용하고 찰쌓기는 메쌓기보다 뒷면 토압을 많이 받을 때 적용하는 것이 좋다.

⑤ 블록 옹벽

- 돌쌓기 대신에 콘크리트 블록을 사용한 것으로 돌쌓기보다 중량이 가볍기 때문에 비탈면 구배를 높이거나 뒤채움 두께를 두텁게 할 필요가 있다.

문제 54)

- 기초의 강도 저하

문제 55)

- 지반의 침하
- 지반의 이동
- 설계·시공의 부적당
- 기초의 강도 저하
- 지반의 지지력 저하
- 하중의 증대

문제 56)

- 대규모 붕괴로 인하여 지형이 변경된 경우
- 옹벽의 노화 또는 대규모 파손으로 보수나 보강이 불가능한 경우
- 보강에 많은 비용이 들고, 보수하더라도 안전성을 신뢰할 수 없는 경우

문제 57)

① PC 앵커공법

- 기존지반의 암질(岩質)이 좋을 때 PC(Prestressed Concrete) 앵커로 넘어짐을 방지하는 공법

② 부벽식(扶壁式) 콘크리트 옹벽공법

- 기존지반이 암반(岩盤)이고, 기초가 침하될 우려가 없을 때 옹벽 전면에 부벽식 콘크리트 옹벽을 설치하여 넘어짐을 방지하는 공법

③ 말뚝에 의한 압성토(壓盛土)공법

- 옹벽이 활동을 일으킬 때 옹벽 전면에 수평으로 암(岩)을 따서 압성토하여 무너짐을 방지하는 공법

④ 그라우팅(Grouting)공법

- 콘크리트 옹벽이 앞으로 넘어질 우려가 있을 때 옹벽을 볼링·굴착 후 채움재를 넣어 옹벽 뒷면의 지하수를 배수 구멍에 유도시켜 토압(土壓)을 경감시키고 무너짐을 방지하는 공법

문제58)

공 종	시공방법
돌망태공	· 돌망태를 이용하여 비탈면 표층부, 용수(湧水)처리, 표면배수 등에 이용되는 공법 · 비탈면에 용수(湧水)가 있어 토사가 유실될 우려가 있는 지역, 흙이 무너진 곳을 복구한 지역, 해동(解冬)에 의해 비탈면이 흘러내릴 우려가 있는 지역 등에 시공
낙석방지망공 및 낙석방지책공	· 철망과 합성섬유로 된 망을 비탈면에 덮어씌우는 공법 · 경암으로 된 절토 비탈면, 식생공으로 처리하려는 연암 또는 자갈 섞인 토사 비탈면, 우수 때 세굴(洗掘)되어 암편 및 자갈이 떨어질 우려가 있는 곳에 시공
편책공법	· 비탈면에 나무말뚝을 박고 나뭇가지, 대나무, 아연, 철망 등을 뒤편에 붙인 뒤 흙을 채워 넣는 공법 · 나무말뚝의 길이: 80~150cm, 간격: 50~90cm, 편책간격: 1.5~3.0m 정도가 일반적 · 식생이 비탈면에 충분히 활착하여 생육되기까지 토양 유실을 방지하기 위해 일시적으로 사용하는 공법
돌붙임 및 블록붙임공	· 콘크리트 뒤채움 후 호박돌, 견치석, 콘크리트 블록을 비탈면(1:1.5)에 붙이는 공법 · 비탈면 풍화 및 침식방지, 경사가 1:1.0 이상의 완만한 구배로서 접착력이 없는 토양, 식생이 곤란한 풍화토나 점토 등에 시공 · 비탈면의 직고가 3m 이상이면 적용하기 곤란, 원활한 배수를 위해 조약돌, 깬자갈 등을 채워 넣는다.
콘크리트 격자블록공	· 콘크리트 격자 블록을 비탈면에 설치하고 말뚝 또는 철근 앵커(Anchor)를 박는 공법 · 용수(湧水)가 있는 절토 비탈면, 표준구배보다 급한 성토비탈면, 식생이 적당하지 않고 표면이 무너질 우려가 있는 지역에 시공 · 경사가 1:0.8 이하의 완만한 비탈면에 시공
모르타르 및 콘크리트 뿜어붙이기공	· 철망을 비탈면에 포설하고 앵커(Anchor)로 고정한 후 모르타르를 뿜어붙이는 공법 · 비탈면에 용수(容手)가 없고, 붕괴 우려가 없는 비탈면 지역, 낙석이 예상되는 지역, 식생이 부적당한 지역에 시공
콘크리트판 설치공	· 비탈면에 철근 콘크리트판을 부착하는 공법 · 암(岩)의 절리(節理)가 많은 지역으로 콘크리트 블록 격자공이나 모르타르 뿜어붙이기 공법으로는 부적합하다고 판단되는 경우에 시공 · 1:1.5 정도의 구배에는 무근콘크리트로 1:1.0 정도의 구배에는 철근콘크리트로 한다.

문제 59)

• 한지형 잔디를 종자 뿜어붙이기공법으로 전면파종을 실시한 경우 피복완성까지의 표준기간은 2~3개월이며, 기타 공법으로 파종한 경우에는 3~6개월이 소요된다.

• 들잔디를 줄떼심기공법으로 시공한 경우는 피복완성까지의 표준기간이 1년(12개월) 정도 소요된다.

• 식생시공 후부터 전면피복 완성까지 식생안정에 세심한 관리를 필요로 한다.

① 연 1회 이상 시비 및 추비

• 화확비료를 시비하거나 또는 액비(液肥)를 약한 농도로 여러 번 엽면시비 한다.

② 잡초제거 및 풀베기

• 들잔디류나 버뮤다그래스와 같은 음지에서 생장이 곤란한 초종은 키가 큰 잡초를 제거해주어야 하고, 풀베기의 초장(草長)을 너무 짧게 하면 생육이 약화되어 침식되기 쉬우므로 10cm 이상으로 하여야 한다.

③ 관수 및 병충해 방제

• 가뭄이 심할 때에는 관수를 하여 고사되지 않도록 하여야 하며, 병충해 방제를 위해 수시로 예찰을 실시하고 방제한다.

④ 상부관리 중점

• 비찰면 식생은 하단부보다는 비탈 어깨부분의 상태가 나빠지기 쉽기 때문에 상단부의 관리에 중점을 두는 것이 필요하다.

문제 60)

• 종자, 비료, 토양(흙), 물(종비토)

문제 61)

• 2~3개월

문제 62)

공 종	유지관리 항목
돌망태공	· 토사에 의해 돌강태망 막힘 · 철선의 부식
낙석 방지망공 및 방지책공	· 방지망공: 망이나 로프(Rope)의 절단, 낙석 또는 토사의 퇴적, 엉커(Anchor)일부의 헐거움 · 방지책공: 받침기둥의 굴곡, 낙석 또는 토사퇴적, 기초부의 풍화 및 붕괴
편책공법	· 퇴적토사의 중량에 의한 손상 · 말뚝이나 편책의 부식과 무너짐
돌붙임 및 블록 붙임공	· 호박돌이나 잡석의 국부적 빠짐 · 지진이나 풍화에 의한 돌붙임 전체의 파손 · 뒤채움토사의 유실 · 보호공의 무너짐과 거짐 · 보호공의 삐져나옴과 균열 용수(湧水)의 상황 및 처리
콘크리트 격자블록공	격자 내의 연결부 헐거움 및 꺼짐 격자 뒷면의 토사유실 · 격자 삐져나옴
모르타르 및 콘크리트 뿜어붙이기공	· 균열 · 용수(湧水)나 침투수의 상황 및 처리 · 삐져나온 것 또는 다모 손상
콘크리트판 설치공	· 균열 · 미끄러져 움직임 · 침하

문제 63)

• 파괴원인은 비탈면 자체의 노후화와 비탈면 자체의 변형 등이 주된 원인

• 지표수, 지하수의 처리가 불량하면 비탈면의 파괴가 일어나는 경우가 많다.

• 비탈면 배수공의 기능유지는 높은 성토 비탈면이나 큰 절토 비탈면에서 중요하며, 배수시설이 흙의 붕괴, 낙석, 잡초 등에 의해 매몰되는 경우가 없도록 하여야 한다.

공 종	유지관리 항목
돌망태공	· 토사에 의해 돌망태망 막힘 · 철선의 부식
낙석 방지망공 및 방지책공	· 방지망공: 망이나 로프(Rope)의 절단, 낙석 또는 토사의 퇴적, 앵커(Anchor)일부의 헐거움 · 방지책공: 방책기둥의 굴곡, 낙석 또는 토사퇴적, 기초부의 풍화 및 붕괴
편책공법	· 퇴적토사의 중량에 의한 손상 · 말뚝이나 편책의 부식과 무너짐
돌붙임 및 블록 붙임공	· 호박돌이나 잡석의 국부적 빠짐 · 지진이나 풍화에 의한 돌붙임 전체의 파손 · 뒤채움토사의 유실 · 보호공의 무너짐과 꺼짐 · 보호공의 삐져나옴과 균열 · 용수(湧水)의 상황 및 처리
콘크리트 격자블록공	· 격자 내의 연결부 헐거움 및 꺼짐 · 격자 뒷면의 토사유실 · 격자 삐져나옴
모르타르 및 콘크리트 뿜어붙이기공	· 균열 · 용수(湧水)나 침투수의 상황 및 처리 · 삐져나온 것 또는 마모 손상
콘크리트판 설치공	· 균열 · 미끄러져 움직임 · 침하

문제 64)

- 급수를 필요로 하는 장소의 급수 전에 대해서는 일정한 압력과 사용상 필요한 수량을 유지하기 위하여 물탱크 등의 적정한 용량과 급수펌프의 성능이 정상이 되도록 관리한다.
- 급수방법에 따라 수도법에 준하는 안전위생을 확보해야 한다.
- 배관계통 및 각종 기구의 누수, 파손 등의 정기적인 점검 및 보수를 실시한다.
- 물탱크의 정기적인 청소 및 점검을 실시한다.
- 정기적인 수질검사를 실시한다.
- 사용수량의 확인, 수도미터기의 점검을 실시한다.

문제 65)

- 관수계통 및 각종 기구의 정기적인 청소를 실시한다.
- 저류조의 정기적인 청소를 실시한다.
- 우수사용시 정기적인 필터점검으로 살수노즐이 막히지 않도록 한다.
- 원활한 급수를 위하여 충분한 수량을 확보하고, 일정한 압력을 유지하기 위하여 적정한 급수펌프의 성능이 정상이 되도록 한다.

문제 66)

- 물의 주요 소재로 사용하는 공간과 시설이며, 수경시설의 갈래에 따라 다양한 구조물(콘크리트, 합성수지 등)과 기계설비, 전기설비 그리고 수목과 화훼가 복합적으로 구성되는 특징을 가진다.
- 주로 여름철의 이용자들에게 많이 이용되는 시설이나 겨울철에는 동파방지를 위해 이용이 중지되며, 이에 따라서 시설작동기간이 매우 긴 이용의 계절적 특징을 가지므로 유지관리와 이용관리에 어려움이 많다.

문제 67)

- 점검내용
  - 부하상태, 절연저항, 케이블상태, 소음 및 진동, 누수발생, 볼트·너트 조임상태, 모터의 봉수
- 일상점검 : 1회/주
- 정기점검 : 1회/3개월

문제 68)

- pH : 5.8~8.6, BOD(mg/ℓ) : 3 이하, SS(mg/ℓ) : 5 이하, 투시도(m) : 1.0, 대장균군수(MPN/1,000mℓ) : 1,000 이하

문제 69)

- 내용연수는 7년, 보수사이클은 2~3년이다.

문제 70)

① 파고라(목재)
- 내용연수는 10년, 보수사이클은 3~4년

② 그네(철재)
- 내용연수는 15년, 보수사이클은 2~3년

③ 안내판(철재)
- 내용연수는 10년, 보수사이클은 3~4년

문제 71)

- 배수정비

문제 72)

① 원로, 광장의 아스팔트 포장 균열보수 : 전면적의 5~10%의 함몰이 생길 때(3~5년)

② 원로, 광장의 평판교체 : 파손장소가 눈에 띌 때(5년)

③ 시소의 베어링 보수 : 베어링이 마모되어 삐걱삐걱 소리가 날 때(3~4년)

④ 목재 벤치의 좌판보수 : 전체의 10% 이상 파손, 부식이 생길 때(5~7년)

⑤ 분수 : 수중펌프 내용연수(5~10년)

⑥ 콘크리트·철재 미끄럼틀 : 마모도에 따라(5~7년)

⑦ 철재 정글짐 : 정기점검시 처리

⑧ 목조 화장실 : 파손상황에 따라(1년)

⑨ 철재 안내판 : 파손상황에 따라

⑩ 가로등 : 끊어진 것, 조도가 낮아진 것(5~10년), 자동점멸기(5~10년), 전선류, 분전반(15~20년)

문제 73)

- 목재 안내판 안내 글씨 교체 : 2~3년
- 목재 파고라 서까래 보수 : 부식도에 따라 목재 5~10년, 철재 10~15년
- 모래자갈 포장 노면수정 : 반년~1년
- 정글짐 도장 : 2~3년

문제 74)

① 모래사장 모래보충 : 1년

② 파고라 철재 도장 : 3~4년

③ 벤치 콘크리트 도장 : 3~4년

④ 미끄럼틀 콘크리트·철재 도장 : 2~3년

⑤ 화장실 목조 도장 : 2~3년

⑥ 담장 등 파이프제 도장 : 2~3년

⑦ 가로등 전등 청소 : 1~3년

참고 문헌

- 강영희 외(2013), 식물생리학, 지구문화사.
- 강전유 외(2011), 나무병해도감, 소담출판사.
- 강전유 외(2011), 나무해충도감, 소담출판사.
- 건설부(1996), 개정판 조경공사표준시방서.
- 권영휴·김현준·이태영(2013), 정원관리매뉴얼. 푸른행복.
- 김철응·이태선(2012), 나무의사 나무치료를 말하다. 소담출판사.
- 안봉원 외(2014), 조경수생산관리론, 문운당.
- 나용준 외(2013), 수목병리학, 향문사.
- 나용준·우건식·이경준(2016), 조경수 병해충 도감, 서울대학교출판문화원.
- 농림계전문학교교재편집위원회(1988), 비료학, 학문사.
- 박정호(2017), 식물보호기사·산업기사 한권으로 끝내기, 시대고시기획.
- 서울도시주택공사(2017), 유지관리지침서(조경), 서울주택도시공사.
- 이경준(2017), 수목의학, 서울대학교출판문화원.
- 이경준(2017), 수목생리학, 서울대학교출판문화원.
- 이경준·이승제(2014), 조경수식재관리기술, 서울대학교출판문화원.
- 이승원(2013), 조경기사·산업기사, 성안당.
- 이승제 외(2017), 나무의사 이야기, 한숲.
- 이윤진(2016), 조경기사·산업기사, 한솔아카데미.
- 이창형(2009), 생태연못 설계·시공·관리 시 유의사항, 조경생태시공(54): 82~86.
- 임병을(2015), 나무의 생·사(生·死) 법칙, 도서출판 맑은샘.
- 임종택(2016), 도시숲 조경관리 전문가 되기, 해조음.
- 정용조(2017), 조경적산 및 실무연습, 한국조경신문.
- 정운익(1993), 우리나라 도시 공간 소공간내 수경시설 배치기법에 관한 연구, 한양대학교 석사학위논문.
- 한국조경사회 외(2016), 조경공사적산기준, 한국조경신문.
- 한국조경학회(2016), 신조경관리학, 문운당.
- 한국조경학회(2017), 2017년 제4회 기후변화에 따른 조경수 관리방안 세미나.
- 堀大才·岩谷美苗(2014), 수목의 진단과 조치, 두양사.
- Richard W. Harris·James R. Clark·Nelda P. Matheny(2012), 수목관리학, 바이오사이언스출판.
- http://www.hrdkorea.or.kr 한국산업인력공단.
- http://www.q-net.or.kr 큐넷.